"十四五"高等职业教育计算机类新形态一体化系列教材
提质培优行动计划——校企双元合作开发职业教育教材
"1+X"职业技能等级证书——"Web前端开发"参考用书
"安徽省质量工程项目——高水平教材"立项建设教材

MySQL 数据库
设计与应用 第2版

主 编◎张成叔

副主编◎刘 萌 张伟伟 陈彩红 赵艳平 陈旭文
　　　　钱春阳 胡贵恒 王 艳 刘 兵 靳继红

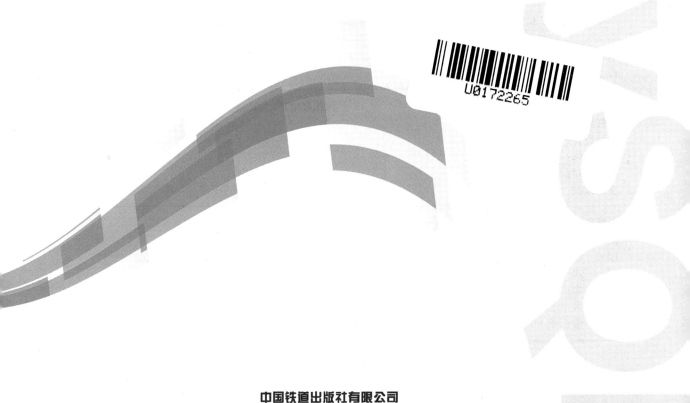

中国铁道出版社有限公司
CHINA RAILWAY PUBLISHING HOUSE CO., LTD.

内 容 简 介

本书以 MySQL 8.0 数据库为平台,内容由三部分构成:基础技能部分(第 1~6 章)、提升技能部分(第 8~10 章)和综合技能部分(第 7 章和第 11 章)。全书主要包括认识数据库和部署 MySQL 环境,创建和管理数据库,创建和管理数据表,插入、修改和删除数据,单表查询和模糊查询,分组查询和多表查询,阶段项目——QQ 数据库管理,索引、视图和事务,存储过程和触发器,管理和维护数据库,课程项目——银行 ATM 系统的数据库设计与实现等内容。

本书采用新形态立体化设计,配套了丰富的数字化教学资源,包括微课视频、课程标准、授课计划、电子教案、授课用 PPT、案例素材、项目源代码、习题答案及解析等。本书所配套的大规模在线开放课程(MOOC)已经在"智慧职教 MOOC 学院"上线,教师可以调用本课程构建符合本校教学特色的 SPOC 课程,也可以搭建自己的"线上线下混合式教学"课堂,促进教学模式创新和教学质量提升。

本书参考了"1+X"职业技能等级证书"Web 前端开发"标准和"世界技能大赛——Web 技术赛项"的赛项规程,适合作为高等职业院校数据库类课程的教材,也适合作为"Web 前端开发"职业技能等级证书的考证培训用书和"世界技能大赛——Web 技术赛项"的集训参考书。

图书在版编目(CIP)数据

MySQL 数据库设计与应用 / 张成叔主编 . —2 版 . —北京:
中国铁道出版社有限公司, 2023.5(2025.1 重印)
"十四五"高等职业教育计算机类新形态一体化系列教材
ISBN 978-7-113-30082-1

Ⅰ.① M … Ⅱ.①张… Ⅲ.① SQL 语言-程序设计-高等职业教育-教材 Ⅳ.① TP311.132.3

中国国家版本馆 CIP 数据核字(2023)第 051358 号

书　　名:MySQL 数据库设计与应用(第 2 版)	
作　　者:张成叔	

策　　划:翟玉峰	编辑部电话:(010) 51873135
责任编辑:翟玉峰　包　宁	
封面设计:尚明龙	
封面制作:刘　颖	
责任校对:安海燕	
责任印制:赵星辰	

出版发行:中国铁道出版社有限公司(100054,北京市西城区右安门西街 8 号)
网　　址:https://www.tdpress.com/51eds
印　　刷:河北宝昌佳彩印刷有限公司
版　　次:2021 年 1 月第 1 版　2023 年 5 月第 2 版　2025 年 1 月第 4 次印刷
开　　本:850 mm×1168 mm　1/16　**印张:**17　**字数:**431 千
书　　号:ISBN 978-7-113-30082-1
定　　价:49.80 元

前言（第2版）

欲闯"IT 江湖"、逐鹿"DT 时代"，必先锋"SQL 利器"！

大数据（big data，BD）和人工智能（artificial intelligence，AI）是"DT 时代"的先驱。如何有效过滤纷繁复杂的海量数据？如何快速从网上的海量数据中"淘"出有用的信息？本书要解决的主要问题就是"如何存放、如何高效地进行数据库设计和应用"。

MySQL 数据库是全球最受欢迎的开源数据库软件之一，据网络调查显示，MySQL 数据库市场占有率约 43%。本书采用 MySQL 8.0 版本，符合市场和企业的普遍需求。

编者在 20 多年的教学实践中深刻体会到"数据库设计与应用"是一门实践性很强的课程，对专业技能提升的影响度高达 80%。经过调查发现：多数学生的体会是"入门感觉很轻松、提升感觉很吃力、应用感觉很可怕"，主要原因体现在"建库建表很轻松、添加约束很迷茫、'增删改查'不会用、设计项目不可能"。针对这些问题，本书彻底打破市场上大多数教材的编写原则，以数据库管理员、数据库系统开发人员所需的职业岗位能力为标准，以培养"数据库应用、设计、管理和开发"能力为主线，通过"教学做一体化"的内容体系、"项目案例一体化"的技能体系和"新形态一体化"的展示形式，将"理论＋实训"高度融合，实现了"教—学—做"的有机结合，通过具体项目驱动来提高学生学习的积极性和实践能力。

本书是在《MySQL 数据库设计与应用》（张成叔主编，中国铁道出版社有限公司出版）的基础上，以习近平新时代中国特色社会主义思想为指导，提升教材内容与宣传贯彻党的二十大精神的融合度，采用"校企双元合作开发"完成，优化了项目案例，整合了第 11 章和第 12 章内容。

本书具有以下特色：

1. 双元开发，服务为国育才

本次升级改版，采用"校企双元合作开发"的模式，在原有编写团队中，邀请合作企业腾讯科技（深圳）有限公司的刘萌博士加入团队。企业工程师主要负责项目的开发和案例的选择，使教材更加符合企业岗位需求和国家提质培优行动计划——校企双元合作开发职业教育教材的要求。

2. 赛证融合，服务国家战略

结合国家"职业教育综合改革方案"等国家战略，落实"1+X"证书制度，本书参考了"1+X"职业技能等级证书"Web 前端开发"等职业证书考试大纲和"世界技能大赛——Web 技术赛项"

的赛项规程，设计了多种形式的练习题目，鼓励学生多思考、多练习、提高综合能力，适应"教考分离"的教学模式，对接国家"学分银行"和终身学习的需求，促进"岗课赛证"的有机融合。

3. 理实一体，服务职业教育

本书按照"教学做一体化"的思维模式重构内容体系。"数据库设计与应用"是计算机类专业的专业核心课，承担着将"职业教育理念真正落地"的重任。本书以技能培养为核心任务，按照"螺旋形"的提升模式将内容组织为三部分：基础技能部分（第 1 ~ 6 章）、提升技能部分（第 8 ~ 10 章）和综合技能部分（第 7 章和第 11 章）。使得学生从第 1 周开始就练习数据库操作，按照"单个技能点练习—阶段项目技能练习—课程项目技能练习"的练习过程，快速提升学生的专业技能，为"理实一体"的职业教育理念提供教材和资源支撑。

4. 项目贯穿，服务教育教学

根据培养"项目经验"的核心任务，按照"螺旋形"提升的模式，本书共设计了 4 个项目：分别是课内"教学做"贯穿项目"高校学生成绩管理系统 SchoolDB 数据库"，课外巩固提升项目"图书馆管理系统 LibraryDB 数据库"，阶段项目"QQ 数据库管理"和课程项目"银行 ATM 系统的数据库设计与实现"。按照"基本技能项目—阶段项目技能—课程项目技能"的练习过程，快速提升学生的专业技能和项目经验。更加符合职业教育的要求，也更加符合教学的规律和学习的规律。

5. 立体设计，服务课程建设

本书采用新形态立体化设计，配套了丰富的数字化教学资源，包括 78 个微课视频、课程标准、授课计划、电子教案、授课用 PPT、案例素材、项目源代码、习题答案及解析等，学习者可以通过扫描书中的二维码进行碎片化学习，也可以通过本书配套的数字课程"MySQL 数据库设计与应用"进行"系统化学习"。丰富了学习手段和形式、提高了学习的兴趣和效率，全方位立体化服务"数据库设计与应用"课程建设。

6. 搭建 MOOC，服务线上线下

本书所配套的大规模在线开放课程（MOOC）已经在"智慧职教 MOOC 学院"上线，并已经运行了多期，深受全国师生的欢迎。教师可以调用本课程构建符合本校教学特色的 SPOC 课程，也可以搭建自己的"线上线下混合式教学"课堂，促进教学模式创新和教学质量提升。各位读者可以在"智慧职教 MOOC 学院"中搜索后学习，也可扫码下面的二维码加入课程学习。

MySQL 数据库设计与应用课程二维码

本书配套的电子资源如下图所示。

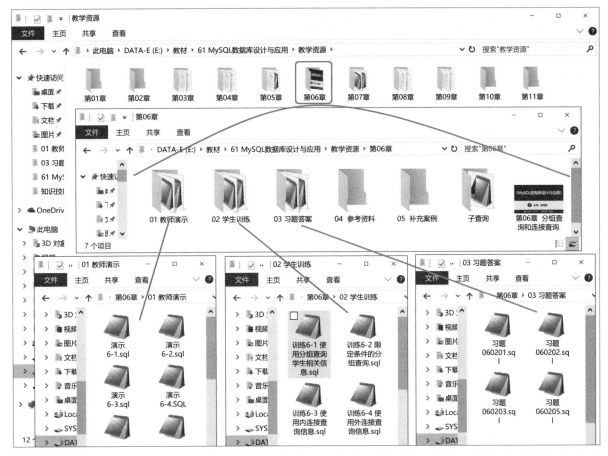

本书保留了第1版的框架和体系，内容共分为三部分：基础技能部分、提升技能部分和综合技能部分。

基础技能部分（第1~6章）：第1章介绍数据库的基础知识和环境的部署，第2、3章分别学习创建和管理数据库、数据表，第4章学习使用SQL语句操作数据表，第5、6章分别学习单表查询、模糊查询、分组查询、多表连接查询和子查询。

提升技能部分（第8~10章）：第8章学习索引、视图和事务，处理较复杂的业务需求，第9章学习具有数据库编程功能的存储过程和触发器，第10章学习对数据库的管理和维护。

综合技能部分（第7章和第11章）：第7章为阶段技能项目"QQ数据库管理"，安排在基础技能掌握之后进行阶段性综合技能提升。第11章为课程综合技能项目"银行ATM系统的数据库设计与实现"，模拟一套ATM存取款机系统的存款、取款和转账业务，保证数据的安全性和高效性。

本书由校企双元合作开发完成，由张成叔（安徽财贸职业学院）任主编，刘萌（腾讯科技（深圳）有限公司）、张伟伟（安徽财贸职业学院）、陈彩红（山西工程职业学院）、赵艳平（安徽水利水电职业技术学院）、陈旭文（揭阳职业技术学院）、钱春阳（合肥职业学院）、胡贵恒

（安徽工商职业学院）、王艳（安徽交通职业技术学院）、刘兵（铜陵职业技术学院）和靳继红（焦作师范高等专科学校）任副主编，万芳（安徽交通职业技术学院）、代羽（曹妃甸职业技术学院）、杨琳（衢州职业技术学院）、陆慧（安徽财贸职业学院）、朱静（安徽审计职业学院）和刘淑芝（焦作师范高等专科学校）参与编写，第 1 章由张成叔编写，第 2 章由张伟伟和万芳编写，第 3 章由陈彩红和代羽编写，第 4 章由赵艳平和杨琳编写，第 5 章由钱春阳和陆慧编写，第 6 章由胡贵恒和朱静编写，第 7 章由刘萌和靳继红编写，第 8 章由王艳和刘淑芝编写，第 9 章由刘兵和刘淑芝编写，第 10 章由陈旭文和代羽编写，第 11 章由张成叔编写。项目案例由张成叔、刘萌和张伟伟共同开发完成。教材微课视频等数字资源主要由张成叔和张伟伟设计与制作。全书由张成叔统稿和定稿。

本书所配数字教学资源请从中国铁道出版社有限公司网站（hppt://www.tdpress.com/51eds/）下载或直接与编者联系：微信（QQ）:7153265，抖音号:zcs13955155470，E-mail:zhangchsh@163.com。

本书参考了"1+X"职业技能等级证书"Web 前端开发"标准和"世界技能大赛——Web 技术赛项"的赛项规程，适合作为高等职业院校数据库类课程的教材，也适合作为"Web 前端开发"职业技能等级证书的考证培训用书和"世界技能大赛——Web 技术赛项"的集训参考书。

由于编者水平所限，书中不足之处，请广大读者批评指正。

编　者
2023 年 2 月

目 录

网络出版资源明细表

第 1 章

认识数据库和部署MySQL环境

工作情境和任务

　　随着管理信息化的发展需要，作为"智慧校园"的一部分，计划为某高校开发"高校学生成绩管理系统"，并选择 MySQL 作为数据库管理软件。开发团队要进行系统开发，首先要搭建好工作环境——安装和配置 MySQL，熟悉 MySQL 的界面。

➤ 完成 MySQL 数据库的下载。

➤ 完成 MySQL 数据库的安装和配置。

知识和技能目标

➤ 理解数据库的相关概念。

➤ 了解常用数据库以及数据库的发展历史。

➤ 了解 MySQL 数据库及其版本。

➤ 熟练完成 MySQL 数据库的下载，并保存在自己计算机上。

➤ 熟练完成在自己计算机上安装和配置 MySQL 数据库。

➤ 灵活处理安装中遇到的一般问题。

➤ 了解 4 种常见的 MySQL 图形化管理工具。

本章重点和难点

➤ 配置 MySQL 数据库。

➤ 处理安装 MySQL 数据库中遇到的一般问题。

在当今信息化时代，数据已成为社会发展的关键资源。在互联网上，每天有大量的数据正在不断产生，有调查数据显示，目前 90% 以上的应用软件都需要使用到数据库系统，如何安全有效地存储、管理及检索数据变得极其重要。

数据库技术是对大量数据进行组织和管理的重要技术手段，它使人们能够更加快速和方便地管理数据，主要体现在以下几个方面。

①数据按照一定的模型进行组织和存储，方便用户进行检索和访问。数据库对数据进行分类保存，同时对有关联的数据建立联系，可以为用户提供对数据的快速查询。

②可以保证数据的完整性。通过避免重复数据，对数据的取值范围进行限制，对关联数据进行检测，减少了数据的冗余，同时也最大限度上减少了用户对数据操作的失误。

③可以满足多用户使用数据的安全性。将所有数据放入数据库后，可以设置数据的安全访问。例如，在成绩管理数据库中，教师可以查询及修改成绩信息，而学生只能查看成绩，从而保证数据的安全性。

④数据库技术可以进行"大数据分析"。通过"数据挖掘"等产生新的有用信息，为决策提供数据依据。

1.1　认识数据库系统

1.1.1　数据库基本概念

1. 数据库

数据库（database，DB）指长期存储在计算机内有组织的、可共享的数据集合。数据库中的数据按一定的数据模型组织、描述和存储，具有较小的冗余度，较高的数据独立性和易扩展性，并可为各种用户共享。

2. 数据库管理系统

数据库管理系统（database management system，DBMS）指位于用户与操作系统之间的一层数据管理软件。数据库在建立、运用和维护时由数据库管理系统统一管理和统一控制。数据库管理系统使用户能方便地定义数据和操纵数据，并能够保证数据的安全性、完整性、多用户对数据的并发使用及发生故障后的系统恢复。

3. 数据库系统

数据库系统（database system，DBS）指在计算机系统中引入数据库后构成的系统，一般由数据库、数据库管理系统及其开发工具、应用系统、数据库管理员和用户构成。

数据库系统结构图如图 1–1 所示。

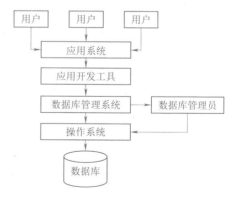

图 1–1　数据库系统结构图

1.1.2　常用数据库

1. SQL Server数据库

SQL Server 是微软公司开发的大型关系型数据库系统。SQL Server 的功能比较全面，效率高，可以作为大中型企业或单位的数据库平台。目前使用较广泛的是 SQL Server 2008，其优势是 Microsoft 产品所共有的易用性。Microsoft Windows 拥有广泛的用户，Microsoft 所有的产品都遵循相似、统一的操作习惯，上手比较容易。

Windows 系统的易用性也让数据库管理员可以更容易、更方便、更轻松地进行管理。

2. Oracle数据库

Oracle 是 Oracle（甲骨文）公司的数据库管理系统。

Oracle 成立于 1977 年，1979 年 Oracle 公司引入了第一个商用 SQL 关系数据库管理系统。Oracle 公司是最早开发关系数据库的厂商之一，其产品支持最广泛的操作系统平台。目前 Oracle 关系数据库产品的市场占有率名列前茅。Oracle 公司是目前全球最大的数据库软件公司，也是近年业务增长极为迅速的软件提供与服务商。

Oracle 的数据库产品被认为是运行稳定、功能齐全、性能超群的贵族产品。这一方面反映了它在技术方面的领先，另一方面也反映了它在价格定位上更着重于大型的企业数据库领域。对于数据量大、事务处理繁忙、安全性要求高的企业，Oracle 是比较理想的选择，但是用户必须在费用方面做出充足的考虑，因为 Oracle 数据库在同类产品中是比较贵的。随着 Internet 的普及，Oracle 适时地将自己的产品紧密地和网络计算结合起来，分别于 2007 年和 2013 年发布了 Oracle 11g 和 Oracle 12c 数据库版本，成为在 Internet 应用领域数据库厂商的佼佼者。

Oracle 数据库可以运行在 UNIX、Windows 等主流操作系统平台，完全支持所有的工业标准，并获得最高级别的 ISO 标准安全性认证。由于要支持很多的操作系统，Oracle 的配置、管理、系统维护涉及比较多的专业知识。

3. DB2数据库

DB2 是 IBM 公司的产品，DB2 系统在企业级的应用中十分广泛。DB2 主要应用于大型应用系统，具有较好的可伸缩性，可支持从大型机到单用户环境，应用于所有常见的服务器操作系统平台下。DB2 提供了高层次的数据利用性、完整性、安全性、可恢复性，以及小规模到大规模应用程序的执行能力，具有与平台无关的基本功能和 SQL 命令。DB2 采用了数据分级技术，能够使大型机数据很方便地下载到 LAN 数据库服务器，使得客户机 / 服务器用户和基于 LAN 的应用程序可以访问大型机数据，并使数据库本地化及远程连接透明化。DB2 以拥有一个非常完备的查询优化器而著称，其外部连接改善了查询性能，并支持多任务并行查询。DB2 具有很好的网络支持能力，每个子系统可以连接十几万个分布式用户，可同时激活上千个活动线程，对大型分布式应用系统尤为适用。

4. MySQL数据库

MySQL 是最流行的开放源码 SQL 数据库管理系统，它是由 MySQL AB 公司开发、发布并支持的。目前 MySQL 被广泛地应用在 Internet 上的中小型网站和移动应用。由于其体量小、速度快、成本低，尤其是开放源码这一特点，许多中小型网站为了降低网站总体成本而选择了 MySQL 作为网站数据库。

1.2 认识 MySQL

1.2.1 MySQL 简介

MySQL 数据库是一个关系数据库管理系统，由瑞典 MySQL AB 公司开发，在 2008 年被 Sun 公司收购，而 Sun 公司又在 2010 年被 Oracle 公司收购。

MySQL 数据库具有以下特点。

①可移植性好。使用 C 和 C++ 编写，并使用了多种编译器进行测试，保证源代码的可移植性。

②支持跨平台。MySQL 支持 20 种以上的开发平台，包括 Windows、AIX、FreeBSD、Linux、Mac OS、Novell NetWare、OS/2 Wrap 等，使得在任何平台下编写的程序都可以移植，而不需要对程序做修改。

③为多种编程语言提供了 API。这些编程语言包括 C、C++、Python、Java、Perl、PHP、Eiffel、Ruby 和 Tcl 等。

④核心程序采用完全多线程服务，可高效地利用多 CPU 资源。

⑤优化的 SQL 查询算法，查询速度得到更好的提升。

⑥既能够作为一个单独的应用程序应用于客户端服务器网络环境，也能够作为一个库而嵌入到其他软件中提供多语言支持。

⑦提供 TCP/IP、ODBC 和 JDBC 等多种数据库连接途径。

⑧提供用于管理、检查、优化数据库操作的管理工具。

⑨可以处理拥有千万条记录的大型数据库。

1.2.2 MySQL 版本

1. MySQL的主要版本

根据应用场景的不同，MySQL 官网提供了多种 MySQL 下载版本。

① Oracle MySQL Cloud Service（企业版）。付费使用，提供安全、经济、高效的企业级 MySQL 云服务。

② MySQL Enterprise Edition（企业版）。付费使用，提供完善的技术支持。

③ MySQL Cluster CGE（企业版）。付费使用，MySQL 集群服务，是具有线性可伸缩性和高可用性的分布式数据库。提供跨分区、分布式数据集的内存实时访问。

④ MySQL Community Edition（社区版）。源代码开放，免费使用，但不提供官方的技术支持。其中包含了 MySQL Community Server（MySQL 社区服务器，世界上最流行的开源数据库）、MySQL Cluster（实时、开源的事务型数据库）、MySQL Router（MySQL 路由器，轻量级中间件，在应用程序和任何后端 MySQL 服务器之间提供透明路由）、MySQL Shell（MySQL 服务器的一个组件，是支持 JavaScript、Python、SQL 交互式进行 MySQL 服务器的开发与管理的接口）、MySQL Workbench（专为 MySQL 设计的可视化数据建模工具）、MySQL Connectors（提供标准的数据库驱动连接）等。

通常使用的是 MySQL Community Server。按照操作系统的不同，MySQL 数据库服务器又分为 Windows 版、Linux 版、Mac OS 版等。用户根据自己所使用的操作系统，选择相应的版本下载。

2．MySQL的版本编号

MySQL 的版本号由多个数字构成，如 MySQL-8.0.21.0，其中前 3 个数字表达的含义比较明确。

第 1 个数字：主版本号，文件格式改动时，将作为新的版本发布。

第 2 个数字：发行版本号，新增特征或者改动不兼容时，发行版本号需要更改。

第 3 个数字：发行序列号，主要是小的改动，如 bug 的修复、函数添加或更改、配置参数的更改等，数字随着版本的更新递增。

1.3　安装和配置 MySQL 服务器

1.3.1　下载 MySQL

MySQL 安装包可从 "https://dev.mysql.com/downloads/installer/" 上免费下载，建议选择 Community（社区版），下载得到的安装包为 "mysql-installer-community-8.0.21.0.msi"。

从官网下载的页面如图 1-2 所示。注意选择好适合的操作系统，本书以 Windows 操作系统为例，有 2 个可以选择的选项，较小的 24.5 MB 为在线安装包，较大的 427.6 MB 为完整安装包，可以离线安装，建议选择完整安装包。

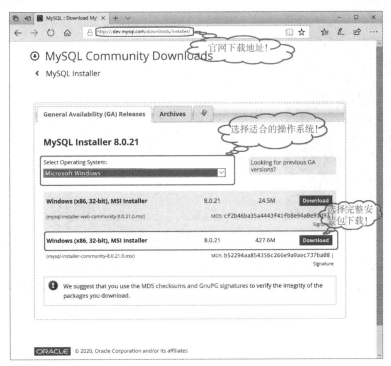

图 1-2　MySQL 下载页面

说明：

①目前主流的操作系统都支持 MySQL 数据库，使用更加广泛的主要有 Windows 操作系统和 Linux 操作系统。

②根据自己计算机操作系统和开发具体应用系统的需要，针对性地选择基于 Windows 操作系统或者基于 Linux 操作系统的版本进行下载，后期的安装和配置也都是基于具体操作系统的。

③基于不同操作系统的 MySQL 数据库主要区别在安装和配置上，对后面的管理和应用区别不大，因为 MySQL 主要都是基于传统的 DOS 命令行模式下进行操作。

④本书以 Windows 操作系统为例学习 MySQL 数据库，基于 Linux 操作系统的下载、安装和配置学习本课程视频资源。

视 频

安装MySQL

1.3.2 安装 MySQL

1. 选择安装类型

双击下载的安装包文件，进入安装类型选择界面，如图 1-3 所示。不同类型的含义和区别如下。

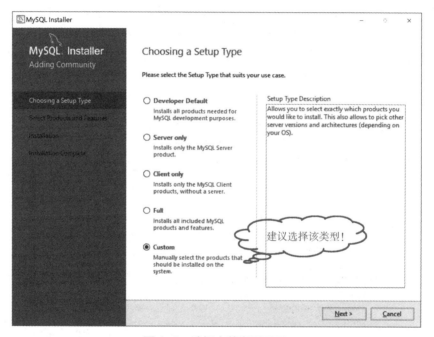

图 1-3 选择安装类型界面

① Developer Default。默认安装类型，安装进行 MySQL 开发所必需的组件，包括 MySQL Server、MySQL Shell、MySQL Router、MySQL Workbench、MySQL forExcel（Excel 插件可轻松访问和操作 MySQL 数据）、MySQL for Visual Studio、MySQL Connectors、Examples and Tutorials（实例和教程）、Documentation（帮助文档）。

② Server only。只安装服务器。

③ Client only。只安装客户端，不安装服务器。

④ Full。完全安装，即安装所有可用的产品，包括 MySQL 服务器、MySQL Workbench、MySQL 连接器、帮助文档、实例教程等。

⑤ Custom。自定义安装，即用户可以自由选择需要安装的组件、选择安装路径等。

2．选择产品和特性

选中"Custom"单选按钮，其余保持默认设置，然后单击"Next"按钮，弹出产品和特性选择界面，如图 1-4 所示。

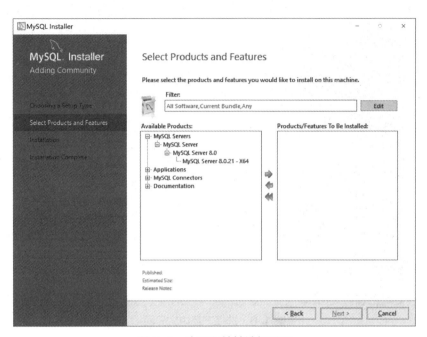

图 1-4　产品和特性选择界面

单击"Edit"按钮，可以选择何种产品将被安装，如图 1-5 所示。

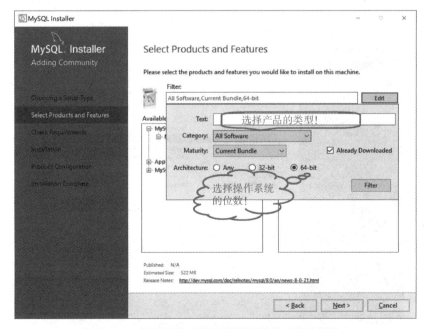

图 1-5　选择安装产品的类型和操作系统的位数

展开左侧 Available Products 列表框中的目录树，默认出现所有的产品，选择需要的产品，单击"➡"按钮，将其添加到右侧的"Products/Features To Be Installed"列表框中，此处选择安装的产品为"MySQL Servers"、"MySQL Workbench"和"MySQL Shell"等，如图 1-6 所示。

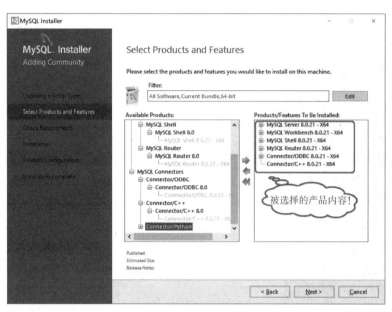

图 1-6　选择产品内容界面

3．选择产品并完成安装

单击"Next"按钮，进入检查安装必备条件的界面，如图 1-7 所示。单击"Execute"按钮，开始执行检查和安装操作，如图 1-8 所示。

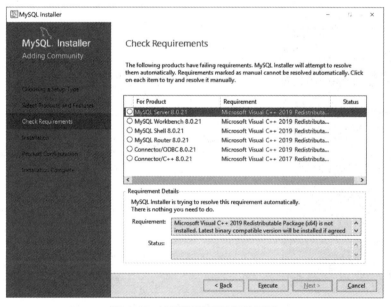

图 1-7　检查安装必备条件界面

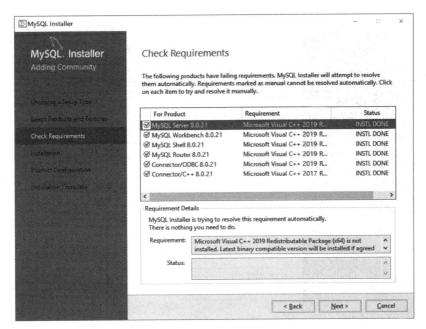

图 1-8　执行检查完成后的界面

单击"Next"按钮，进入产品安装界面，如图 1-9 所示。

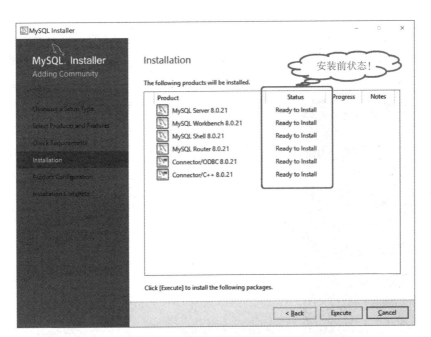

图 1-9　产品安装前的状态界面

单击"Execute"按钮，执行产品的安装操作。安装成功后，产品的状态（Status）由"Ready to Install"变为"Complete"，如图 1-10 所示。

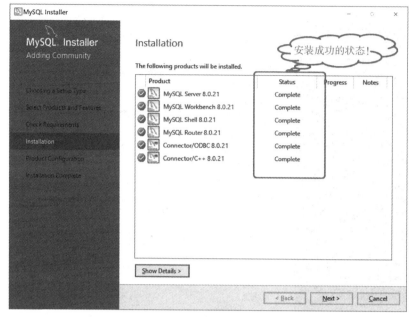

图 1-10　产品安装成功的状态界面

至此，成功完成了 MySQL 数据库的安装工作。

1.3.3　配置 MySQL

在安装成功的界面（见图 1-10）中单击"Next"按钮，进入产品配置界面，如图 1-11 所示。接下来需要分别配置所安装的产品，主要配置的是 MySQL 服务器、样本和实例等。

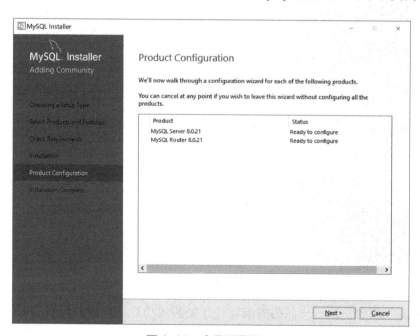

图 1-11　产品配置界面

1. 选择配置MySQL服务器

单击"Next"按钮，进入"High Availability"设置界面，如图 1-12 所示，主要用于配置 InnoDB 的分布式数据库架构。提供两种类型供选择，分别如下。

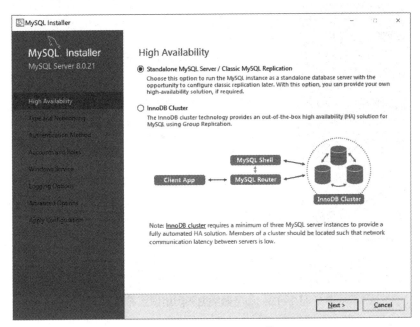

图 1-12　"High Availability"设置界面

① Standalone MySQL Server/Classic MySQL Replication。默认选项，如果想独立运行 MySQL 服务器，或是手动配置复制方案，请选择此选项。

② InnoDB Cluster。选择此选项，将允许使用多个 MySQL Server Standbox 实例在本地计算机上测试 InnoDB 集群设置。

根据教学的需要，建议此处使用默认选项"Standalone MySQL Server/Classic MySQL Replication"。

2. 服务器类型和网络设置

单击"Next"按钮，进入服务器类型和网络设置界面，如图 1-13 所示。

在"Config Type"下拉列表中，根据服务器的用途选择服务器类型。该选择将决定 MySQL 对内存、硬盘等系统资源的使用策略，共提供了如下 3 种类型的服务器。

① Development Computer。开发者类型，默认选项，选择该类型，MySQL 服务器将占用最少的系统资源，适合于个人桌面用户。建议初学者选择此类型。

② Server Computer。服务器类型，选择该类型，将作为服务器使用，将占用更多的系统资源。当然，也可和其他应用程序一起运行，如 FTP、E-mail、Web 服务器等。

③ Dedicated Computer。专用 MySQL 服务器，选择该类型，意味着该计算机只作 MySQL 服务器使用，占用系统所有的可用资源。

在配置网络中，需要勾选"TCP/IP"复选框，启用 TCP/IP，设置连接 MySQL 服务器的端口号。默认启用 TCP/IP 网络，默认端口号为 3306。若要使用新的端口号，直接在文本框中删改，但要确保该端口号没有被占用。如有需要，还可勾选 "Open Windows Firewall ports for network access" 复选框，表示防火墙将允许通过该端口访问。

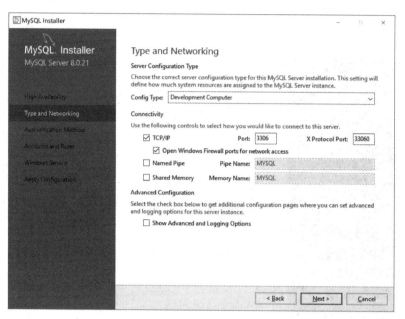

图 1–13　服务器类型和网络设置界面

根据教学和开发小型应用系统的需要，建议此处均按默认值设置，如图 1–13 所示。

3. 身份验证方法设置

继续单击 "Next" 按钮，进入身份验证方法设置界面，如图 1–14 所示。

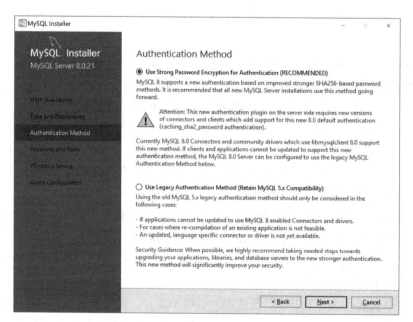

图 1–14　身份验证方法界面

在该界面中，共提供了两种验证方法，分别如下。

① Use Strong Password Encryption for Authentication（RECOMMENDED）。默认选项（推荐选项），使用改进的强加密方式进行身份验证，是 MySQL 8 提供的新的身份验证方法，安全性更好。

② Use Legacy Authentication Method（Retain MySQL 5.x Compatibility）。使用传统身份验证方法（保留 MySQL 5.x 兼容性）。

根据实际应用和发展的需要，建议此处选择默认选项，采用更强加密方式进行身份验证，提高数据库的安全性。

4．账户和角色设置

单击 "Next" 按钮，进入账户和角色设置界面，如图 1-15 所示，设置超级管理员账户 Root 的密码。

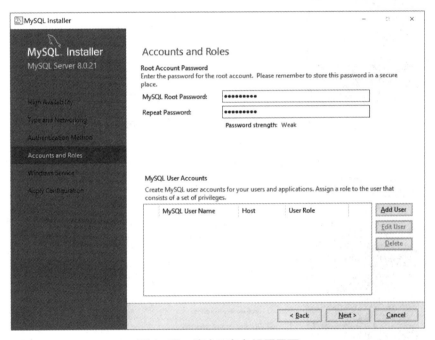

图 1-15　账户和角色设置界面

在 "MySQL Root Password" 文本框中为 Root 账户输入密码，在 "Repeat Password" 文本框中再次确认密码。"Add User" 按钮可以另外添加新的账户和对应的密码。

5．Windows服务配置

单击 "Next" 按钮，进入 Windows 服务配置界面，如图 1-16 所示。

将 MySQL 服务器配置为 Windows 中的服务。设置 MySQL Server 服务的名称以及在哪类用户账户（标准系统账户或客户账户）下可以运行，此处选中（默认选项）"Standard System Account"（标准系统账户）。

6．应用配置

单击 "Next" 按钮，将进入应用配置界面，如图 1-17 所示。

单击界面中的 "Execute" 按钮将应用前面所选定的配置。配置完成后，出现 "Finish" 按钮，即表示完成了 MySQL 服务器的配置，如图 1-18 所示。

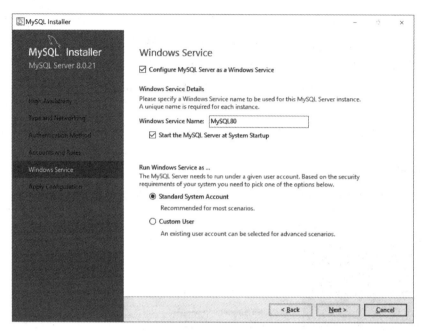

图 1-16　Windows 服务配置界面

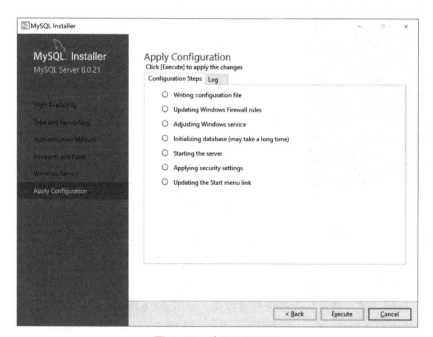

图 1-17　应用配置界面

7. 样本和实例配置

单击"Finish"按钮，进入"样本和实例"配置界面，如图 1-19 所示。

单击"Next"按钮，进入"MySQL Router Configuration"配置界面，如图 1-20 所示。单击"Finish"按钮，返回"样本和实例"配置界面，如图 1-19 所示。

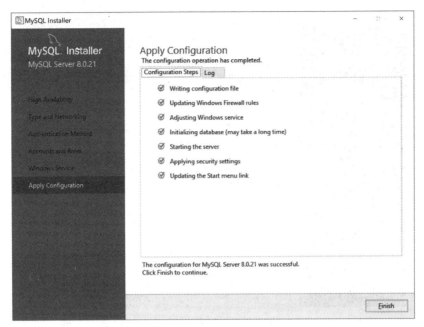

图 1-18 应用配置完成界面

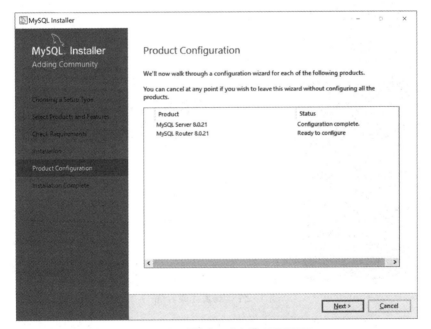

图 1-19 "样本和实例"配置界面

单击"Next"按钮,进入安装完成界面,如图 1-21 所示。

单击"Finish"按钮,整个数据库的安装和配置过程全部结束。由于选择了图 1-21 中的复选框,将立即启动"命令行"操作模式和"Workbench"图形化界面操作模式,如图 1-22 和图 1-23 所示。

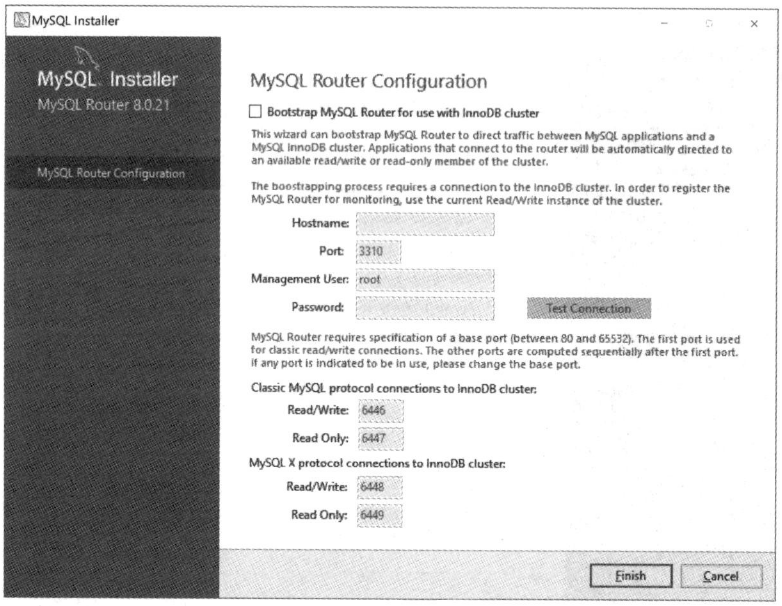

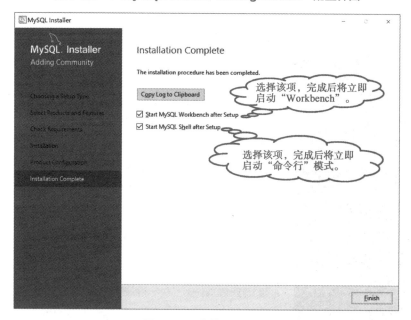

图 1-20　"MySQL Router Configuration" 配置界面

图 1-21　安装完成界面

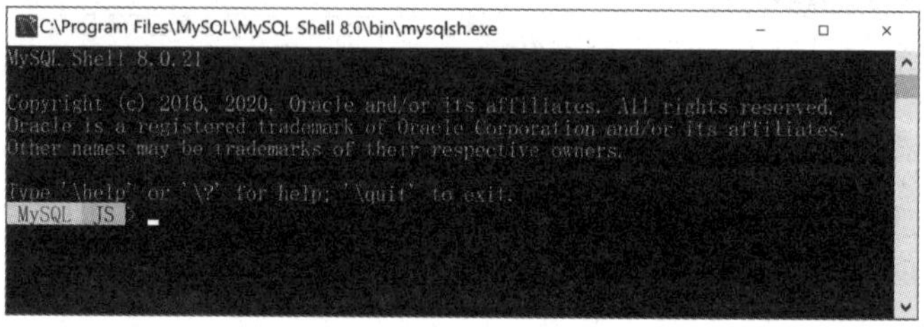

图 1-22　"命令行" 操作模式

图 1-23　"Workbench" 图形化界面

【技能训练❶-1】在自己的计算机上下载、安装和配置 MySQL

技能目标

①熟练下载 MySQL 数据库到计算机上。

②掌握 MySQL 数据库的安装和配置，并能处理安装中遇到的一般问题。

需求说明

①从 MySQL 的官网 "https://dev.mysql.com/downloads/installer/" 或者 "https://www.mysql.com" 下载最新版的 MySQL 数据库，并保存好，为本次安装和以后的重新安装做好准备。

②使用下载好的安装包，参照 1.3.2 节的步骤在自己的计算机上安装 MySQL 数据库。

③安装完成后，参照 1.3.3 节的步骤在自己的计算机上配置 MySQL 数据库。

关键点分析

①下载安装包时要在官网先注册一个账号，通过电子邮箱注册，收到一封邮件，打开自己邮箱的邮件，单击激活链接，完成注册。返回下载页面，使用注册的账号登录后完成下载。

②安装时选择 "Custom" 模式，便于进一步了解 MySQL 数据库产品的选择和内容，更加熟练地掌握安装的详细步骤。

③在 "账户和角色设置" 步骤中，"MySQL Root Password" 文本框中输入的 Root 账户密码要牢记，否则数据库安装成功了也不能正常使用，需要重新安装，建议通过记事本文件单独保存，以防忘记密码。

补充说明

①为了安装后更快更好地使用 MySQL 数据库，建议在 "选择产品和特性" 中选择 2 个重要的客户端应用："MySQL Workbench" 和 "MySQL Shell"，如图 1-24 所示。"MySQL Workbench" 为图形化管理客户端，"MySQL Shell" 为命令行管理客户端，选择这 2 个应用安装后，使用中就不需要再重新下载和安装。

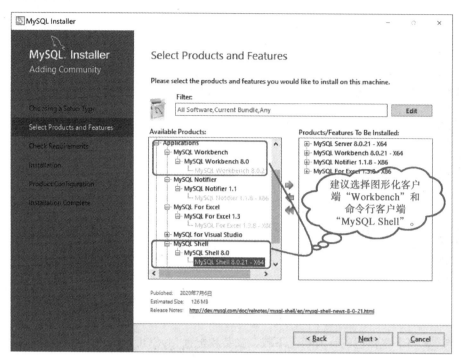

图 1-24　选择 Workbench 和 Sheel 产品

②为了简化安装过程中的选择，可以在"选择安装类型"界面中（见图 1-3），选择"Full"（完全安装）或者"Developer Default"（默认安装）单选按钮。

1.4　MySQL 图形化管理工具

MySQL 图形化管理工具可以在图形界面上操作 MySQL 数据库，图形化管理工具通过软件对数据库的数据进行操作，在操作时采用菜单方式进行，以下是几种常用的 MySQL 图形化管理工具。

1.4.1　MySQL Workbench

● 视 频

MySQL
Workbench
界面和使用

MySQL Workbench 是 MySQL 官方推出的数据库设计建模工具，是专为数据库架构师、开发人员和 DBA 打造的一个统一的可视化工具。它是著名的数据库设计工具 DBDesigner4 的继任者。可以使用 MySQL Workbench 设计和创建数据库图示、建立数据库文档，以及进行复杂的 MySQL迁移。

MySQL Workbench 是下一代的可视化数据库设计、管理工具，它同时有开源和商业化两个版本。该软件支持 Windows 和 Linux 系统。

MySQL Workbench 为数据库管理员、程序开发者和系统规划师提供可视化设计、模型建立以及数据库管理功能。它可用于创建复杂的数据建模 E-R 模型，正向和逆向数据库工程，也可用于执行通常需要花费大量时间及难以变更和管理的文档任务。

MySQL Workbench 界面如图 1-25 所示。本书使用该工具协助进行数据库的创建、管理和应用。

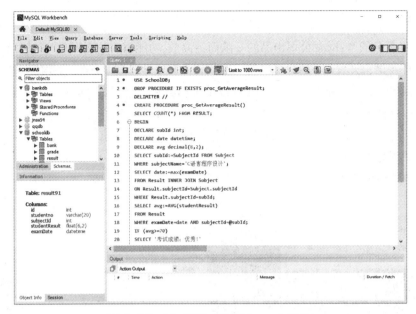

图 1-25　MySQL Workbench 界面

1.4.2　Navicat for MySQL

Navicat for MySQL 是一套数据库管理工具，结合了其他 Navicat 成员的功能，支持单一程序同时连接到 MySQL、MariaDB、SQL-Server、SQLite、Oracle 和 PostgreSQL 数据库。Navicat for MySQL 可满足数据库管理系统的使用功能，包括存储过程、事件、触发器、函数和视图等。

Navicat 支持快速地在各种数据库系统间传输数据，传输指定 SQL 格式以及编码的纯文本文件。执行不同数据库的批处理作业并在指定的时间运行。其他功能包括导入向导、导出向导、查询创建工具、报表创建工具、数据同步、备份、工作计划及更多。

Navicat 的功能符合专业开发人员的所有需求，有中文版，对数据库服务器新手来说学习起来也非常容易。

Navicat 界面如图 1-26 所示。

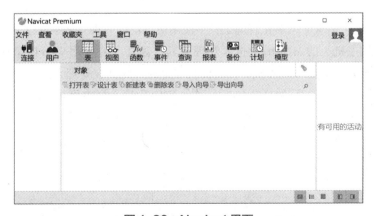

图 1-26　Navicat 界面

1.4.3　SQLyog

SQLyog 是业界著名的 Webyog 公司出品的一款简洁高效、功能强大的图形化 MySQL 数据库管理工具。这款工具是使用 C++ 语言开发的。用户可以使用这款软件有效地管理 MySQL 数据库，包含查询结果集合、查询分析器、服务器消息、表格数据、表格信息以及查询历史，它们都以标签的形式显示在界面上，开发人员只要单击鼠标即可。

此外，该工具不仅可以通过 SQL 文件进行大量文件的导入与导出，而且还可以导入与导出 XML、HTML 和 CSV 等多种格式的数据。

SQLyog 的主界面和连接服务器界面如图 1-27 所示。

图 1-27　SQLyog 的主界面和连接服务器界面

1.4.4　phpMyAdmin

phpMyAdmin 是用 PHP 编写的，可以通过 Web 方式控制和操作 MySQL 数据库。通过 phpMyAdmin 可以对数据库进行操作，如建立、复制、删除数据等。

PhpMyAdmin 的缺点是必须安装在 Web 服务器中，所以如果没有合适的访问权限，其他用户有可能损害到 SQL 数据。

phpMyAdmin 是众多 MySQL 图形化管理工具中应用最广泛的一种，是一款以 PHP 为基础，以 Web-Base 方式架构在网站主机上的 MySQL 数据库管理工具，让管理者可用 Web 接口管理 MySQL 数据库。因此 Web 接口可以成为一个输入繁杂 SQL 语法的较佳途径，尤其在处理大量数据的导入及导出时更为方便。其中一个更大的优势在于 phpMyAdmin 与其他 PHP 程序一样在网页服务器上执行，在任何地方使用这些程序产生的 HTML 页面，均可通过远端管理 MySQL 数据库，能方便地建立、修改、删除数据库及数据表。

▌小结

本章主要介绍了数据库系统的概念和常用数据库系统，认识了 MySQL 数据库，实现了在 Windows

环境下下载、安装和配置 MySQL 数据库，简单介绍了 4 种 MySQL 图形化管理工具。

本章知识技能结构如图 1-28 所示。

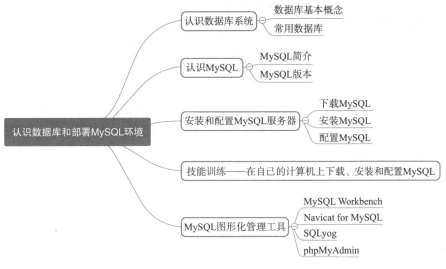

图 1-28　知识技能结构图

习题

一、选择题

1. 某单位由不同的部门组成，不同的部门每天都会产生一些报告、报表等数据，以往都采用纸张的形式进行数据的保存和分类，随着业务的扩展，这些数据越来越多，管理这些报告、报表也越来越费时费力，此时应该考虑（　　　）。

A. 由多个人来完成这些工作

B. 在不同的部门中，由专门的人员管理这些数据

C. 采用数据库系统管理这些数据

D. 把这些数据统一成一样的格式

2. 数据完整性是指（　　　）。

A. 数据库中的数据不存在重复　　　　　　B. 数据库中所有的数据格式是一样的

C. 所有的数据全部保存在数据库中　　　　D. 数据库中的数据能够正确地反映实际情况

3. 数据库系统的核心部分是（　　　）。

A. 数据库　　　　　B. 数据模型　　　　C. 计算机硬件　　　　D. 数据库管理系统

4. 下述关于数据库系统的叙述中正确的是（　　　）。

A. 数据库系统减少了数据冗余

B. 数据库系统避免了一切冗余

C. 数据库系统中数据的一致性是指数据类型的一致

D. 数据库系统比文件系统能管理更多数据

5. 下列叙述中正确的是（　　　）。

    A. 数据库系统是一个独立的系统，不需要操作系统的支持

    B. 数据库技术的根本目标是要解决数据的共享问题

    C. 数据库管理系统就是数据库系统

    D. 数据库系统只能在 Windows 系统下运行

6. 数据库 DB、数据库系统 DBS、数据库管理系统 DBMS 之间的关系是（　　　）。

    A. DB 包含 DBS 和 DBMS   B. DBMS 包含 DB 和 DBS

    C. DBS 包含 DB 和 DBMS   D. 没有任何关系

7. 数据库独立性是数据库技术的重要特点之一，所谓数据独立性是指（　　　）。

    A. 数据与程序独立存放

    B. 不同的数据被存放在不同的文件中

    C. 不同的数据只能被对应的应用程序所使用

    D. 以上三种说法都不对

8. 在 MySQL 的安装过程中，若选用"启用 TCP/IP 网络"，则 MySQL 会默认选用的端口号为（　　　）。

    A. 80   B. 8080   C. 3306   D. 33

9. MySQL 安装成功后，在系统中会默认建立一个（　　　）用户。

    A. root   B. 8080   C. local   D. mysql

10. 在 MySQL 安装过程中，关于超级管理员账户 root 的密码设置，以下说法错误的是（　　　）。

    A. 由用户指定，并需要牢记   B. 由用户指定，登录数据库时需要该密码

    C. 由用户指定，后期可以修改   D. 由系统默认设置，后期用不上该密码

二、操作题

1. 下载并保存好最新版的 MySQL 数据库，为后期的重新安装做好准备。

2. 在自己的计算机上安装和配置 MySQL 数据库。

3. 参照 1.4 节的内容，在自己的计算机上安装 4 种常见的 MySQL 图形化管理工具。

第2章
创建和管理数据库

工作情境和任务

　　高校学生成绩管理系统的开发团队设计出了 SchoolDB 数据库的关系模型，现在需要使用关系数据库软件 MySQL 来创建高校学生成绩管理系统的数据库，并对该数据库进行管理。

➤ 完成创建数据库和管理数据库。

知识和技能目标

➤ 理解字符集和校对规则的相关概念。

➤ 熟练掌握使用命令行的方式创建数据库。

➤ 熟练掌握使用 Workbench 客户端创建数据库。

➤ 熟练掌握查看显示和打开数据库的操作。

➤ 熟练掌握修改数据库的方法和步骤。

➤ 掌握删除数据库的操作。

本章重点和难点

➤ 在命令行"MySQL 8.0 Command Line Client"模式下对数据库进行操作。

➤ 数据库创建和修改命令的使用方法和步骤。

MySQL 数据库管理系统分为客户端和服务器端，数据库设计人员在安装和配置 MySQL 后，启动 MySQL 服务，从客户端连接到 MySQL 服务器，才能对数据库进行创建和管理。

2.1 连接 MySQL 服务器

2.1.1 字符集和校对规则

1. 字符集

①字符的编码。字符（character）是指人类语言中最小的表义符号，如 A、B 等。给定一系列字符，对每个字符赋予一个数值，用数值来代表对应的字符，这一数值就是字符的编码（encoding）。

例如，给字符 A 赋予数值 0，给字符 B 赋予数值 1，则 0 就是字符 A 的编码，1 是字符 B 的编码。

②字符集。给定一系列字符并赋予对应的编码后，所有这些字符和编码对组成的集合就是字符集（character set）。

例如，给定字符列表为 {'A', 'B'} 时，{'A'=>0, 'B'=>1} 就是一个字符集。

2. 字符集对应的校对规则

字符集对应的校对规则（collation）是指在同一字符集内字符之间的比较规则。确定字符集的校对规则后，才能在一个字符集上定义什么是等价的字符，以及字符之间的大小关系。

每个字符校对规则将唯一对应一种字符集，但一个字符集可以对应多种字符校对规则，其中有一个是默认字符集的校对规则（default collation）。

MySQL 中的字符校对规则名称遵从命名惯例，例如：

①以字符校对规则对应的字符集名称开头。

②以"_ci"、"_cs"或"_bin"结尾。其中"_ci"表示大小写不敏感，即不区分大小写。"_cs"表示大小写敏感，即区分大小写。"_bin"表示按编码值比较。

例如，在字符校对规则"utf8_general_ci"下，字符"a"和"A"是等价的，即不区分大小写。

MySQL 支持多种字符集和校对规则，它对字符集的支持细化到服务器、数据库、数据表和连接层 4 个层次。因此，为避免乱码问题的出现，从连接层级、客户端和结果返回级、数据库级、表级、服务器级等各个层级使用一致的字符集和校对规则。

支持中文的常用字符集主要有 3 种。

① UTF-8 字符集。互联网广泛支持的 Unicode 字符集，长度为 3 字节。

② GBK 字符集。主要用于显示汉字，长度为 2 字节。

③ GB2312。

2.1.2 启动 MySQL 服务

● 视频

启动 MySQL
服务

连接到 MySQL 服务器前，需要启动系统中的 MySQL 服务，启动方式主要有 2 种，通过 Windows 操作系统的"计算机管理"窗口启动和通过命令的形式启动。

1. 通过"计算机管理"窗口启动和停止

右击桌面"计算机"或者"此电脑"图标，在弹出的快捷菜单中选择"管理"命令，打开"计算机管理"窗口，如图 2-1 所示。在左边的列表中选择"服务"，在右边的列表中找到"MySQL80"并右击，在弹出的快捷菜单中选择"启动"、"停止"或"暂停"等命令。

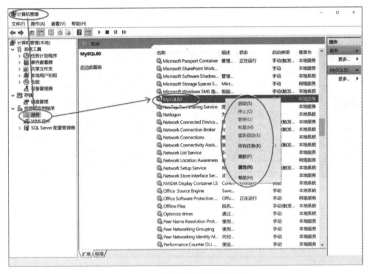

图 2-1　"计算机管理"窗口

也可通过控制面板打开"服务"窗口，选择"MySQL"服务并右击，在弹出的快捷菜单中选择"启动"、"停止"或"暂停"等命令来改变服务的状态。

2. 通过命令提示符启动和停止

选择"开始"→"Windows 系统"→"命令提示符"命令，打开 DOS 命令提示符窗口，输入命令："CD C:\Program Files\MySQL\MySQL Server 8.0\bin"，切换到安装的 MySQL 数据库的"bin"目录下，如图 2-2 所示。

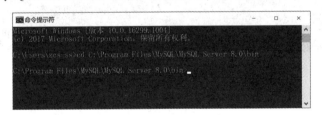

图 2-2　命令提示符下进入"bin"目录

输入连接服务器命令："mysql –u root –p"，并输入对应的密码（默认以 root 账户登录），检测 MySQL 服务是否已经启动，如果未启动，写连接失败，提示："Can't connect MySQL server on'localhost'（10061）"，如图 2-3 所示。

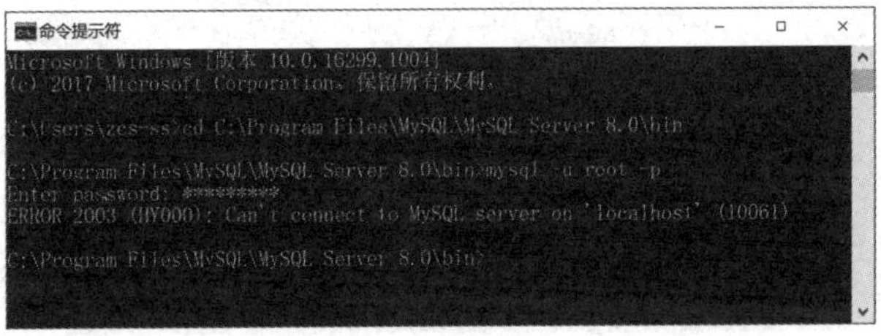

图 2-3　未启动 MySQL 服务的提示

输入启动 MySQL 服务命令："net start mysql80"，"80"表示版本号。当提示"MySQL80 服务已经启动成功。"时，表示 MySQL 服务启动成功，如图 2-4 所示。

提示：使用该命令必须是系统管理员账户登录 Windows 操作系统，否则无法执行该命令。

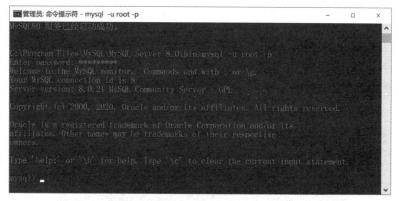

图 2-4　启动 MySQL 服务成功

此时，再次输入连接服务器命令："mysql –u root –p"，并输入对应的密码，连接 MySQL 服务器成功，如图 2-5 所示。

图 2-5　连接 MySQL 服务器成功

当需要停止 MySQL 服务时，可以输入停止服务器命令："net stop mysql80"，提示"MySQL80 服务已成功停止。"时，表示 MySQL 服务停止，如图 2-6 所示。

图 2-6　停止 MySQL 服务成功

2.1.3　连接 MySQL 服务器

可以通过命令行的方式连接到 MySQL 数据库，也可以通过"MySQL 8.0 Command Line Client"来连接。

视频 ●·········

连接 MySQL
服务

1．命令行方式

通过命令行方式连接如图 2-5 所示，输入命令："mysql –u root –p"即可。其中：

①命令语法：mysql–h 服务器主机地址 –u 用户名 –p 密码。

② –h 参数：如果是连接到本机的服务器，可以省略。

③ –u 参数：后面的 root 为用户名，必须是服务器中存在的用户名。

④ –p 参数：该参数后面可以不写密码，按【Enter】键后输入密码，如图 2-7 所示。

2．"MySQL 8.0 Command Line Client"方式

"MySQL 8.0 Command Line Client"是 MySQL 安装时可以选择安装的客户端，是 MySQL 自带的客户端。

选择"开始"→"所有程序"→"MySQL"→"MySQL 8.0 CommandLine Client"命令，打开命令行客户端窗口，如图 2-7 所示。

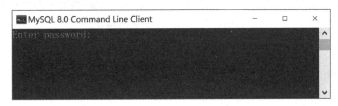

图 2-7　MySQL 8.0 Command Line Client 窗口

不需要输入命令，只需要输入对应的密码（默认以 root 账户登录），即可成功登录 MySQL 服务器，如图 2-8 所示。

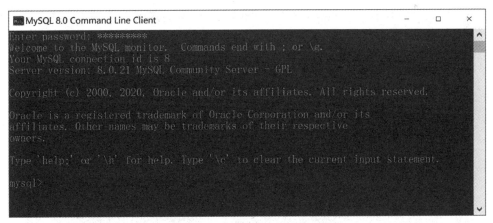

图 2-8　成功登录 MySQL 服务器窗口

2.1.4　设置 MySQL 字符集

MySQL 8.0 默认的字符集为 utf8mb4，是 LTTF-8 的超集，占 4 字节编码，对应的校对规则为 utf8mb4_0900_ai_ci。如果默认的字符集和校对规则不能满足需要，可重新设置。

查看当前系统字符集参数，输入命令：

```
SHOW VARIABLES LIKE'character%';
```

运行结果如图 2-9 所示。

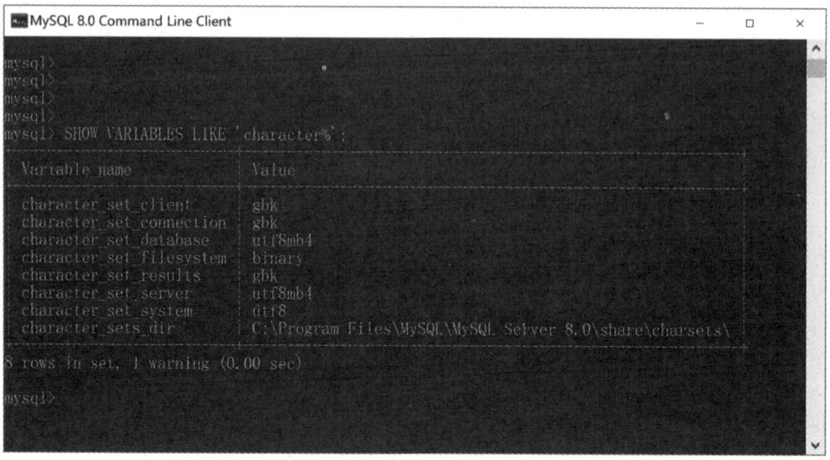

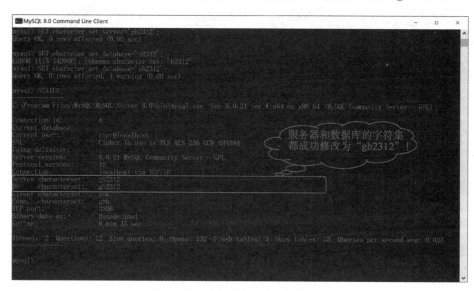

图 2-9　查看当前系统字符集参数

提示：MySQL 的命令要以";"结束，所以命令最后的";"不能省略。

如果需要将数据库和服务器的字符集修改为 GB 2312，具体命令如下：

```
SET character_set_server='gb2312';
SET character_set_database='gb2312';
```

如果查看是否修改成功，可以输入命令：

```
STATUS;
```

命令执行效果如图 2-10 所示。服务器和数据库的字符集都成功被修改为"gb2312"。

图 2-10　查看修改字符集的结果

【技能训练❷-1】在自己的计算机上启动和连接服务器并修改字符集

技能要点

①实现 MySQL 服务的启动和停止。

②实现连接登录到 MySQL 服务器。

③掌握修改字符集的方法和步骤。

需求说明

①通过"管理计算机"和"命令行"2 种方式启动 MySQL 服务。

②通过命令行方式和"MySQL 8.0 Command Line Client"方式分别连接登录到 MySQL 服务器。

③将数据库和服务器的字符集修改为 GB 2312，并查看修改结果。

关键点分析

①使用"命令行"方式启动 MySQL 服务时，要将当前目录修改为："C:\Program Files\MySQL\MySQL Server 8.0\bin"，否则连接命令无法执行。

②使用"MySQL 8.0 Command Line Client"方式连接登录时，输入的密码默认为安装时设置的"root"账户的密码，如果密码忘记或者密码不正确将无法连接。

③修改字符集时，需要将数据库和服务器的字符集都修改为相同的字符集，否则会造成应用麻烦。

补充说明

①需要熟练使用"MySQL 8.0 Command Line Client"方式或者"MySQL Shell"方式，后期的数据库创建、管理和应用主要都是通过命令行的方式实现。

②"MySQL 8.0 Command Line Client"方式下，输入命令的最后要用"；"结束，否则系统无法识别和执行命令。如"SET character_set_server='gb2312'；"。

③快速设置客户端、服务器及数据库为某一相同字符集可以使用 SET NAMES 命令。如"SET NAMES UTF8；"。

2.2 使用 Workbench 连接登录 MySQL 服务器

MySQL Workbench 是 MySQL AB 发布的可视化的数据库设计软件，是一款功能强大的图形化管理工具，可以在安装 MySQL 数据库时直接选择安装，无须专门下载和安装。使用 Workbench 连接登录 MySQL 服务器的步骤如下：

1. 打开 Workbench 客户端

选择"开始"→"所有程序"→"MySQL"→"MySQL Workbench 8.0 CE"命令，打开 Workbench 首页界面，如图 2-11 所示。

2. 编辑和新建连接

可以对默认的实例连接进行编辑，也可以新建一个连接，右击"Local instance MySQL80"图标，弹出快捷菜单，如图 2-12 所示。

视频 ●……

使用 Workbench 连接 MySQL 服务器

图 2-11　启动 Workbench 的主界面

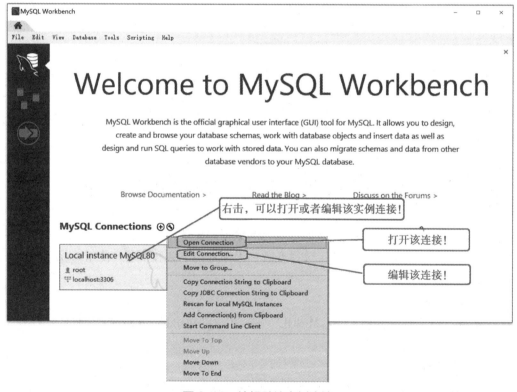

图 2-12　编辑默认实例连接

选择 "Edit Connections" 命令，打开 "Manage Server Connections" 界面，如图 2-13 所示。

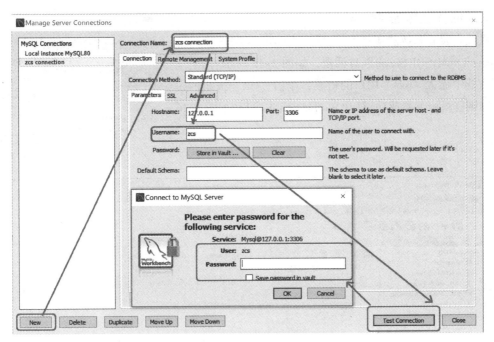

图 2-13　新建连接

　　单击"New"按钮，在"Connection Name"文本框中输入连接的名称，在"Username"文本框中输入用户名，如"zcs"，设置好密码，也可以使用与 root 用户相同的密码。单击"Test Connection"按钮，弹出"Connection to MySQL Server"对话框，输入"zcs"用户的密码，单击"OK"按钮。完成新连接的新建，如图 2-14 所示。

图 2-14　新建的连接"zcs connection"

3．Workbench主界面组成

单击系统安装后默认的实例连接"Local instance MySQL80"，打开"Connect to MySQL Server"对话框，如图 2-15 所示。

在文本框中输入"root"用户的密码，单击"OK"按钮，如果密码正确则登录服务器成功，打开 Workbench 主窗口，如图 2-16 所示。

图 2-15　连接登录界面

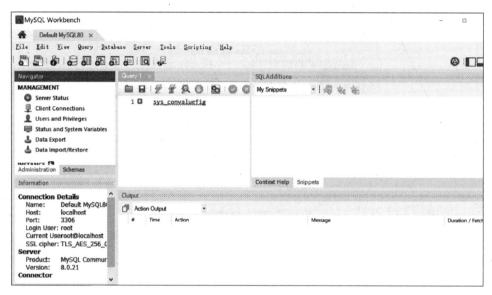

图 2-16　Workbench 主窗口

主界面的左上部分为导航栏，分两个标签页，图 2-17 所示是数据库操作列表，图 2-18 所示是数据库中所有库的列表。

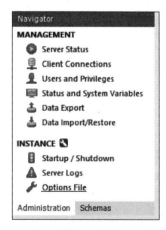

图 2-17　导航栏—数据库操作列表

图 2-18　导航栏—所有数据库列表

主界面的左下部分为信息栏,分为两个标签页:一个是表信息,如图 2-19 所示,其中显示的是在图 2-18 中选择的某个数据库中的某张表的表结构;另一个是登录信息,如图 2-20 所示。

图 2-19 信息栏—表信息

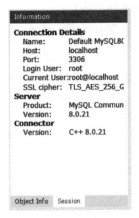

图 2-20 信息栏—登录信息

主界面的右上部分为 SQL 的编辑器及执行环境,右下部分为执行结果列表,如图 2-21 所示。

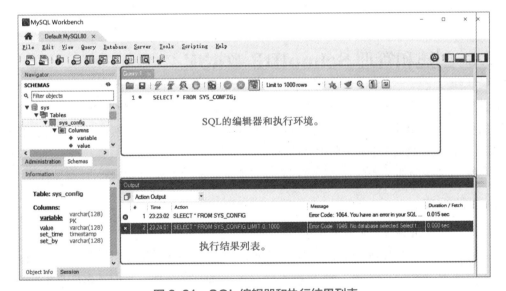

图 2-21 SQL 编辑器和执行结果列表

【技能训练❷-2】使用 Workbench 登录到自己计算机的 MySQL 服务器

技能目标

①完成安装图形化管理工具 MySQL Workbench 客户端。

②实现连接登录到 MySQL 服务器,并能编辑和新建连接。

③掌握 Workbench 客户端的功能组成。

需求说明

①在自己的计算机上成功安装好图形化管理工具 MySQL Workbench 客户端。

②打开 Workbench 客户端，编辑已有的默认实例连接，并新建一个以自己姓名拼音简写命名的新连接，如"zcs connection"；用户名为自己姓名的拼音简写，如"zcs"。

③使用默认实例连接，成功登录连接到 MySQL 服务器。

④熟悉和掌握主界面每个版块的功能，为后续创建、管理、设计和应用数据库做好准备。

关键点分析

①在新建连接时，连接的用户名和密码要牢记，否则新建连接后也无法建立连接到服务器。

②主界面每个版块的功能可以通过网络资源的形式进行学习，需要非常熟练地掌握各版块的功能。

补充说明

①新建连接后，如果不需要该连接，可以在图 2-14 所示的界面中右击该连接，在弹出的快捷菜单中选择"Delete Connection"命令，弹出删除连接确认对话框，如图 2-22 所示。单击"Delete"按钮，删除成功。

② Workbench 客户端也有汉化版，可以根据自己的使用习惯，下载安装使用，对于计算机类专业学生，不建议使用汉化版。

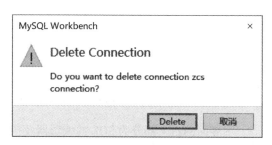

图 2-22　删除连接确认对话框

2.3　创建和管理 SchoolDB 数据库

数据库是长期存储在计算机中的有组织、可共享的数据集合，是存放数据的仓库，类似于图书馆是存放书籍的仓库，要存储数据就得先创建数据库，就和先要建"图书馆"，然后再来存放"书籍"一样，有了数据库才可以存放数据，进而对数据做后续操作。

数据库像一个存储数据对象的容器，这些数据对象包括表、视图、触发器、存储过程等。

2.3.1　创建数据库

1. MySQL系统自带的数据库

MySQL 8.0 安装成功后，登录服务器，会发现系统中已经有了 4 个数据库，分别是 information_schema、mysql、sys 和 performance_schema 数据库，它们是系统自带的数据库，也可以称为系统数据库。

（1）information_schema 数据库

在 MySQL 中，information_schema 提供了访问数据库元数据的方式，是一个信息数据库，保存了 MySQL 服务器维护的所有其他数据库的信息，如数据库名、数据表、列的数据类型或访问权限等。

（2）mysql 数据库

MySQL 的核心数据库，主要负责存储数据库的用户、权限设置、关键字等 MySQL 自己需要使用的控制和管理信息。这些信息不可以删除，用户也不要轻易去修改这个数据库中的信息。

视频

创建数据库
（命令行）

该数据库中最常用的是 user 表，root 用户的密码就存储在该数据表中。

（3）performance_schema 数据库

performance_schema 数据库主要用于收集数据库服务器性能参数，库中表的存储引擎均为 PERFORMANCE_SCHEMA，而用户不能创建存储引擎为 PERFORMANCE_SCHEMA 的表。

（4）sys 数据库

sys 数据库中所有的数据都来自 performance_schema 数据库，主要目的是把 performance_schema 数据库的复杂度降级，让数据库管理员（database administrator，DBA）更好地阅读这个库中的内容，更快地了解数据库（database，DB）的运行情况。

2．使用命令行模式创建数据库

可以通过"命令提示符"、"MySQL 8.0 Command Line Client"或者"MySQL Shell"工具，使用 SQL 语句中的 CREATE DATABASE 或 CREATE SCHEMA 命令创建数据库。

（1）基本语法格式

```
CREATE{DATABASE|SCHEMA}［IF NOT EXISTS］数据库名
［DEFAULTCHARACTER SET［=］字符集名
|［DEFAULT］COLLATE［=］校对规则名];
```

（2）命令和参数的含义

①"{}"表示必选项，"|"表示几项中任选其一，"[ ]"表示可选项，即可以不选择该项。

②语句中的大写单词为命令动词，不能错误，否则提示错误。MySQL 命令解释器对大小写不敏感，即 create 和 CREATE 在 MySQL 命令解释器中是同一含义。

③数据库名：数据库名为用户要创建的数据库的名字，命名上必须符合操作系统文件夹命名规则，不区分大小写。

④ IF NOT EXISTS：在创建数据库前进行判断，只有该数据库目前尚不存在时才执行 CREATE DATABASE 操作。使用此选项可以避免出现数据库已经存在而再新建的错误。

⑤ DEFAULT：默认值，即不需要指定值，采用默认值。

⑥ CHARACTER SET：指定数据库的字符集，其后的字符集名要使用 MySQL 支持的具体字符集名称。

⑦ COLLATE：指定字符集校对规则，其后的校对规则名要使用 MySQL 支持的具体校对规则名称。

⑧命令结束符号";"：每一条命令都要以";"结束。

【演示示例❷–1】创建一个名为 SchoolDB 的数据库，采用字符集 gb2312 和校对规则 gb2312_chinese_ci

命令代码

```
CREATE DATABASE IF NOT EXISTS SchoolDB
DEFAULT CHARACTER SET gb2312
DEFAULT COLLATE gb2312_chinese_ci;
```

代码分析

①该命令中指定了字符集为 gb2312，校对规则为 gb2312_chinese_ci，若只指定了字符集而没有指定校对规则，则采用该字符集对应的默认校对规则。如果两者都没有指定，则采用服务器字符集和服务器

校对规则。建议采用与服务器相同的字符集和校对规则。

② MySQL 不允许两个数据库使用相同的名字，使用 IF NOT EXISTS 时，如果已经存在同名的数据库，也不显示错误信息，而是放弃执行 CREATE DATABASE 命令。

③在文件系统中，MySQL 的数据存储区是以目录方式表示 MySQL 数据库。即创建数据库 SchoolDB，就会在 MySQL 存储数据的目录下增加一个"SchoolDB"文件夹。如果没有指定设定的目录，就会直接存储在系统默认的"C:\ProgramData\MySQL\MySQL Server 8.0\Data"路径下。

图 2-23　创建数据库成功的提示

④命令代码成功执行后，会有一个提示，如图 2-23 所示。

⑤命令代码成功执行后，会在"C:\ProgramData\MySQL\MySQL Server 8.0\Data"目录下新增加一个文件夹"schooldb"，用来存储新建的数据库"SchoolDB"等，如图 2-24 所示。

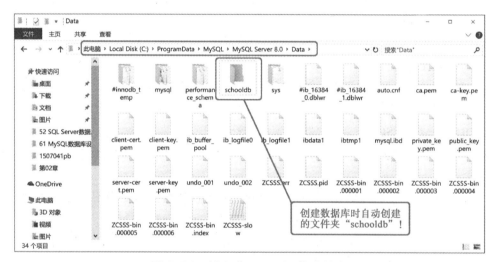

图 2-24　创建"schooldb"文件夹

（3）使用命令查询系统数据库和新建的用户数据库

查询系统数据库和新建的用户数据库的命令是"show databases；"，输入该命令后，执行结果如图 2-25 所示。

结果中包括了 4 个系统数据库和上面创建的用户数据库"schooldb"。4 个系统数据库不要删除，否则后期会出现意外错误。

3. 使用Workbench图形化工具创建数据库

创建用户数据库可以借助 Workbench 等图形化管理工具。

首先启动 Workbench 客户端，连接登录到 MySQL 数据库，如图 2-16 所示。在图 2-18 所示的所有数据库列表导航栏中，右击任意数据库名称，弹出快捷菜单，如图 2-26 所示。

选择"Create Schema"命令，弹出新建数据库的界面，如图 2-27 所示。

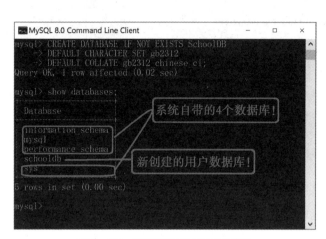

图 2-25　显示系统数据库的结果

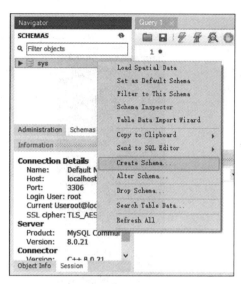

图 2-26　快速操作数据库的快捷菜单

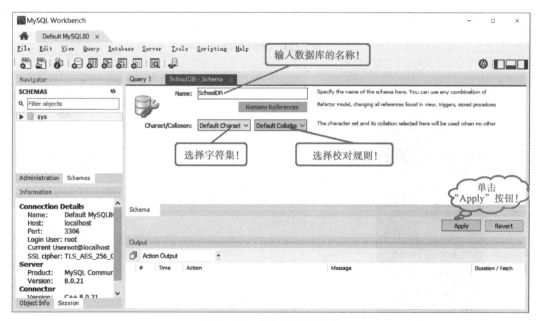

图 2-27　新建数据库界面

在 "Name" 文本框中输入数据库名称, 如 "SchoolDB", 选择需要的字符集和校对规则后, 单击 "Apply" 按钮, 弹出 "确认" 界面, 如图 2-28 所示。

可以直接单击 "Apply" 按钮, 弹出完成界面, 如图 2-29 所示。

单击 "Finish" 按钮, 完成数据库的新建工作。此时, 在 "数据库列表" 导航栏中显示新建的数据库名称, 同时在输出信息栏显示创建的时间和状态信息等, 如图 2-30 所示。

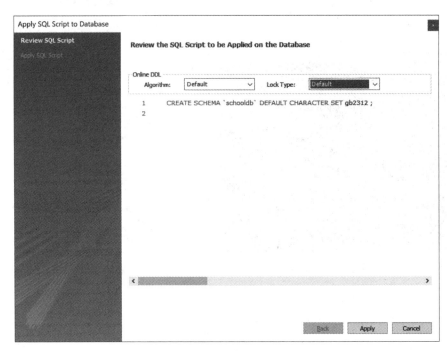

图 2-28　确认界面

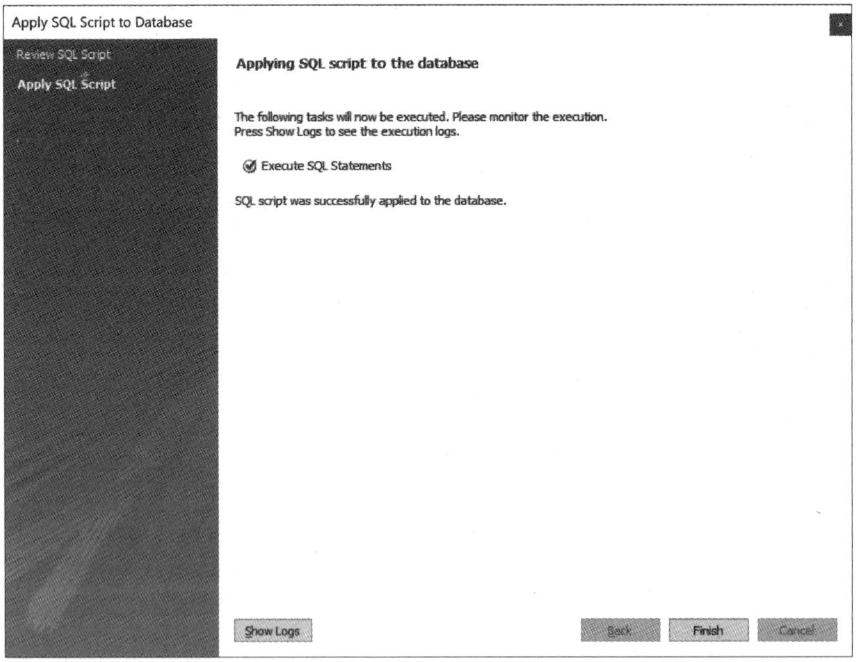

图 2-29　完成界面

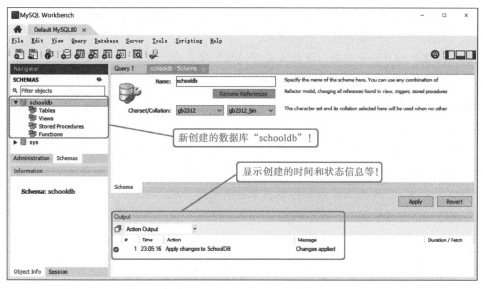

图 2-30 新建数据库后的界面

【技能训练❷-3】创建 SchoolDB 数据库

技能目标

①熟练掌握使用命令行的方式创建数据库。

②熟练掌握使用 Workbench 客户端创建数据库。

需求说明

①使用命令行的方式创建数据库 SchoolDB91。

②使用 Workbench 客户端创建数据库 SchoolDB92。

③采用字符集 gb2312 和校对规则 gb2312_chinese_ci。

关键点分析

①命令行方式下要熟练掌握 CREATE DATABASE 命令的语法规则，如果提示语法错误，如图 2-31 所示。此时创建数据库 "SchoolDB91" 失败，需要重新输入正确的命令。

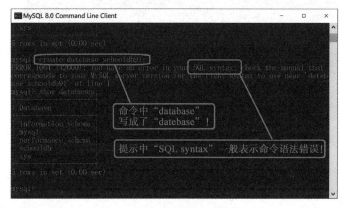

图 2-31 命令语法错误的提示信息

②在命令行下需要通过"show databases;"命令查看新建的数据库,在 Workbench 客户端中通过"所有数据库列表"导航栏就可以看到新建的数据库。

③ Workbench 客户端界面操作时,要指定需要的数据库名称,同时要选择需要的字符集,容易造成使用默认值的错误。

补充说明

①创建数据库时系统自动创建的与数据库同名的文件夹不能删除,如图 2-24 中的"schooldb"文件夹,否则会给后期的各种操作和应用带来很大麻烦,并且会造成文件夹对应的数据库无法被删除,也无法再重新创建同名的数据库,对实际项目开发带来极大麻烦。

②命令行方式和 Workbench 客户端新建数据库效果相同,相对而言,Workbench 是图形化界面,比较容易入门,对于计算机专业同学,建议熟练使用命令行方式。

视 频

管理数据库

2.3.2　管理数据库

对数据库进行管理,主要包括查看、修改和删除数据库等。

1. 查看数据库

在命令行模式下,要显示查看服务器中已经创建的数据库可使用"SHOW DATABASES"命令,在 2.3.1 节中有简单的学习。

基本语法格式为:

```
SHOW DATABASES;
```

执行该命令时会显示系统中所有的数据库,包括系统数据库和用户创建的数据库,参考结果如图 2-32 所示。

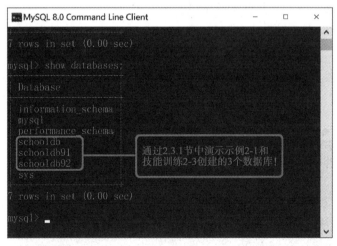

图 2-32　命令行方式查看系统所有数据库参考结果

2. 打开数据库

数据库创建好之后使用 USE 命令指定当前数据库,即打开数据库。

基本语法格式为:

```
USE 数据库名;
```

例如，执行"USE schooldb;"命令即可将 schooldb 数据库指定为当前数据库，该语句也可用来实现数据库之间的跳转，即当前数据库的切换。

3. 修改数据库

如果需要对已经创建的数据库进行修改，需要使用 ALTER DATABASE 命令，该命令可以修改数据库的相关参数。

基本语法格式为：

```
ALTER{DATABASE|SCHEMA} [IF EXISTS] 数据库名
| [DEFAULT]CHARACTER SET 字符集名
| [DEFAULT]COLLATE 校对规则名;
```

用户需要拥有对数据库的修改权限，才可以使用 ALTER DATABASE 语句。修改数据库选项与创建数据库相同。

【演示示例❷-2】将数据库 schooldb92 的字符集修改为 utf8，校对规则修改为 utf8_general_ci

命令代码

```
ALTER DATABASE schooldb92
    DEFAULT CHARACTER SET utf8
    DEFAULT COLLATE utf8_general_ci;
```

4. 删除数据库

删除已有的数据库使用 DROP DATABASE 命令。

基本语法格式为：

```
DROP DATABASE [IF EXISTS] 数据库名;
```

数据库名为要删除的数据库名，IF EXISTS 子句与创建数据库时的用法类似，可以避免删除不存在的数据库时出现的 MySQL 错误信息。

【技能训练❷-4】管理 SchoolDB 数据库

技能目标

①熟练掌握查看、显示和打开数据库。

②熟练掌握修改数据库的方法和步骤。

③实现数据库的删除操作。

需求说明

①查看已经创建的用户数据库，区别系统数据库和用户数据库。

②将数据库 schooldb91 的字符集修改为 utf8、校对规则修改为 utf8_general_ci。

③删除数据库 schooldb92。

④查看系统中用户数据库，确认数据库 schooldb92 已经被删除成功。

关键点分析

①在技能训练 2-3 中要成功新建数据库 schooldb91，否则无法完成修改数据库的操作。

②修改数据库的操作中，注意用户选择的字符集和校对规则要正确，否则容易造成后续的操作错误。

③删除数据库后要再次使用 "SHOW DATABASES" 命令查看数据库，确认是否删除成功。

补充说明

①修改数据库一般不修改数据库的名称，只修改字符集和校对规则等。

②删除数据库的操作需要谨慎，因为它将删除指定的整个数据库，该数据库中的所有表和表中的数据也将永久删除，特别是后期创建了数据表和添加了数据以后，建议先备份要删除的数据库，以免造成数据库被删除而丢失大量的数据。

小结

本章主要介绍了字符集和校对规则，分析和实现了命令行模式下数据库的启动、连接和设置字符集的方法和步骤，实现了在 Workbench 客户端下启动、新建连接和连接到数据库，分析和实现了在两种模式下如何创建和管理数据库 SchoolDb。

本章知识技能结构图如图 2-33 所示。

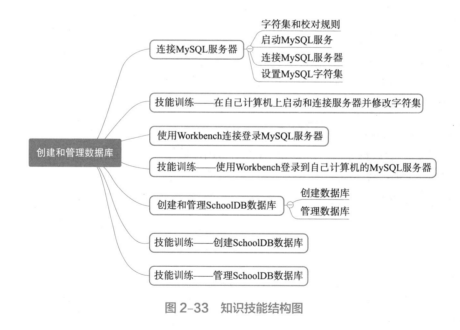

图 2-33 知识技能结构图

习题

一、选择题

1. 在 MySQL 中自己建立的 SchoolDB 数据库属于（　　　）。

　　A. 用户数据库　　　　B. 系统数据库　　　　C. 数据库模板　　　　D. 数据库管理系统

2. 使用系统默认用户 root 登录到 MySQL 数据库，该用户对数据库的操作不包括（　　　）。

    A. 创建新的数据库　　B. 修改数据库　　　C. 删除数据库　　　D. 卸载 MySQL 数据库

3. 通过 Workbench 客户端可以对数据库进行的操作不包括（　　　）。

    A. 创建新的数据库　　　　　　　　　B. 新建和修改数据库连接

    C. 修改和删除数据库　　　　　　　　D. 重新安装 MySQL 数据库

4. 在 MySQL 中创建了多个数据库，需要对其中的某个数据库进行操作，首先必须执行的操作是（　　　）。

    A. 打开数据库　　　　B. 创建数据库　　　C. 修改数据库　　　D. 输入数据到该数据库

5. 在 MySQL 中创建数据库时不可以指定（　　　）。

    A. 数据库的名称　　　　　　　　　　B. 数据库所占存储空间的大小

    C. 字符集　　　　　　　　　　　　　D. 字符校对规则

6. 在 MySQL 中，创建数据库的命令是（　　　）。

    A. CREATE DATABASE　　　　　　B. CREATE

    C. USE　　　　　　　　　　　　　　D. DROP

7. 在 MySQL 中，通常使用（　　　）命令指定一个已知数据库为当前工作数据库。

    A. CREATE　　　　　B. USE　　　　　C. USES　　　　　D. ALTER

8. 在 MySQL 中，以下关于创建数据库的说法中正确的是（　　　）。

    A. 可以创建一个与已经存在数据库同名的数据库

    B. 不可以创建一个与已经存在数据库同名的数据库

    C. 创建不同的数据库时，必须选择不同的字符集和校对规则

    D. 使用 Workbench 客户端创建数据库时，只能选择默认的字符集

9. 下列关于 MySQL 数据库的说法中错误的是（　　　）。

    A. MySQL 数据库是关系型数据库

    B. MySQL 数据库可以满足常规的应用系统开发的需求

    C. MySQL 数据库只能通过命令行的方式来创建和管理数据库

    D. 可以使用 Workbench 客户端来创建和管理数据库

10. 以下关于数据库的命令中，正确的是（　　　）。

    A. SHOW DATABASE；　　　　　　　B. CREATE DATABASE SchoolDB；

    C. USE DATABASE SchoolDB；　　　　D. DROP SchoolDB；

二、操作题

1. 在自己的计算机上启动和连接 MySQL 数据库，并配置好字符集。

2. 建立一个图书馆管理系统数据库，用来存放图书的相关信息，包括图书的基本信息、图书借阅信息和读者信息。基本需求如下：

（1）数据库名称：LibraryDB。

（2）字符集：gb2312。

（3）校对规则：gb2312_chinese_ci。

（4）分别使用命令行方式和 Workbench 客户端完成。

（5）要严格按照要求创建，后续章节的书后习题都需要使用该数据库。

第 3 章
创建和管理数据表

工作情境和任务

　　在"高校成绩管理系统"中，学生入校时，系统就需要记录学生的相关信息，包括学号、姓名、班级等，还需记录课程和成绩的相关信息，这些数据都需要保存在数据库中。然而数据不能直接存放到数据库中，而是存放到数据库的数据表中。因此，需要在 SchoolDB 数据库中建立相应的数据表，分别存储不同的数据记录。

➢ 创建数据表。

➢ 管理数据表。

知识和技能目标

➢ 了解实体和记录的概念。

➢ 理解数据表的结构。

➢ 会为字段选择合适的数据类型。

➢ 理解数据完整性和约束的作用。

➢ 掌握表的创建。

➢ 掌握常用约束的创建。

➢ 掌握表的管理。

本章重点和难点

➢ 数据完整性概念及每种约束在数据完整性中的作用。

➢ 约束的创建。

➢ 数据表之间关系的创建。

...

　　数据库是存放数据的容器，创建数据库在文件系统中只是建立了一个以数据库名命名的文件夹，数据库本身是无法存储数据的，要存储数据必须创建数据表，表是数据库存放数据的对象实体。没有表，数据库中其他的对象就都没有意义。

　　关系数据库中的数据表是二维表格，由行和列组成。每一行称为一条记录，每一列称为一个字段，描述记录的某一特征。

　　一个数据库中要包含多少张数据表，一个表应该包含几列，各个列要存放什么类型的数据，列值是否允许为空等，这些都必须事先根据项目需求来设计完成。

3.1　数据表的完整性

3.1.1　实体和记录

　　实体是所有客观存在、可以被描述的事物。例如，学生、课程、教室、假期等都属于客观存在、可以被描述的事物，这些都称为实体。

　　在描述实体时，是针对实体的特征进行描述的。例如针对学生，可以从学号、姓名、性别、出生日期、班级及家庭住址等几个方面进行描述；针对课程，可以从课程编号、课程名称、学时及学分等几个方面进行描述。

　　对于学生而言，虽然都是从学号、姓名、性别、出生日期、班级及家庭住址等进行描述，但是具体到不同的学生，其学号、姓名、性别、出生日期、班级及家庭住址等是不一样的。因此，我们发现，只要是对学生的描述，描述的格式是一样的，在这种格式下，不同的数据体现了不同的实体。

　　数据库中用数据表来存储这种相同类型和格式的实体。在图 3-1 所示的表中，每一行对应一个实体，通常又称一条记录。表中的每一列，如学号、姓名等，通常称为"字段"。

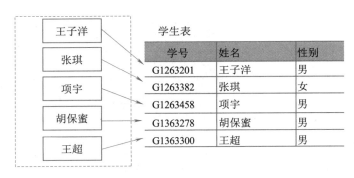

图 3-1　记录与实体

　　数据库由很多表组成，包含存储实体的数据表，也包含表达实体关系的表。例如，学生和课程之间是存在联系的，某个学生会学习某门课程，因此需要建立学生与课程的"关系"，这种关系也是通过表来存储的。

3.1.2　数据完整性

数据完整性是指数据的准确性，准确性是通过数据库表的约束来实现的。例如，在存储学生信息的表中，如果允许任意输入学生信息，则同一个学生的信息在同一张表中可能会重复出现；如果不对表中存储的性别加以限制，那么学生的性别可能出现除男或女以外的值，这样的数据都不具备完整性。

MySQL 中数据完整性包含 4 种类型：实体完整性、域完整性、参照完整性、用户自定义完整性。

1. 实体完整性

实体完整性要求表中的每一条记录反映不同的实体，不能存在相同的记录。通过主键约束、标识列属性、唯一约束或索引，可以实现表的实体完整性。

2. 域完整性

域完整性是指表中字段输入值的有效性。通过设置字段的类型、取值范围（CHECK 约束）、默认值（DEFAULT）和非空约束等，可以实现域完整性。比如性别只能为男或女，为了确保不合格的数据不进入数据库表中，可以使用 CHECK 约束进行限制。

3. 参照完整性

在输入或删除记录时，参照完整性保证了两张表中相关联字段的值的一致性。

例如，在管理学生信息的时候，学生表中存储学生的信息，成绩表中存储考试成绩的信息，并且成绩表中有一列数值为学号，通过学号的值在学生表中能查找到学生的详细信息，如图 3-2 所示。

学生表

学号	姓名	性别	…
G1263201	王子洋	男	
G1263382	张琪	女	
G1263458	项宇	男	
G1363278	胡保蜜	男	
G1363300	王超	男	

成绩表

学号	课程	成绩	…
G1263201	大学英语	76	
G1263201	高等数学	88	
G1263382	大学英语	99	
G1263382	高等数学	80	
G1263458	大学英语	91	
G1263458	高等数学	62	

图 3-2　学生成绩管理

从图 3-2 可以看出，在成绩表中，被存入的学号必须是在学生表中已经存在的，否则不能存到成绩表中，如图 3-3 所示，学生 G1263999 在学生表中不存在，则在成绩表中添加其成绩是错误的，需要给用户以信息提示。

此外，如果张琪已经有了成绩信息，如成绩表的第三、四行所示，当张琪毕业离校后，就不能直接从学生表中将其记录删除。

参照完整性通过外键约束来实现。

成绩表

学号	课程	成绩	...
G1263201	大学英语	76	
G1263201	高等数学	88	
G1263382	大学英语	99	
G1263382	高等数学	80	
G1263458	大学英语	91	
G1263458	高等数学	62	
G1263999	大学英语	75	学号不存在，出现异常
...	...	...	

图 3-3　成绩表异常

4. 用户自定义完整性

用户自定义完整性用来定义特定的规则。通过数据库的规则、触发器及存储过程等方法进行约束。

3.1.3　主键和外键

1. 主键（primary key）

主键约束可以实现数据的实体完整性。

规范化的数据库中的每张表都必须设置主键约束，主键的字段值必须是唯一的，不允许重复，也不能为空。

一张表只能定义一个主键，主键可以是单一字段，也可以是多个字段的组合。

例如，在学生表中，可以设置"学号"为主键，因为在一所学校内部学号是唯一的。

2. 外键（foreign key）

外键约束可以使一个数据库的多张表之间建立关联，外键约束可以保证数据的参照完整性。

例如，在成绩表的"学号"字段上建立外键约束，关联到学生表的"学号"字段。此时，学生表称为"主表"，成绩表称为"从表"（又称"相关表"）。一个表可以有多个外键。

设置了外键约束后，外键的值只能取主表中主键的值或空值，从而保证了参照完整性。

3.2　创建和管理数据表

3.2.1　数据类型

数据类型是数据的一种特征，决定数据的存储格式，代表不同的信息类型。每个列、变量、表达式和参数都有各自的数据类型。MySQL 中常用的数据类型主要有：数值类型、字符类型、日期和时间类型、bool 类型和 enum 类型，如图 3-4 所示。

1. 数值类型

MySQL 除了支持所有标准 SQL 数值数据类型，还扩展了部分数据类型。按数值的特点可分为存放整数的整型、存放小数的定点数和浮点数类型。

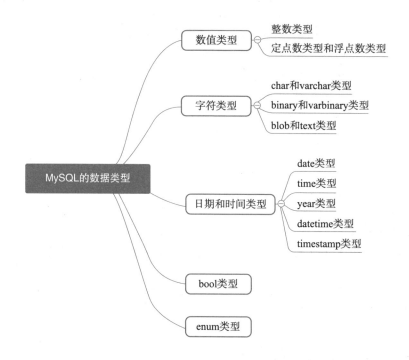

图 3-4   MySQL 主要数据类型

（1）整数类型

整数类型主要用来存储精确整数数字的值，是最常用的数据类型之一，类型的名称和特征见表 3-1。

表 3-1   整型数据类型

类型名称	字节数	范围（有符号）	范围（无符号）	解 释
TINYINT	1	$(-128, 127)$	$(0, 255)$	小整数值，如年龄等
SMALLINT	2	$(-2^{15}, 2^{15}-1)$	$(0, 2^{16}-1)$	较大整数值
MEDIUMINT	3	$(-2^{23}, 2^{23}-1)$	$(0, 2^{24}-1)$	大整数值
INT 或 INTEGER	4	$(-2^{31}, 2^{31}-1)$	$(0, 2^{32}-1)$	中等范围的大整数值，如距离等
BIGINT	8	$(-2^{63}, 2^{63}-1)$	$(0, 2^{64}-1)$	极大整数值

在 MySQL 中，整数类型有个可选的宽度显示指示器选项，该选项指定从数据库中检索的数据显示宽度。例如，数据类型定义成 bigint(20)，表示该类型定义的数据在显示时，需要占 20 位的宽度，如果不足 20 位时，则在左侧自动补空格。

注意：宽度显示指示器不会影响数据类型对数据大小的规定，如写成 TINYINT(5)，不表示该数能有 5 位数字，其大小仍然是（-128，127），只是该数字在显示的时候占 5 位宽度，在左边自动补齐空格。

（2）定点数类型和浮点数类型

定点数类型和浮点数类型在 MySQL 中用来表示小数。定点数类型在数据库中存放精确的值，指的是 DECIMAL 型（NUMERIC 和 DECIMAL 在 MySQL 中视为相同的类型）。

浮点数类型在数据库中存放的是近似值，包括单精度浮点数（FLOAT）和双精度浮点数（DOUBLE）。定点数类型和浮点数类型的名称和特征见表 3-2。

表 3-2　定点数类型和浮点数类型

类型名称	字节数	范围（有符号）	范围（无符号）	解　释
DECIMAL（M,D）	M+2	依赖于 M 和 D 的值	依赖于 M 和 D 的值	精确的小数值,如货币数额、考试成绩等
FLOAT（M,D）	4	（−3.402 823 466E+38, 1.175 494 351E−38）	0,（1.175 494 351E−38, 3.402 823 466E+38）	单精度浮点数值,如成绩、温度等较小的数
DOUBLE（M,D）	8	（−1.7976931348623157E+308, 2.2250738585072014E−308）	0,（2.225 073 858 507 201 4E−308, 1.797 693 134 862 315 7E+308）	双精度浮点数值,如 π 的值等科学数据

说明:（M,D）中 M 为表示可以存储的十进制数的总位数,包括小数点左边和右边的位数;D 为小数位数,表示小数点右边可以存储的十进制数字的最大位数,D 大于或等于 0、小于或等于 M。

2. 字符类型

字符类型是最常用的数据类型之一，字符类型的数据通常被放在一对单引号中，包括以字符个数来限定数据长度的 CHAR 和 VARCHAR、以文本方式存放数据的 TEXT、以二进制方式存放数据的 BLOB、以字节为单位来存储二进制数据的 BINARY 和 VARBINARY、以枚举方式列出可能取值的数据类型 ENUM 和 SET。

（1）CHAR 和 VARCHAR

CHAR 和 VARCHAR 类型类似，都以字符个数来限定数据长度，常用来存储字符串数据，如名字、邮编、身份证号等。区别是，它们保存和检索的方式不同，最大长度和是否尾部空格被保留等方面也不同。

CHAR 常用来存储长度固定的字符串变量，如身份证号（固定 18 位）、邮编（6 位）、手机号（11 位）等，而姓名、地址这些长度无法固定的数据则使用 VARCHAR 类型，见表 3-3。

表 3-3　CHAR 类型和 VARCHAR 类型

类型名称	字节数	解　释
CHAR（n）	0~255	定长字符串,当数据的长度达不到最大长度时,在它们的右边填充空格以达到最大长度,如身份证号(固定 18 位)、邮编(6 位)、手机号(11 位);n 表示用户要保存的最大字符数
VARCHAR（n）	0~65 535	变长字符串,只保存需要的字符数,不进行填充。若列值的长度超过声明的长度,将对值进行裁剪以使其合适,如姓名、地址、商品名称

（2）BINARY 和 VARBINARY 类型

BINARY 和 VARBINARY 类似于 CHAR 和 VARCHAR，不同的是它们存储的是以字节为单位的二进制数据，见表 3-4。

表 3-4　BINARY 类型和 VARBINARY 类型

类型名称	字节数	解　释
BINARY（n）	n+4	定长二进制数据，n 的范围为 1~255，当数据的长度达不到最大长度时，不足部分以 0 填充
VARBINARY（n）	实际长度 +4	变长二进制数据，n 的范围为 1~65 535，只保存需要的长度，不进行填充

（3）BLOB 和 TEXT 类型

TEXT 是字符型长对象类型，BLOB 是二进制长对象类型。

TEXT 是以文本方式存储数据，常用于存储长型的文本数据，如新闻事件、博客、产品描述等。按文本的长短，有 4 种 TEXT 类型可选：TINYTEXT、TEXT、MEDIUMTEXT 和 LONGTEXT，见表 3-5。

表 3-5　TEXT 类型

类型名称	字节数	解　释
TINYTEXT	0~255 个字符	短文本字符串
TEXT	0~65 535 个字符	长文本数据
MEDIUMTEXT	0~16 777 215（即 $2^{24}-1$）个字符	中等长度文本数据
LONGTEXT	0~4 294 967 295（即 $2^{32}-1$）个字符	极大长度文本数据

BLOB 类型常用来存储图片、视频、音频、附件等二进制数据。按数据长度，有 4 种类型可供选择：TINYBLOB、BLOB、MEDIUMBLOB 和 LONGBLOB，见表 3-6。

表 3-6　BLOB 类型

类型名称	字节数	解　释
TINYBLOB	0~255 字节	不超过 255 字节的二进制数据
BLOB	0~65 535 字节（64 KB）	二进制形式的长数据
MEDIUMBLOB	0~16 777 215 字节（16 MB）	二进制形式的中等长度数据
LONGBLOB	0~4 294 967 295 字节（4 GB）	二进制形式的极长数据

3．日期和时间类型

日期和时间类型的名称和特征见表 3-7。

表 3-7　日期和时间类型

类型名称	字节数	格式	解　释
DATE	3	YYYY-MM-DD	日期值
TIME	3	HH:MM:SS	时间值或持续时间
YEAR	1	YYYY	年份值
DATETIME	8	YYYY-MM-DD HH:MM:SS	混合日期和时间值
TIMESTAMP	8	YYYYMMDD HHMMSS	混合日期和时间值，时间戳

（1）DATE 类型

date 为日期类型，一般使用"年－月－日"的格式表示。允许使用不严格的语法，如"2020－12－31""2020.12.31""2020/12/31""2016@12@31"是等价的。

（2）TIME 类型

time 为时间类型，一般使用"时：分：秒"的格式表示。同样允许不严格语法，而且时、分、秒的值小于 10 时，无须加 0。如"10：6：3"与"10：06：03"是等效的。另外，时间类型还可以表示为"HH：MM：SS.fraction"格式，其中 fraction 为分秒或毫秒。

（3）YEAR 类型

year 为年类型，其值可以是字符串，也可以是数值。

（4）DATETIME 类型

datetime 为日期时间类型，一般使用"年－月－日时：分：秒"的格式表示。该格式支持不严格语法。

（5）TIMESTAMP 类型

timestamp 与 datetime 类型都是日期和时间类型，同样采用"年－月－日时：分：秒"的格式表示。

两者的区别是 datetime 类型必须在输入数据时，指定具体的日期和时间，timestamp 类型可以不输入，由系统自动设置为系统的当前时间。另一个区别是存储的时间范围不同，datetime 能存储的时间范围为："1000－01－01 00：00：00.000000—9999－12－31 23：59：59.9999999"，而 timestamp 能存储的时间范围为："1970－01－01 00：00：01.000000—2037－01－19 03：14：07.999999"。

4. BOOL类型

在 MySQL 中本身没有 bool 类型，但为了与其他关系数据库相兼容，MySQL 提供了 bool 类型的映射。

在 MySQL 中，bool 类型会被转换成 tinyint 数据类型。

5. ENUM类型

enum 是 MySQL 中的枚举类型，其可以定义枚举值，该数据类型的值只能是定义时的枚举值。如果输入了枚举值之外的数值，则插入命令将报错。

枚举值一般为字符串，但可以为 NULL。字符串按照枚举顺序，枚举值的索引依次被定义为 0，1，2，3，…；NULL 的枚举值仍然为 NULL。枚举值也可以为数字，当枚举值为数字时，索引值就是枚举值，不建议使用数字作为枚举值。

例如，enum（NULL，' '，'one'，'two'，'three'，20）对应的枚举值依次为："NULL，0，1，2，3，20"。

3.2.2　创建数据表

数据表是数据库中最重要的对象，整个数据库中的数据都是物理存储在各个数据表中的。数据库中的表包含系统表和用户表。系统表是创建数据库的时候自动生成的，用来保存数据库自身的信息。用户表存储用户数据。

1. 使用命令行模式创建数据表

（1）创建数据表的命令语法格式

视频

使用命令行
创建数据表

```
CREATE [TEMPORARY]TABLE [IF NOT EXISTS] 表名
(
    列名 1 数据类型 [约束][索引][注释],
    列名 2 数据类型 [约束][索引][注释],
    列名 3 数据类型 [约束][索引][注释],
    …
    列名 n 数据类型 [约束][索引][注释]
) ENGINE= 存储引擎；
```

（2）命令分析

TEMPORARY：使用该关键字表示创建临时表，不加该关键字的表称为持久表。

IF NOT EXISTS：在创建表前加上一个判断，只有当该表尚不存在时才执行 CREATE TABLE 操作。使用此选项可避免出现表已经存在无法再新建的错误。

表名：要创建的表名，表名必须符合标识符的命名规则。

列名：表中列的名字。列名必须符合标识符的命名规则，长度不能超过 64 个字符，而且在表中要唯一，如果有 MySQL 保留字则必须用英文单引号括起来。

数据类型：列的数据类型，有的数据类型需要指明长度 n，并用括号括起来。

约束：包括非空约束、默认值约束、主键约束、唯一性约束、外键约束、检查约束等。

存储引擎：MySQL 8.0 中默认的存储引擎为 InnoDB，通常可以省略。

【演示示例 ❸ –1】使用命令行方式，为数据库 SchoolDB 中创建不带任何约束的年级表 Grade，表的结构见表 3–8

表 3–8　年级表 Grade 的结构

列名	数据类型	长度	字段说明	属性	备注
gradeId	int	4	年级编号	非空	主键
gradeName	varchar(50)	50	年级名称	非空	

命令代码

```
CREATE TABLE Grade
(
    gradeId INT COMMENT '年级编号',
    gradeName VARCHAR(50) COMMENT '年级名称'
) ENGINE=InnoDB DEFAULT CHARSET=utf8 COLLATE=utf8_general_ci;
```

代码运行结果如图 3–5 所示。

代码分析

①"COMMENT' 年级编号 '" 表示对 "gradeId" 字段加了注释 "年级编号"，其他字段出现的 "COMMENT" 作用类似。

图 3-5 创建 Grade 表成功提示

② "ENGINE=InnoDB" 表示采用的存储引擎是 InnoDB，InnoDB 是 MySQL 在 Windows 平台默认的存储引擎，所以 "ENGINE=lnnoDB" 可以省略。

③ "DEFAULT CHARSET=utf8" 表示数据表采用的字符集是 utf8，若没有设置，则使用服务器字符集。

④ "COLLATE=utf8_general_ci" 为字符集 utf8 采用的校对规则，若没有设置则使用服务器校对规则。

补充说明

如果 "ENGINE" 后都采用默认的方式，可以省略，命令简化为如下形式。

```
CREATE TABLE grade
(
    gradeId INT COMMENT '年级编号',
    gradeName VARCHAR(50) COMMENT '年级名称'
);
```

对于初学者，可以采用这种默认的方式，降低入门的门槛。

2. 使用 Workbench 图形化工具创建数据表

启动 Workbench 客户端并用 root 用户连接登录到数据库，展开 "所有数据库列表" 导航栏，查看是否已有的数据库和演示示例 3-1 所创建的数据表，单击数据库 SchoolDB 和 Tables 节点，就能查看到表的详细信息，如图 3-6 所示。

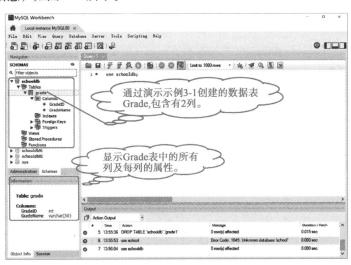

图 3-6 查看已经创建的 Grade 表信息

【演示示例❸ -2】使用 Workbench 客户端，在数据库 SchoolDB 中创建不带任何约束的课程表 Subject，表的结构见表 3-9

表 3-9　课程表 Subject 的结构

列名	数据类型	长度	字段说明	属性	备注
subjectId	int	4	课程编号	非空	主键
subjectName	varchar(20)	20	课程名称		
classHour	int	4	学时		>=0
gradeId	int	4	年级编号		

操作步骤

①在图 3-6 中，右击 SchoolDB 数据库的 Tables 节点，弹出快捷菜单，如图 3-7 所示。

②选择"Create Table"命令。

③在"Table Name"文本框中输入表的名称"subject"，在"Comments"文本框中输入表说明信息"课程表"。在"Column Name"和"Datatype"对应的位置分别输入字段的名称并选择数据类型，在下方的列属性"Comments"文本框中输入对应字段的说明信息，如"课程编号"等，如图 3-8 所示。

④单击"Apply"按钮，进入 SQL 脚本确认界面，如图 3-9 所示。

图 3-7　数据表的快捷菜单

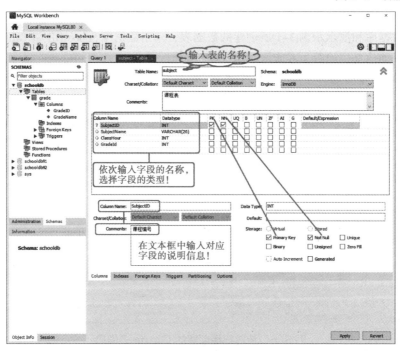

图 3-8　输入数据表的参数

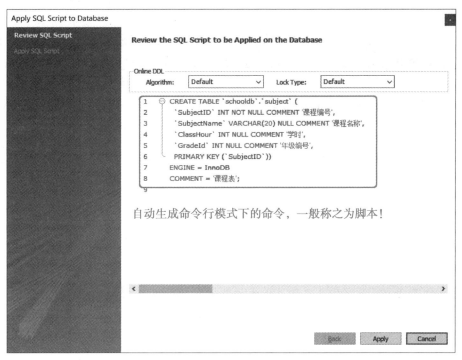

图 3-9　确认界面

⑤单击"Apply"按钮后，进入结束界面，单击"Finish"按钮，完成数据表的创建工作。通过"所有数据库列表"导航栏可以查看新创建的数据表 subject，如图 3-10 所示。

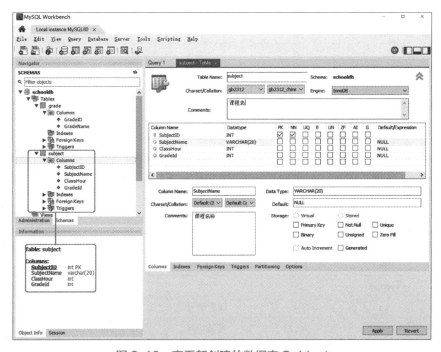

图 3-10　查看新创建的数据表 Subject

补充说明

①在上述步骤中，根据表 3-9 的要求，将"SubjectID"字段设置成了主键，即选中了 SubjectID 列后面的"PK"复选框和"NN"复选框，设置主键的列必须为非空，在后续部分会学习在命令行下如何设置主键。

②创建完成后如果发现某个设置有错误，可以直接在图 3-10 中修改，然后单击"Apply"按钮即可。

【技能训练 ❸-1】创建 SchoolDB 数据库中的数据表

技能目标

①掌握创建数据表的命令和步骤。

②理解需求，为表设计好字段名称和字段类型。

③掌握在命令行和 Workbench 客户端两种模式下创建数据表的区别和联系。

需求说明

①在演示示例 3-1 和演示示例 3-2 的基础上为数据库 SchoolDB 继续创建学生信息表 Student 和成绩表 Result。

②创建学生信息表 Student，其结构见表 3-10。

表 3-10　学生信息表 Student 的结构

列名	数据类型	长度	字段说明	属性	备注
studentNo	varchar	20	学号	非空	主键
loginPwd	varchar	20	密码	非空	
studentName	varchar	50	姓名	非空	
sex	char	2	性别	非空，默认"男"	"男"或"女"
gradeId	int	4	年级编号		
phone	varchar	20	电话		
address	varchar	255	地址	默认值"地址不详"	
bornDate	date		出生日期		
email	varchar	50	邮件账号		
identityCard	varchar	18	身份证号	唯一	全国唯一

③创建成绩表 Result，其结构见表 3-11。

表 3-11　成绩表 Result 的结构

列名	数据类型	长度	字段说明	属性	备注
id	int	4	标识列	非空	主键
studentNo	varchar	20	学号	非空	
subjectId	int	4	课程编号	非空	
studentResult	float	(6,2)	考试成绩	非空	0~100
examDate	datetime		考试日期	非空	

关键点分析

①对照需求，字段名称和字段类型要完全正确。

②在命令行模式下，暂时不需要设置"非空""主键"和标识列等信息，只要求创建字段名称、字段类型即可。

③"ENGINE"后都采用默认的方式，可以省略不写。

④创建成功后的数据库和数据表如图 3-11 所示。

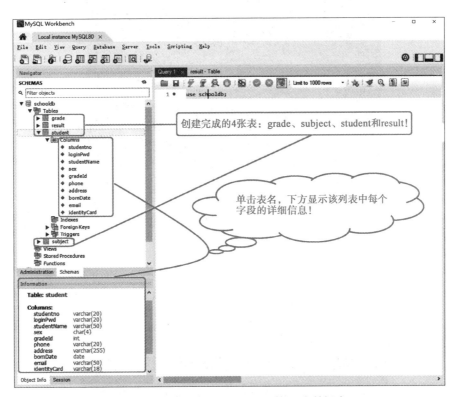

图 3-11　数据库 SchoolDB 的 4 张数据表

补充说明

①在熟练掌握命令行模式下创建数据表的前提下，可以使用 Workbench 客户端查看数据表。

②后续章节中都采用 SchoolDB 数据库作为学习的项目，要确保 4 个数据表设计完全正确，包括表的名称。

3.2.3　管理数据表

1. 查看数据表

在 Workbench 客户端模式下，创建数据表后可以直观地查看到数据表的信息，如图 3-10 所示，并且可以快速直观地修改数据表。

（1）查看数据表的名称

在命令行模式下需要通过"SHOW TABLES;"命令查看数据库对应的数据表的名称。先打

视　频

管理数据表

开数据库 SchoolDB，再输入命令"SHOW TABLES ;"，结果如图 3-12 所示。

图 3-12　查看 SchoolDB 数据库中的数据表

（2）查看数据表的结构

如果需要查看数据表的结构，即查看所有字段及类型，需要通过"DESCRIBE 表名 ;"命令实现。

例如：要查看学生信息表 student 的表结构，需要输入"DESCRIBE student;"命令，结果如图 3-13 所示。

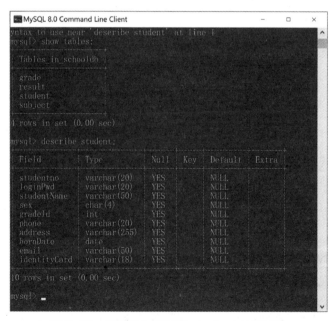

图 3-13　显示学生信息表 student 的表结构

2. 复制数据表

当需要建立的数据表与已有的数据表结构相同时，可以采用复制表的方法复制现有数据表的结构，也可以复制表的结构和数据。

基本语法格式为：

```
CREATE TABLE [IF NOT EXISTS] 新表名
    [LIKE 参照表名]
    [AS(SELECT 语句)];
```

其中：

①如果使用LIKE关键字创建一个与参照表名相同结构的新表，列名、数据类型、空约束和索引也复制，但是表的内容不会复制，因此创建的新表是一个空表。

②如果使用 AS 关键字，可以复制表的内容，但索引和完整性约束不会复制。SELECT 语句表示可以只复制表中的部分行，这些内容在后期的查询章节中学习。

③一般只能在同一个数据库内部复制表，不能跨数据库复制表。

【演示示例 ❸ –3】在数据库 SchoolDB 中用复制的方式创建一个名为 student91 的表，表结构直接取自 student 表；再创建一个名为 result91 的表，其结构和数据都取自 result 表

命令代码

```
CREATE TABLE student91 LIKE student;
CREATE TABLE result91 AS(SELECT * FROM result);
SHOW TABLES;
```

代码运行结果如图 3-14 所示。

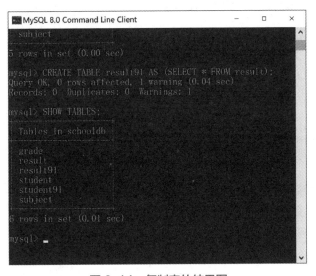

图 3-14 复制表的结果图

3. 修改数据表名

可以直接用"RENAME TABLE"语句更改表的名称。

基本语法格式为：

```
RENAME TABLE 旧表名 1 TO 新表名 1
    [, 旧表名 2 TO 新表名 2] …;
```

该命令可以只修改 1 张表的名称，也可以同时修改多张表的名称。

4. 修改数据表结构

在创建表的过程中，如果出现了错误，可以使用"ALTER TABLE"语句修改表结构。

（1）增加新的数据列

基本语法格式为：

```
ALTER [IGNORE]TABLE 表名
    ADD 新增列的列名 数据类型 [FIRST|AFTER 参照列的列名];
```

其中，"IGNORE"是 MySQL 相对于标准 SQL 的扩展。若在修改后的新表中存在重复关键字，如果没有指定 IGNORE，当重复关键字错误发生时操作失败。如果指定了 IGNORE，则对于有重复关键字的行只使用第一行，其他有冲突的行被删除。

"[FIRST | AFTER 参照列的列名]"表示新增列在参照列的前或后添加，如果不指定则添加到所有列的最后。

（2）删除数据列

基本语法格式为：

```
ALTER [IGNORE] TABLE 表名 DROP [column] 列名;
```

（3）为表中列重命名

基本语法格式为：

```
ALTER [IGNORE]TABLE 表名
    CHANGE [column] 旧列名 新列名 字段类型;
```

（4）修改表中列的数据类型

基本语法格式为：

```
ALTER [IGNORE]TABLE 表名
    MODIFY [column] 列名 新类型 [FIRST|AFTER 列名];
```

5. 删除数据表

删除数据表，可以使用"DROP TABLE"命令。

基本语法格式为：

```
DROP TABLE [IF EXISTS] 表名 1 [, 表名 2] …;
```

例如，删除 SchoolDB 数据库中的 student91 表的命令是："DROP TABLE IF EXISTS student91;"。

注意：删除表时会连同该表的结构、数据、约束、索引和相关权限等一并删除，需要谨慎使用，建议先复制该表，再执行删除操作。

3.3 完善数据表的结构设计

为了保证数据表中数据的完整性，需要对表添加必要的约束。约束是指存入到数据表中的数据列的取值所必须遵守的规则，当录入数据时，只有符合条件规则的值才能被接受。

3.3.1　非空约束

设置了非空约束的列，表明该列的取值不允许为空。列是否允许为空和具体的要求相关。例如，学生的地址不是很重要，可以为空；而姓名是重要的、不可或缺的信息，就不应该允许为空。

1. 创建表时设置非空约束

在创建表时，在列名的后面加上"NOT NULL"来指定。

例如，需要为表 Grade 中 gradeId 列和 gradeName 列添加非空约束，代码如下：

```
CREATE TABLE Grade
(
    gradeID INT NOT NULL COMMENT'年级编号',
    gradeName VARCHAR(50) NOT NULL COMMENT'年级名称'
);
```

说明：

① 空值通常表示未知、不可知，或将在以后添加的数据。空值不能与数值数据 0 或字符数据类型的空字符混为一谈。任何两个空值都不相等。

② NOT NULL 表示该列的取值不能为空，没有设置则表示该列的取值允许为空值。

2. 对已经存在的表设置非空约束

如果表已经存在了，则需要通过"ALTER"命令修改实现。

基本语法格式如下：

```
ALTER [IGNORE]TABLE 表名
    MODIFY 列名数据类型 NOT NULL;
```

【演示示例❸ –4】在数据库 SchoolDB 中，对已经创建的表 Grade 设置 gradeId 列和 gradeName 列为非空约束

命令代码

```
ALTER TABLE Grade
    MODIFY gradeId INT NOT NULL;
ALTER TABLE Grade
    MODIFY gradeName VARCHAR(50) NOT NULL;
DESCRIBE Grade;
```

代码运行结果如图 3–15 所示。

3.3.2　唯一约束

在设计表结构时，根据项目的需求，某些列的值需要唯一，即在一个表中该列的任何两行都不能有相同的列值。可以通过设置唯一约束来实现，这样在任何时候它的取值都必须是唯一的。

如果该列允许 NULL 值，设置唯一约束后，该列中 NULL 值只能出现一次。一个表中可以为多个列设置唯一约束。

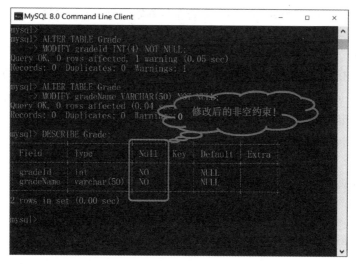

图 3-15　设置非空约束后的参考结果

1. 创建表时设置唯一约束

在创建表时，在列名的后面加上"UNIQUE"来指定。

例如，将学生信息表 Student 中身份证号设置为唯一约束，可以在创建表时使用"identityCard VARCHAR（18）UNIQUE COMMENT' 身份证号 '"来定义列 identityCard 即可。

2. 对已经存在的表设置唯一约束

如果表已经存在了，设置唯一约束则需要通过"ALTER"命令实现。

基本语法格式如下：

```
ALTER TABLE 表名
    ADD [CONSTRAINT] 约束名 UNIQUE KEY（列名）;
```

【演示示例❸ -5】在数据库 SchoolDB 中，对已经创建的表 student 设置身份证号列 identityCard 为唯一约束，约束名称为 UN_ic

命令代码

```
ALTER TABLE Student
    ADD CONSTRAINT UN_ic UNIQUE KEY(identityCard);
DESCRIBE Student;
```

代码运行结果如图 3-16 所示。

补充说明

①通过"DESCRIBE student;"查看表结构时，不显示唯一约束的名称，只在"Key"列标记为"UNI"。

②可以修改命令行模式下的显示模式，如图 3-16 和图 3-15 的显示模式不同，设置步骤为：

右击"MySQL 8.0 Command Line Client"快捷菜单按钮，在弹出的快捷菜单中选择"属性"命令，弹出"MySQL 8.0 Command Line Client 属性"对话框，单击"颜色"选项卡，分别为"屏幕文字"和"屏幕背景"等选择合适颜色，如图 3-17 所示。

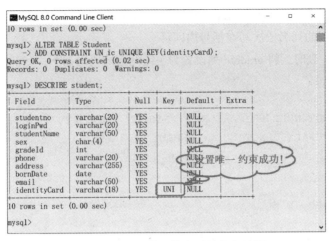

图 3-16　设置唯一约束后的参考结果

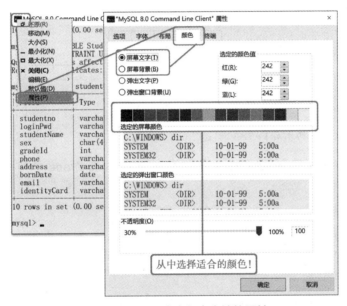

图 3-17　设置命令行客户端的属性

3.3.3　主键约束

数据的实体完整性是通过主键约束实现的。

定义主键约束可以唯一标识出表中的每行记录。它与唯一约束类似，要求列的取值不重复，但它的要求更严格，即列的取值不允许为空，且一个表只能有一个主键约束。

1. 创建表时设置主键约束

可以使用以下两种方式定义主键约束。

①在列定义的时候加上关键字 PRIMARY KEY，这种方式定义的约束称为列的完整性约束，即单列主键。

②在语句最后加上一条 PRIMARY KEY（列名,…）语句,这种方式定义的约束称为表的完整性约束,主键可以为多列,将多列的列名依次写在括号内即可。

例如,在创建 Grade 表时,将 gradeId 列设置为主键约束的代码如下：

```
CREATE TABLE grade
(
    gradeID INT NOT NULL PRIMARY KEY COMMENT'年级编号',
    gradeName VARCHAR(50)NOT NULL COMMENT'年级名称'
);
```

或者写为：

```
CREATE TABLE grade
(
    gradeID INT NOT NULL COMMENT'年级编号',
    gradeName VARCHAR(50)NOT NULL COMMENT'年级名称',
    PRIMARY KEY(gradeID)
);
```

2. 对已经存在的表设置主键约束

如果表已经存在了,设置主键约束则需要通过"ALTER"命令实现。

基本语法格式如下：

```
ALTER TABLE 表名
    ADD [CONSTRAINT] 约束名 PRIMARY KEY(列名);
```

【演示示例❸ –6】在数据库 SchoolDB 中, 对已经创建的表 Grade 中列 gradeId 设置主键约束,约束名称为 PK_gi

命令代码

```
ALTER TABLE Grade
    ADD CONSTRAINT PK_gi PRIMARY KEY(gradeId);
DESCRIBE Grade;
```

代码运行结果如图 3-18 所示。

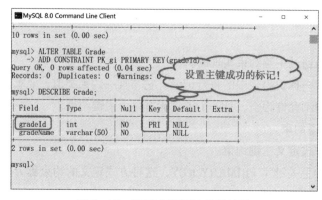

图 3-18　设置主键后的参考结果

【技能训练❸-2】为 SchoolDB 数据库中的 3 张数据表设置非空、唯一和主键约束

技能目标

①掌握为已经存在的数据表设置非空约束的步骤。

②掌握为已经存在的数据表设置唯一约束的步骤。

③掌握为已经存在的数据表设置主键约束的步骤。

需求说明

①在前面演示示例和技能训练的基础上继续为 Subject 表、Student 表和 Result 表设置非空、唯一和主键约束。

②对课程表 Subject 的设置要求参考表 3-9。

③对学生信息表 Student 的设置要求参考表 3-10。

④对成绩表 Result 的设置要求参考表 3-11。

关键点分析

①对照表 3-9、表 3-10 和表 3-11 的需求，设置的非空、唯一和主键约束要完全正确。

②设置时，唯一约束和主键约束的名称不作要求，正确即可。

③创建成功后的数据库和数据表如图 3-19 所示。

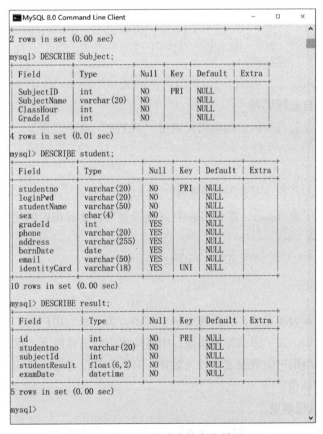

图 3-19　设置成功的参考结果

补充说明

①在设置之前可以使用 "DESCRIBE" 命令查看要修改的表结构，便于与设置后的结果做对比。

②在熟练掌握命令行模式下的操作步骤基础上，可以使用 Workbench 客户端查看数据表结构，更加直观。

3. 设置自动标识列

在设置主键的过程中，可能遇到表中所有列都无法设置为主键，此时可以增加一列，将该列设置为自动标识列，同时设置为主键。

自动标识列又称自增长列，可以不用手动插入值，系统提供默认的序列值，主要作用是为表设置主键。

自动标识列的初始值默认值从 1 开始，每次自增 1，也可以手动设置起始值和步长值（每次自增加的值）。

（1）创建表时设置自动标识列

在列定义的时候加上关键字 AUTO_INCREMENT。

例如，需要在创建表 Result 时，将表中 id 列设置为主键约束的代码如下：

```
CREATE TABLE result
(
  id INT NOT NULL PRIMARY KEY AUTO_INCREMENT,
  studentno VARCHAR(20) NOT NULL,
  subjectId INT NOT NULL,
  studentResult FLOAT(6,2) NOT NULL,
  examDate DATETIME NOT NULL
);
```

（2）对已有的表设置自动标识列

如果表已经存在了，设置自动标识列则需要通过 "ALTER" 命令实现。

基本语法格式如下：

```
ALTER TABLE 表名
    MODIFY COLUMN 列信息 AUTO_INCREMENT;
```

例如，如果已经创建了表 Result，需要将表中 id 列设置为自动标识列的代码如下：

```
ALTER TABLE result
    MODIFY COLUMN id INT NOT NULL AUTO_INCREMENT;
```

3.3.4　默认值约束

表中某些字段数据经常为固定值，或出现的频率较多，为了减少用户的工作量，可以将这些字段的值事先设置为默认值。例如，在 "图书管理系统" 中借阅表中借出日期通常默认是当天的日期。

设置默认值约束后，当用户向数据表中插入数据行时，如果没有输入值或不允许为列输入值时，由 MySQL 自动为该列赋予默认值。

1. 创建表时设置默认值约束

在创建表时，可以通过在字段后增加 "DEFAULT ' 默认值 '" 来实现。

例如，将学生信息表 Student 中地址列 address 设置默认值为"地址不详"，可以使用"address VARCHAR(255) DEFAULT ' 地址不详 ' COMMENT ' 地址 ';"来定义 address 列即可。

2．对已经存在的表设置默认值约束

如果表已经存在了，设置默认值约束则需要通过"ALTER"命令实现。

基本语法格式如下：

```
ALTER TABLE 表名 ALTER 列名 SET DEFAULT '默认值';
```

【演示示例❸ −7】在数据库 SchoolDB 中，参照表 3−10 将已经创建的表 Student 中列 sex 设置默认值为"男"，列 address 设置默认值为"地址不详"

命令代码

```
ALTER TABLE Student
    ALTER sex SET DEFAULT' 男 ';
ALTER TABLE Student
    ALTER address SET DEFAULT' 地址不详 ';
DESCRIBE Student;
```

代码运行结果如图 3−20 所示。

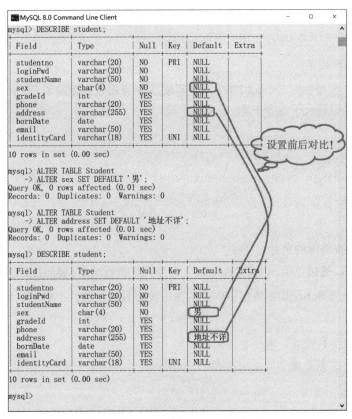

图 3−20　设置默认值前后的参考结果

代码分析

列 sex 和 address 分别设置默认值为"男"和"地址不详"后，用户向数据表 Student 插入数据时，如果没有给出性别和地址描述时，将这两列分别赋予默认值"男"和"地址不详"。

3.3.5　检查约束

检查约束又称 CHECK 约束，用于定义字段可以接受的数据值或格式。例如，年龄不能小于零，性别只能为"男"或"女"等，这些要求可以通过表的 CHECK 约束实现。

设置检查约束后输入数据时会判断取值是否满足约束条件，只有满足条件的值才接受，是保证数据完整性的有力措施。

1. 创建表时设置检查约束

在创建表时，可以通过在字段后增加"CHECK（约束表达式）"来实现。

例如，为课程表 Subject 中学时列 classHour 设置检查约束，确保课时是大于或等于零的数。可以使用"classHour INT CHECK（classHour>=0）COMMENT ' 学时 ' "来定义 classHour 列即可。

2. 对已经存在的表设置检查约束

如果表已经存在了，设置检查约束则需要通过"ALTER"命令实现。

基本语法格式如下：

```
ALTER TABLE 表名
ADD [CONSTRAINT] 约束名 CHECK(条件表达式);
```

其中：约束名由用户指定。

【演示示例 ❸ –8】在数据库 SchoolDB 中，参照表 3-9 为已经创建的表 Subject 中学时列 classHour 设置检查约束，确保课时要大于或等于零

命令代码

```
ALTER TABLE Subject
ADD CONSTRAINT CK_ch CHECK(classHour>=0);
DESCRIBE Subject;
```

代码分析

① "CK_ch"为检查约束的名称。

② 设置检查约束后，通过"DESCRIBE Subject;"命令无法查看结果，要通过数据输入才能检测到效果。

【技能训练 ❸ –3】为 SchoolDB 数据库中的两张数据表设置检查约束和默认值约束

技能目标

①掌握为已经存在的数据表设置检查约束的步骤。

②掌握各种约束的综合应用。

需求说明

①在前面演示示例和技能训练的基础上继续为 Student 表和 Result 表设置检查约束。

②对学生信息表 Student 设置检查约束和默认值约束，具体要求参考表 3–10。

③对成绩表 Result 设置检查约束，具体要求参考表 3–11。

关键点分析

①对照表 3–10 和表 3–11 的需求，设置性别和考试成绩的检查约束要完全正确。

②设置时，检查约束的名称自己命名，符合命名规则即可。

补充说明

①设置性别为"男"或者"女"时，表达式需要使用"逻辑或"运算符"OR"，表达式可以为"sex=' 男 'OR sex=' 女 '"。

②设置考试成绩为"0~100"的范围，表达式需要使用"逻辑与"运算符"AND"，表达式可以为"studentResult>=0 AND studentResult<=100"。

3.4 建立数据表间关系

3.4.1 数据表间的关系图和关系表

数据库中表与表之间有着密切的关系，一般来说，不存在独立的与其他表之间没有任何关系的表。某些表中的数据要来源于其他表，确保数据的完整性，即参照完整性。

例如：在数据库 SchoolDB 中，成绩表 Result 中的列 studentNo 必须引用学生信息表 Student 中的 studentNo 列，即成绩表的学号一定在学生信息表中出现，不允许出现学生信息表中没有某个学生，而成绩表中却有该学生成绩的现象。

在数据库 SchoolDB 中，表与表之间的关系图如图 3–21 所示。

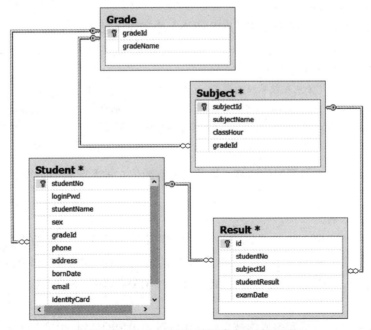

图 3–21 SchoolDB 数据库中表间关系图

通过关系图 3-21 发现，学生信息表 Student 中的 gradeId 列引用了年级表 Grade 中的 gradeId 列，课程表 Subject 中的 gradeId 列也引用了年级表 Grade 中的 gradeId 列，成绩表 Result 中的 studentNo 列引用学生信息表 Student 中的 studentNo 列，同时 subjectId 列引用了课程表 Subject 中的 subjectId 列。

表和表之间的关系是通过设置外键来实现的，在建立主外键之前要设计好主表和外表之间的关系。例如，成绩表（Result）中的列 studentNo 引用了学生信息表（Student）中的 studentNo 列，因此，学生表是主表，成绩表是从表。

SchoolDB 数据库中 4 张表之间的主外键关系和主表从表关系见表 3-12。

表 3-12 SchoolDB 数据库表之间的主外键关系表

外键表名（从表）	外键字段名	主键表名（主表）	主键字段名
Subject	gradeId	Grade	gradeId
Student	gradeId	Grade	gradeId
Result	studentNo	Student	studentNo
Result	subjectId	Subject	subjectId

3.4.2 设置外键约束

定义外键约束主要用于建立表与表之间的联系，当一个表的主键列在另一个表中被引用，就在这两个表之间建立了联系。被引用的数据表称为主表，被引用的数据列为主键；引用数据的表为从表，引用数据的列称为外键。

1. 创建表时设置外键约束

在创建表时，可以通过在字段后增加"FOREIGN"来实现设置外键约束。

基本语法格式为：

```
FOREIGN KEY( 从表中的外键 )
    REFERENCES 主表名 [ ( 主表被参照的列名 | ( 长度 ) [ (ASC|DESC) ],…) ]
    [ ON DELETE{RESTRICT|CASCADE|SET NULL|NO ACTION} ]
    [ ON UPDATE{RESTRICT|CASCADE|SET NULL|NO ACTION} ]
```

其中：

①从表中的外键。从表中参照列的列名，该列的所有列值在被参照列中必须全部存在，从表即参照表或子表。

②主表。被参照的表名。

③ ON DELETE | ON UPDATE。可以为每个外键定义参照动作。参照动作包含两部分：第 1 部分，指定该参照动作应用哪一条语句，有两条相关的语句，即 UPDATE 和 DELETE 语句；第 2 部分，指定采取哪个动作，可能采取的动作有 RESTRICT、CASCADE、SET NULL、NO ACTION 和 SET DEFAULT。

④RESTRICT。当要删除或更新主表中被参照列中外键中出现的值时，拒绝对主表的删除或更新操作。

⑤ CASCADE。当从主表删除或更新行时自动删除或更新从表中匹配的行。

⑥ SET NULL。当从主表删除或更新行时，设置从表中与之对应的外键列为 NULL。如果外键列没有指定 NOT NULL 限定词，就是合法的。

⑦ NO ACTION。表示不采取行动，即如果有一个相关的外键值在被参照表中，删除或更新主表中主要键值将不被允许，效果和 RESTRICT 相同。

⑧ SET DEFAULT。作用和 SET NULL 相同，只不过 SET DEFAULT 是指定子表中的外键列为默认值。

⑨如果没有指定动作，两个参照动作就会默认使用 RESTRICT。

2．对已经存在的表设置外键约束

如果表已经存在了，设置外键约束则需要通过"ALTER"命令实现。

基本语法格式如下：

```
ALTER TABLE 表名
    ADD [CONSTRAINT] 约束名
    FOREIGN KEY(列名)reference_definition;
```

其中：约束名由用户指定。

【演示示例❸ -9】在数据库 SchoolDB 中，为课程表 Subject 中的列 gradeId 设置外键约束，需要参照年级表 Grade 中的主键列 gradeId，参照动作为"RESTRICT"

命令代码

视 频

演示示例3-9

```
ALTER TABLE Subject
    ADD CONSTRAINT FK_sg FOREIGN KEY(gradeId)
      REFERENCES Grade(gradeId)
        ON DELETE RESTRICT
        ON UPDATE RESTRICT;
```

设置外键前后的参考结果如图 3-22 所示。

代码运行结果如图 3-22 所示。

代码分析

①设置外键成功后，只能在从表 Subject 的结构中看出外键的标记，在主表 Grade 中没有标记。

②设置外键成功后，在后续的数据操作中可以体现效果，比如在 Grade 中删除某条记录前，必须确保该记录在 Subject 表中没有被引用，否则删除失败。

【技能训练❸ -4】为 SchoolDB 数据库中的 3 张数据表设置外键约束

技能目标

①掌握外键约束的价值和应用。

②掌握外键约束的设置步骤并能灵活应用。

需求说明

①在前面演示示例和技能训练的基础上继续为 Student 表和 Result 表设置外键约束。

②对学生信息表 Student 中的 gradeId 列设置外键约束，参照动作为"RESTRICT"，具体要求参考表 3-12。

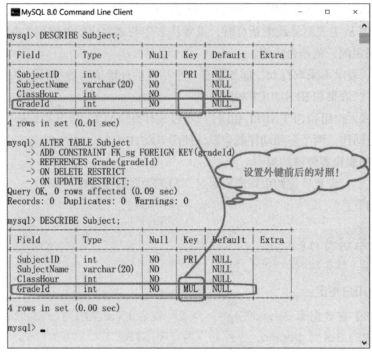

图 3-22　设置外键前后的参考结果

③对成绩表 Result 中的列 studentNo 和列 subjectId 设置外键约束，参照动作为 "RESTRICT"，具体要求参考表 3-12。

关键点分析

①对照表 3-12 的需求，选择好外键列名和主键列名。

②根据需求设置参照的动作。

③设置时，约束的名称自己命名，符合命名规则即可。

补充说明

①外键约束的设置关系多张表之间的关系建立，在选择参照列和动作时要正确无误，如果设计错误，对数据库后续的管理操作和应用影响很大。

②设置外键成功后，只能在从表的结构中看出外键的标记，具体效果只能在后续数据操作中体现。

▌ 小结

本章主要介绍了数据完整性，包括实体完整性、引用完整性、域完整性和用户自定义完整性，实现了创建数据表，并为表设置约束来实现数据完整性。

本章知识技能结构图如图 3-23 所示。

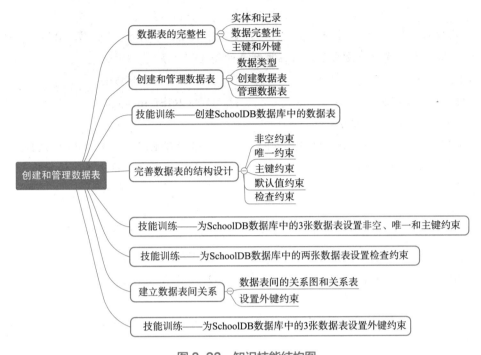

图 3-23　知识技能结构图

习题

一、选择题

1. 使用 SQL 语句创建数据表的关键字是（　　　　）。

　　A．create database　　　B．create table　　　C．create databases　　　D．create tables

2. 下列关于主键的描述正确的是（　　　　）。

　　A．包含一列　　　　B．包含两列　　　　C．包含一列或者多列　D．以上都不正确

3. 下列操作 my_primary 表主键 id 错误的是（　　　　）。

　　A．CREATE TABLE my_primary（id INT UNSIGNED PRIMARY KEY,username VARCHAR
　　（20）；

　　B．ALTER TABLE my_primary DROP PRIMARY KEY；

　　C．DELETE TABLE my_primary DROP PRIMARY KEY；

　　D．ALTER TABLE my_primary MODIFY id INT UNSIGNED；

4. 外键可以保证（　　　　）。

　　A．实体完整性　　　　B．域完整性　　　　C．参照完整性　　　　D．以上都是

5. MySQL 的浮点数据类型不包括（　　　　）。

　　A．number　　　　　B．float　　　　　C．double　　　　　D．decimal

6. 关系数据库中空值（NULL）相当于（　　　　）。

A. 没有输入的值　　B. 空格　　　　　　C. 零长度的字符串　D. 零（0）

7. 以下 MySQL 语句用来查看可用的数据库列表的是（　　）。

A. USE mysql；　　　　　　　　　　B. SHOW DATABASES；

C. SHOW TABLES；　　　　　　　　D. DESCRIBE mysql.db；

8. 给数据列添加默认值约束的关键字是（　　）。

A. NULL　　　　B. PRIMARY KEY　C. UNIQUE KEY　　D. DEFAULT

9. 假如规定一个班长只能在一个班级任职，一个班级也只能存在一位班长，请问班长和班级的关系是（　　）。

A. 一对多　　　　B. 一对一　　　　C. 多对一　　　　D. 多对多

10. 下列关于删除数据表 test 语句正确的是（　　）。

A. DELETE TABLE test；　　　　　　B. DELETE test；

C. DROP TABLE test；　　　　　　　D. DROP test；

二、操作题

在第 2 章习题的基础上，继续为图书馆管理系统数据库 LibraryDB 创建数据表，包括图书的基本信息、图书借阅信息和读者信息。

1. 创建图书信息表，见表 3-13。

表 3-13　图书信息表 Book

列名称	数据类型	说　　明
bId	字符	图书编号，主键 该栏必填，必须以 "ISBN" 开头
bName	字符	图书名称，该栏必填
author	字符	作者姓名
pubComp	字符	出版社
pubDate	日期	出版日期，必须小于当前日期
bCount	整数型	现存数量，必须大于或等于 1
price	货币	单价，必须大于 0

2. 创建读者信息表，见表 3-14。

表 3-14　读者信息表 Reader

列名称	数据类型	说　　明
rId	字符	读者编号，主键，该栏必填
rName	字符	读者姓名，该栏必填
lendNum	整数	已借书数量，必须大于或等于 0
rAddress	字符	联系地址

3. 创建图书借阅表，见表 3-15。

表 3-15　图书借阅表 Borrow

列名称	数据类型	说　　明
rId	字符	读者编号,复合主键 读者信息表的外键,该栏必填
bId	字符	图书编号,复合主键 图书信息表的外键,该栏必填
lendDate	日期	借阅日期,非空
willDate	日期	应归还日期,非空
returnDate	日期	实际归还日期

4. 创建罚款记录表，见表 3-16。

表 3-16　罚款记录表 Penalty

列名称	数据类型	说　　明
rId	字符	读者编号,复合主键 读者信息表的外键,该栏必填
bId	字符	图书编号,复合主键 图书信息表的外键,该栏必填
pDate	日期	罚款日期,复合主键 默认值为当前日期,该栏必填
pType	整数	罚款类型,1-延期;2-损坏;3-丢失
amount	货币	罚款金额,必须大于 0

5. 添加约束：根据表 3-13~表 3-16 中的说明列，为每个表的相关列添加约束。

6. 在图书信息表 Book 中增加 "bTotal" 列，数据类型是 int，用于保存每种图书的馆藏总量。

第4章
插入、修改和删除数据

工作情境和任务

在"高校成绩管理系统"中，为了保证系统的安全有效，学生需要注册并提交个人信息，已经注册的学生可以对自己的基本信息进行修改。学校系统管理员需要核实学生信息，删除非本校学生，添加课程和成绩信息，更新考试成绩信息等。用户和管理员的这些操作最终都将转换为对 SchoolDB 数据库中相关数据表的数据记录的插入、修改和删除操作。

➢ 实现插入数据。
➢ 实现修改数据。
➢ 实现删除数据。

知识和技能目标

➢ 了解 SQL 的概念。
➢ 掌握 SQL 中运算符的规则和使用。
➢ 使用 MySQL 命令向表中插入数据。
➢ 使用 MySQL 命令更新表中数据。
➢ 使用 MySQL 命令删除表中数据。

本章重点和难点

➢ MySQL 系列命令的规则和应用。
➢ 理解数据表的约束和数据表之间的关系，并通过数据验证约束是否有效。

SQL 是一门针对数据库而言的语言，可以创建数据库、创建数据表、添加约束等，可以针对数据库的数据进行增加、删除、修改、查询等操作，可以创建视图、存储过程等，可以赋予用户权限等。

4.1　SQL 概述

4.1.1　SQL 简介

SQL（structured query language，结构化查询语言）是 1974 年由 Boyce 和 Chamberlin 提出来的。1975—1979 年由 IBM 公司研制的关系数据库管理系统原形系统 System R 实现了这种语言，经过多年的发展，SQL 已成为关系数据库的标准语言。

SQL 是一种数据库查询和程序设计语言，用于存取、查询、更新数据，并能管理关系数据库系统。SQL 结构简洁、功能强大、应用广泛，得到 Oracle、DB2、SQL Server、MySQL、Access 等数据库的支持。ANSI（美国国家标准协会）发布标准 ANSI SQL-92。不同的关系数据库使用 SQL 的版本会有差异，但都遵循 ANSI SQL 标准。MySQL 数据库亦支持 SQL 标准，并在标准的 SQL 基础上扩充了许多功能。

SQL 不同于 C# 和 Java 等程序设计语言，它是只能被数据库识别的指令，但是在程序中，可以利用其他编程语言组织 SQL 语句发送给数据库，数据库再执行相应的操作。例如，在 Java 程序中要得到 MySQL 数据库表中的记录，可以在 Java 程序中编写 SQL 语句，然后发送到数据库，数据库接收到 SQL 语句并执行，再把执行结果返回给 Java 程序。

4.1.2　SQL 组成

在 MySQL 数据库中，SQL 由以下 4 部分组成。

（1）数据定义语言（data definition language，DDL）

用于对数据库及数据库中的各种对象进行创建（CREATE）、删除（DROP）、修改（ALTER）等操作。数据库对象主要包括表、默认约束、规则、视图、触发器、存储过程等。

（2）数据操纵语言（data manipulation language，DML）

用于对数据库中的数据进行操作，包括数据的查询（SEIECT）、插入（INSERT）、修改（UPDATE）、删除（DEIETE）等语句。

（3）数据控制语言（data control language，DCL）

用于安全管理，授予或回收用户操作数据库对象的权限，包括授权（GRANT）、收回（REVOKE）等语句。

（4）MySQL 增加的语言元素

为了方便用户编程而增加的语言元素。这些语言元素包括常量、变量、运算符、函数、流程控制语句和注释等。

在 MySQL 中，规则规定每条 SQL 语句都以分号结束，且 SQL 处理器忽略空格、制表符和回车符。

4.2　MySQL 运算符

运算符是一种符号，是用来进行列间或者变量之间的比较等运算的。

在 MySQL 中，能够通过运算符对服务器中存储的数据进行运算，生成新的服务器中没有的数据。如在学生成绩管理系统中，对学生学习进行评价时，可以对某个学生所有课程的成绩求平均分，并对不同学生的平均分进行比较和排名。

在 MySQL 中，运算符主要有算术运算符、关系运算符和逻辑运算符。

4.2.1　算术运算符

算术运算符能够完成加、减、乘、除、求余数 5 种运算，见表 4-1。

表 4-1　算术运算符

运算符	说　明
+	加运算，求两个数或表达式相加的和
−	减运算，求两个数或表达式相减的差
*	乘运算，求两个数或表达式相乘的积
/	除运算，求两个数或表达式相除的商
DIV	除运算，求两个数或表达式相除的商
%	取余数运算，求两个数或表达式相除的余数
MOD	取余数运算，求两个数或表达式相除的余数

当运算符两边的数据类型不一致时，要进行数据类型的转换。

①字符型与整型运算时，字符型将被转换成整型。

例如，表达式"3.15+'300'"的值为 303.15，"3.15+'300.1'"的值为 303.25，如图 4-1 所示。

②整型与浮点型运算时，由整型向浮点型转换。

例如，表达式"3+5.5"的值为 8.5，如图 4-2 所示。

③在做除法时，如果除数为 0，则商为空。

例如，表达式"3/0"的值为"NULL"，表示空，如图 4-3 所示。

④求余数时，如果被除数为带小数点的小数时，小数点后面的数字不参与运算，直接作为余数。

例如，表达式"3.5%2"的值为 1.5，如图 4-4 所示。

图 4-1　字符型向数值型转换

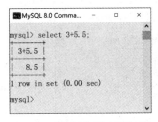
图 4-2 整型向浮点型转换

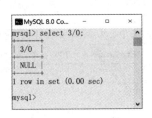
图 4-3 除数为 0 的结果

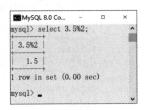
图 4-4 浮点数求余数

4.2.2 关系运算符

关系运算符用来判断两个表达式之间的大小关系，除 BLOB 和 TEXT 等数据类型的表达式外，关系运算符几乎可以用于其他所有表达式。

关系运算符包括等于、大于、小于、大于或等于、小于或等于、不等于、是否为空、在某个区间，见表 4-2。

表 4-2 关系运算符

运算符	说 明
=	等于，例如，age=23
>	大于，例如，price>100
<	小于
>=	大于或等于
<=	小于或等于
<>	不等于
!=	不等于（非 SQL 92 标准）
is null	字段是否为空
is not null	字段是否不为空
between…and	在某个区间

1．关于空的表达

判断一条记录的某个字段是否为空，不能使用逻辑运算符等于"="，而应该使用"is null"或者"is not null"。

例如，判断学生信息表中某条记录的字段 email 的值是否为空，使用表达式"email is null"。

2．between…and的应用

between…and 表示在某个范围内，如果在范围内结果为 1，否则结果为 0。在计算时含等于，如 between 50 and 100，包含 50 和 100。

例如，表达式"25 between 50 and 100"的值为 0，"50 between 50 and 100"的值为 1，"100 between 50 and 100"的值为 1，如图 4-5 所示。

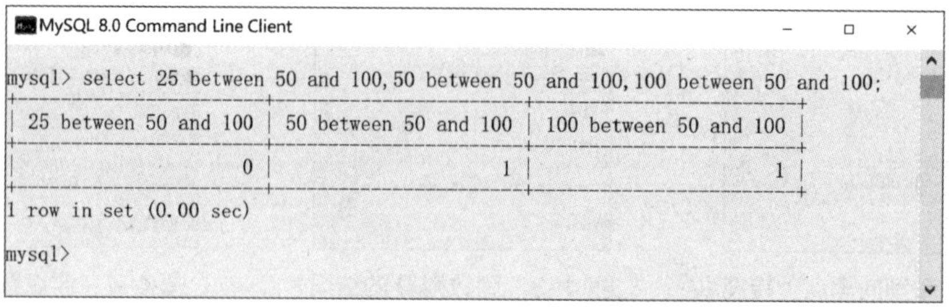

图 4-5 between…and 表达式的计算

4.2.3 逻辑运算符

逻辑运算符用来对某个条件进行判断，以获得判断条件的真假，返回 1 或 0 值。逻辑运算符包含与、或、非，见表 4-3。

表 4-3 逻辑运算符

运算符	说 明
and	与
&&	与
or	或
||	或
not	非
!	非

1．与运算

与运算的口诀是"全真为真，有假即假"。

① "全真为真"是指与运算两边的运算结果都为真时，与运算的结果是真。

例如，表达式"1 and 5"的值为 1，如图 4-6 所示。

② "有假即假"是指与运算两边的运算结果只要有一个运算符是假，与运算的结果就是假。

例如，表达式"0 and 5"的值为 0，如图 4-6 所示。

2．或运算

或运算口诀是"全假为假，有真即真"。

① "全假为假"是指或运算符两边的运算结果都为假时，或运算的结果为假。

例如，表达式"0 or 0"的值为 0，如图 4-7 所示。

② "有真为真"是指或运算符两边的运算结果只要有一个为真，或运算的结果为真。

例如，表达式"0 or 5"的值为 1，如图 4-7 所示。

3．非运算

非运算的口诀是"颠倒黑白"。就是将真变成假，将假变成真。

例如，表达式"not 5"的值为 0，"not 0"的值为 1，如图 4-8 所示。

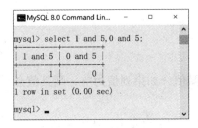

图 4-6　逻辑与的运算

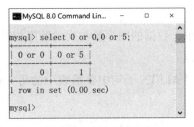

图 4-7　逻辑或的运算

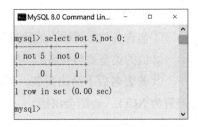

图 4-8　逻辑非的运算

4.2.4　赋值运算符

SQL 有一个赋值运算符，即 "=" (等号)，用于将一个数或变量或表达式赋值给另一个变量或者字段。例如，需要将姓名 "张成叔" 赋值给变量 name，使用表示式 "name=' 张成叔 '" 即可。

赋值运算符和比较运算符使用同一个符号 "="，需要根据语句的功能来确定是表示赋值，还是表示相等。

4.3　插入数据

作为数据库开发人员，创建好数据库和表后，需要对表中数据进行维护，包括向表中插入、删除、修改数据。在操作前要使用 USE 语句将操作的数据库指定为当前数据库。

数据库开发人员在维护数据时经常需要插入数据记录，可以以行为单位一次插入一条记录，也可以一次插入多条记录，还可以将 SELECT 语句的查询结果批量插入到数据表中。

4.3.1　插入单条记录

当数据库和数据表创建好以后，可通过 INSERT 命令向表中每次插入一行数据。

1. 语句语法格式

```
INSERT [ INTO ] 表名 [ ( 列名 1, 列名 2,…) ]
    VALUES ({ 表达式 |DEFAULT },…);
```

2. 语句分析

（1）表名

用于存储数据的数据表的表名。

（2）列名

需要插入数据的列名。如果要给所有列都插入数据，列名可以省略；如果只给表的部分列插入数据，需要指定具体的列名。对于没有指出的列，将按下面的原则来处理。

①具有 auto_increment 属性的列，即标识列，系统自动生成序号值来唯一标记列。

②具有默认值的列，其值为默认值。

③没有默认值的列，若允许为空值，则其值为空值；若不允许为空值，则出错。

④类型为 timestamp 的列，系统自动赋值。

（3）VALUES 子句

①包含各列需要插入的数据清单，数据的顺序要与列的顺序相对应。

②值的类型要与列名的类型一致。

③若表名后不给出列名，则在 VALUES 子句中要给表中的每一列赋值，如果列值为空，则其值必须置为 NULL，否则会出错。

④对于字符类型、日期类型的列，当插入数据的时候，其值用单引号（'）引起来，加以区别。

⑤ INSERT 语句不能为标识列指定值，因为它是自动增长的，例如，为成绩表 Result 插入数据是不能给定"id"列的值，语句如下。

```
INSERT Result(studentNo,subjectId,studentResult,examDate)
   VALUES('G1263201',13,85,'2020-1-5')
```

●视 频

演示示例4-1

⑥ SQL 语句中不支持中文的符号，包括空格都必须在英文状态下输入，否则会提示语句语法错误。

【演示示例❹–1】使用命令行方式，为数据库 SchoolDB 中的年级表 Grade 添加 6 条数据，具体数据见表 4-4

表 4-4　年级表 Grade 中的测试数据

gradeId	gradeName
1	S1
2	S2
3	S3
4	S4
5	S5
6	S6

命令代码

```
USE SchoolDB;
INSERT INTO Grade(gradeId,gradeName)VALUES(1,'S1');
INSERT INTO Grade(gradeId,gradeName)VALUES(2,'S2');
INSERT INTO Grade(gradeId,gradeName)VALUES(3,'S3');
INSERT INTO Grade(gradeId,gradeName)VALUES(4,'S4');
INSERT INTO Grade(gradeId,gradeName)VALUES(5,'S5');
INSERT INTO Grade(gradeId,gradeName)VALUES(6,'S6');
SELECT * FROM Grade;
```

代码的执行结果如图 4-9 所示。

代码分析

①插入数据前要使用"USE SchoolDB;"语句打开数据表所在的数据库，否则插入数据失败。

②年级名称为字符型，需要加单引号来区别，如 'S1'、'S2' 等。

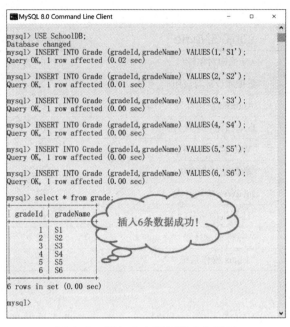

图 4–9　插入 6 条数据的参考结果

补充说明

①为了查看数据插入成功的效果，使用查询命令"SELECT"，该命令的详细使用规则在后续章节中学习。

②每一条语句后都必须加"；"结束，每条 INSERT 语句后面都要加"；"，代表一条语句结束。

【技能训练❹–1】在 SchoolDB 数据库中，为课程表 Subject 插入数据

技能目标

①使用 INSERT 语句向数据库表插入单条数据。

②查看插入成功前后的对比结果。

③根据系统提示对错误进行编辑和修改。

④理解主外键约束的价值和具体体现。

需求说明

①在演示示例 4–1 的基础上，打开 SchoolDB 数据库，为课程表 Subject 插入测试数据。

②插入的测试数据见表 4–5。

表 4–5　课程表测试数据

subjectId	subjectName	classHour	gradeId
1	C 语言程序设计	64	1
2	大学英语	96	1
3	图形图像处理	64	1
4	网页设计	64	2

续表

subjectId	subjectName	classHour	gradeId
5	C# 面向对象设计	64	2
6	数据库设计与应用	96	2
7	Android 应用开发	64	3
8	Java 面向对象设计	64	3
9	Web 客户端编程	64	3
10	数据结构与算法	64	4
11	JavaWeb 应用开发	64	4
12	计算机网络基础	64	4
13	软件测试技术	32	5
14	Linux 操作系统	32	5

关键点分析

①在插入数据之前使用 "SELECT * FROM Subject;" 语句来查看并确认该表中无数据，否则需要先使用 "DELETE" 命令删除所有数据，确保数据的清洁。

②字符型的课程名称字段值都需要使用 "''" 括起来，如 "C 语言程序设计"' 等。

③插入数据成功后的参考结果如图 4-10 所示。

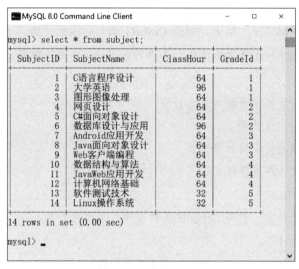

图 4-10 插入数据成功的参考结果

补充说明

根据表间的关系和主外键约束的要求，课程表 Subject 中的年级编号 gradeId 列要参照年级表 Grade 中的年级编号 gradeId 列。

①在课程表 Subject 中插入数据前，必须确保年级表 Grade 中已经有了可参照的数据，即首先完成演示示例 4-1，否则不能在 Subject 表中插入数据。

② 在 Subject 表中插入数据时，gradeId 列的值必须在 Grade 中存在，如下列插入语句是错误的，执行时错误提示如图 4-11 所示。

```
INSERT INTO Subject VALUES(15,'人工智能基础',64,7);
```

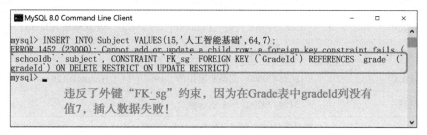

图 4-11　违反外键约束的错误提示

4.3.2　插入多条记录

通过一条 INSERT 语句也可以向数据表中同时插入多条记录。

1. 语句语法格式

```
INSERT [INTO] 表名 [（列名清单）]
    VALUES（列值清单 1）,（列值清单 2）,…,（列值清单 n）;
```

2. 语句分析

（1）列名清单

指要插入数据的数据列的列名，列名之间用 "," 分隔。如果为所有列同时插入数据，可以省略不写。

（2）列值清单

是指与列名对应的值。每一组值使用一对 "（ ）" 括起来，代表一条记录的值。多条记录值之间用 "," 分隔。

【演示示例④-2】为数据库 SchoolDB 中的学生表 Student 添加数据，具体数据见表 4-6

表 4-6　学生信息表测试数据

学号	密码	姓名	性别	年级	电话	地址	出生日期	邮箱	身份证号
G1263201	1	王子洋	男	5	18655290000	安徽省蚌埠市	1993/8/7	wzy@163.com	340423199308070000
G1263382	1	张琪	女	5	15678090000	安徽省合肥市	1993/5/7	zhangqi@126.com	340104199305070000
G1263458	1	项宇	男	5	18298000000		1992/12/10	xiangyu@163.com	340881199212100000
G1363278	1	胡保蜜	男	3	18965000000	北京市通州区	1993/6/29		346542199306290000
G1363300	1	王超	男	3	18123560000	上海市闵行区	1993/4/30	wangchao@126.com	340409199304300000
G1363301	1	党志鹏	男	3	15876550000	安徽省芜湖市	1994/12/20	dzp@sohu.com	456765199412200000
G1363302	1	胡仲友	男	3	15032450000	安徽省淮南市	1994/6/13	12454344@qq.com	340043199406130000
G1363303	1	朱晓燕	女	3	15155670000	安徽省安庆市	1994/4/18	yanyan@163.com	

续表

学号	密码	姓名	性别	年级	电话	地址	出生日期	邮箱	身份证号
G1463337	1	高伟	男	1	18390870000	山东省济南市	1995/6/7		450504199506070000
G1463342	1	胡俊文	男	1	13976870000	河南省郑州市	1995/4/20		340408199504200000
G1463354	1	陈大伟	男	1	15067340000	四川省成都市	1995/8/23	wangkuan@163.com	340422199508230000
G1463358	1	温海南	男	1	18028760000		1995/1/30		450560199501300000
G1463383	1	钱嫣然	女	1	18656430000	安徽省潜山市	1994/1/14	yanran@126.com	340408199401140000
G1463388	1	卫丹丹	女	1	15134870000	广东省深圳市	1995/4/17		340411199504170000

注：数据表中已对真实的"电话""身份证号""邮箱"等做了处理，只是表现形式相似，均为虚拟数据，以方便教学。

命令代码

```
INSERT INTO Student
    VALUES('G1263201','1',' 王子洋 ',' 男 ',5,18655290000,' 安徽省蚌埠市 ','1993/8/7',
'wzy@163.com','340423193080070000'),
    ('G1263382','1',' 张琪 ',' 女 ',5,15678090000,' 安 徽 省 合 肥 市 ','1993/5/7',
'zhangqi@126.com','340104199305070000'),
    ('G1263458','1',' 项宇 ',' 男 ',5,18298000000,DEFAULT,'1992/12/10','xiangyu@163.
com','340881199212100000'),
    ('G1363278','1',' 胡保蜜 ',' 男 ',3,18965000000,' 北 京 市 通 州 区 ','1993/6/29',
NULL,'346542199306290000'),
    ('G1363300','1',' 王超 ',' 男 ',3,18123560000,' 上 海 市 闵 行 区 ','1993/4/30',
'wangchao@126.com','340409199304300000'),
    ('G1363301','1',' 党志鹏 ',' 男 ',3,15876550000,' 安徽省芜湖市 ','1994/12/20','dzp@
sohu.com','456765199412200000'),
    ('G1363302','1',' 胡仲友 ',' 男 ',3,15032450000,' 安徽省淮南市 ','1994/6/13',
'12454344@qq.com','340043199406130000'),
    ('G1363303','1',' 朱晓燕 ',' 女 ',3,15155670000,' 安徽省安庆市 ','1994/4/18',
'yanyan@163.com',NULL),
    ('G1463337','1',' 高伟 ',' 男 ',1,18390870000,' 山东省济南市 ','1995/6/7',NULL,
'450504199506070000'),
    ('G1463342','1',' 胡俊文 ',' 男 ',1,13976870000,' 河南省郑州市 ','1995/4/20',NULL,
'340408199504200000'),
    ('G1463354','1',' 陈大伟 ',' 男 ',1,15067340000,' 四 川 省 成 都 市 ','1995/8/23',
'wangkuan@163.com','340422199508230000'),
    ('G1463358','1',' 温 海 南 ',' 男 ',1,18028760000,DEFAULT,'1995/1/30',NULL,
'450560199501300000'),
    ('G1463383','1',' 钱嫣然 ',' 女 ',1,18656430000,' 安徽省潜山市 ','1994/1/14',
'yanran@126.com','340408199401140000'),
    ('G1463388','1',' 卫丹丹 ',' 女 ',1,15134870000,' 广东省深圳市 ','1995/4/17',NULL,
'340411199504170000');
```

代码的执行结果如图 4-12 所示。

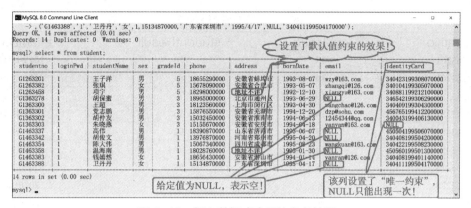

图 4-12　插入数据成功后的参考结果

代码分析

①在插入数据之前使用 "SELECT * FROM Student；" 语句来查看并确认该表中无数据，如果已经存在数据需要先使用 "DELETE" 命令删除所有数据，确保数据的清洁。

②对于未指定值的列，需要使用 "DEFAULT" 或者 "NULL" 表示，确保值清单中值的个数一定要与列清单中列的数量相同，如 "项宇" 同学的地址使用 "DEFAULT" 代替，代表取默认值。"胡保蜜" 同学的邮箱表中未提供值，由于没有设置默认值约束，需要使用 "NULL" 代替，表示该列值为空。

③学号列为主键列，不能出现相同的学号。

补充说明

①根据表间的关系和主外键约束的要求，学生信息表 Student 中的年级编号 gradeId 列要参照年级表 Grade 中的年级编号 gradeId 列。

在学生信息表 Student 中插入数据前，必须确保年级表 Grade 中已经有了可参照的数据，即首先完成演示示例 4-1，否则插入数据失败。

在 Student 表中插入数据时，gradeId 列的值必须在 Grade 中存在，如果出现列值清单 "（ 'G1263409'，'1'，' 黄蓉 '，' 女 '，7，15678095000，' 江苏省南京市 '，'1994/5/9'，'huangrong1994@163.com'，'300000199405090000' ））" 时，语句执行失败，因为在年级表 Grade 中的年级编号 gradeId 列的值没有 "7"。

② identityCard 列设置了 "唯一约束"，表中允许出现一个空值 "NULL"，如果给出的列值清单中出现第 2 个空值 "NULL"，则会提示语法错误。

【技能训练❹-2】在 SchoolDB 数据库中，为成绩表 Result 插入数据

技能目标

①使用 INSERT 语句一次向数据库表插入多条数据。

②根据系统提示对错误进行编辑和修改。

③理解主外键约束的价值和具体体现。

需求说明

在演示示例 4-1、技能训练 4-1 和演示示例 4-2 的基础上，打开 SchoolDB 数据库，为成绩表 Result 插入测试数据。详细的数据信息见表 4-7。

表 4-7　成绩表测试数据

studentNo	subjectId	studentResult	examDate
G1263201	13	76	2019/11/15
G1263201	14	88	2019/11/16
G1263382	13	79	2019/11/15
G1263382	14	56	2019/11/16
G1263458	13	92	2019/11/15
G1263458	14	0	2019/11/16
G1363278	7	55	2020/1/5
G1363278	8	78	2020/1/7
G1363278	9	76	2020/1/6
G1363300	7	83	2020/1/5
G1363300	8	49	2020/1/7
G1363300	9	64	2020/1/6
G1363301	7	65	2020/1/5
G1363301	8	87	2020/1/7
G1363301	9	55	2019/11/20
G1363301	9	90	2020/1/6
G1363302	7	80	2020/1/5
G1363302	8	56	2020/1/7
G1363302	9	87	2020/1/6
G1363303	7	61	2020/1/5
G1363303	8	87	2020/1/7
G1363303	9	81	2020/1/6
G1463337	1	82	2019/11/20
G1463337	1	90	2020/1/5
G1463337	2	92	2019/1/8
G1463337	3	56	2020/1/9
G1463342	1	86	2020/1/5
G1463342	2	68	2019/1/8
G1463354	1	52	2019/11/20
G1463354	1	67	2020/1/5
G1463354	2	68	2020/1/7
G1463354	3	75	2020/1/9
G1463358	1	65	2020/1/5
G1463358	2	92	2020/1/7
G1463383	1	88	2019/11/20
G1463383	1	87	2020/1/5
G1463383	2	92	2020/1/7
G1463383	3	89	2020/1/9
G1463388	1	80	2019/11/20
G1463388	1	78	2020/1/9
G1463388	2	92	2020/1/7
G1463388	3	83	2020/1/9

关键点分析

①在插入数据之前使用 "SELECT * FROM Result;" 语句来查看并确认该表中无数据，否则需要先使用 "DELETE" 命令删除所有数据，确保数据的清洁。

②在 Result 表中，id 列为标识列，根据标识列规则，该列的值由系统自动生成，用户不能为该列赋值，也无法控制该列的值。如果出现列值清单 "(100, 'G1263201', 14, 88, '2019/11/16')" 时，语句执行失败，因为不能为 id 列指定值。

③插入成功后表中数据如图 4-13 所示。

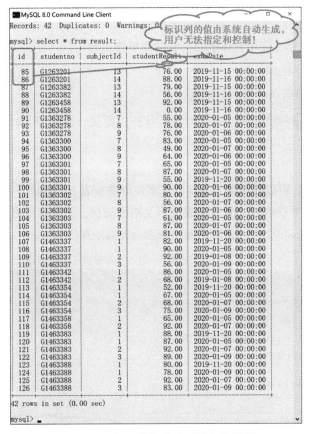

图 4-13　插入数据成功后的参考结果

补充说明

①根据表间的关系和主外键约束的要求，成绩表 Result 中的 studentNo 列参照了学生信息表中的 studentNo 列，成绩表 Result 中 subjectId 列参照了课程表 Subject 中的年级编号 subjectId 列。

在插入数据前要确保演示示例 4-1、技能训练 4-1 和演示示例 4-2 都已经完成，否则插入数据失败。

② studentResult 列设置了 ">=0" 的检查约束，因此该列不能出现空值，"G1263458" 同学的成绩为 0 分，不能用 NULL 代替。

4.3.3 插入查询的结果

可以将查询的结果批量存储到一个表中，即表中数据可以通过 "SELECT" 查询语句来生成。

1. 语句语法格式

```
INSERT [INTO] 表名 [ ( 列名 1, 列名 2, … ) ]
     SELECT 查询语句;
```

2. 语句功能分析

（1）表名

表名必须是已经创建的数据表，并且和查询使用的是同一个数据库中的表。

（2）SELECT 查询语句

SELECT 查询语句将在第 5 章中具体学习，它的简单格式为：

```
SELECT * FROM 表名 WHERE 条件;
```

从指定表中查询得到符合条件要求的记录。

【演示示例 ❹ –3】在数据库 SchoolDB 中，新建一张新表 Result92，其表结构与 Result 相同，用来存储 Result 表中成绩不及格的信息

示例分析

①根据要求，可以使用复制表结构来实现创建新表 Result92。

②通过查询来获取 Result 表中成绩不及格的信息，并将这些数据通过 "INSERT" 语句写入到新建的表 Result92 中，表达式为："studentResult<60"。

命令代码

```
USE SchoolDB;
CREATE TABLE Result92 LIKE Result;
INSERT INTO Result92
    SELECT * FROM Result WHERE studentResult<60;
SELECT * FROM Result92;
```

代码的执行结果如图 4-14 所示。

● 视 频

演示示例4–3

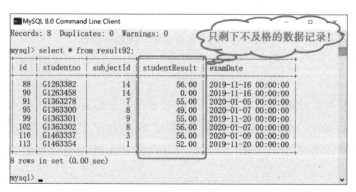

图 4-14 复制表结构和表中部分数据

补充说明

①创建数据表 Result92 前要确保该表不存在，如果存在，再查看表中是否有数据，如果不是需要的数据，可以先删除已经存在的表 Result92，确保数据的清洁。

②通过复制创建的新数据表 Result92 没有建立外键约束，与学生信息表 Student 和课程表 Subject 表之间没有建立参照关系。

4.4　使用 UPDATE 语句修改数据

当学生信息、课程信息和成绩信息等数据表中需要维护的数据发生变化时，需要使用更新数据的命令来修改表中的数据。

要修改表中的数据，可以使用 UPDATE 语句。UPDATE 语句可以用来修改单个表中的数据，也可以用来修改多个表中的数据。

1. 语句语法格式

```
UPDATE 表名
    SET 列名 1= 表达式 1, 列名 2= 表达式 2,…
    [WHERE 更新条件]
```

2. 语句功能分析

（1）表名

需要修改数据的表名。

（2）SET 子句

SET 子句将根据 WHERE 子句中指定的条件对符合条件的数据进行修改。若语句中不设定 WHERE 子句，则更新所有行。

该子句指定数据修改的内容，SET 后面可以紧跟多个数据列的更新值，不限一个，多个数据列之间以逗号"，"分隔开。

（3）列名和表达式列表

列名 1、列名 2……为要修改列值的列名，表达式 1、表达式 2……可以是常量、变量或表达式。可以同时修改所在数据行的多个列值，中间以逗号隔开。

另外，需要注意更新后的数据不能违反表的相关约束条件。

【演示示例④－4】在数据库 SchoolDB 中，通过复制学生信息表 Student 的结构和数据得到新表 Student93，再将 Student93 中所有邮箱地址为空的学生的邮箱都改为"未注册邮箱 @163.com"

命令代码

```
USE SchoolDB;
CREATE TABLE Student93 LIKE Student;
INSERT INTO Student93 SELECT * FROM Student;
SELECT * FROM Student93 WHERE email is null;
UPDATE Student93 SET email=' 未注册邮箱 @163.com'
```

视 频 ●

演示示例4-4

```
    WHERE email is null;
SELECT * FROM Student93 WHERE email=' 未注册邮箱 @163.com';
```

代码的执行结果如图 4-15 所示。

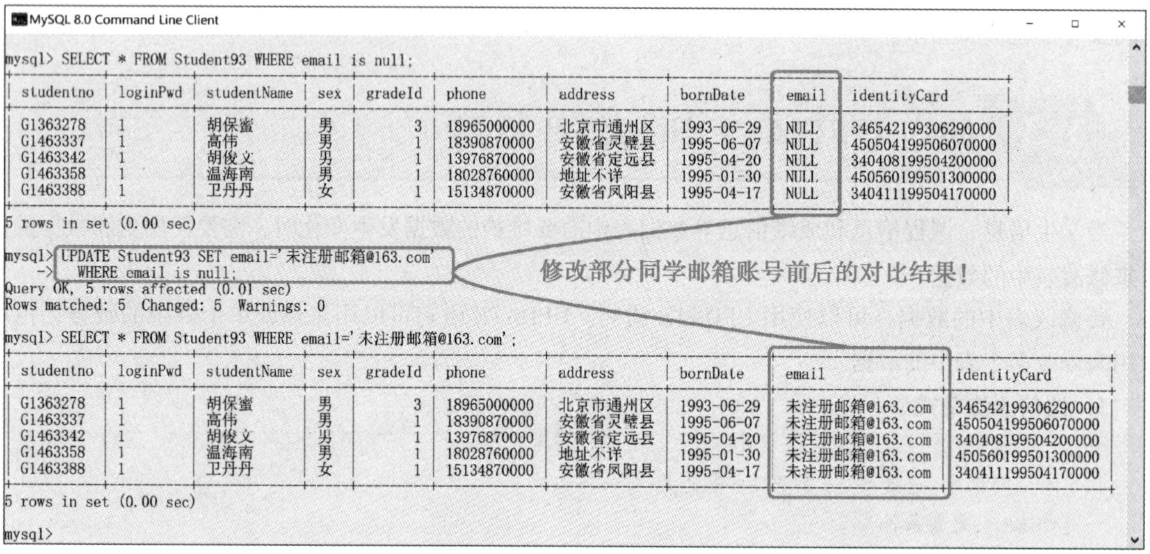

图 4-15　修改邮箱信息前后的对比结果

补充说明

①为了保护数据库中的原始数据，建议将原始数据表复制一份，在复制后的数据表中进行操作，类似本例中复制得到新表 Student93，在对新表 Student93 操作时不影响原表中的数据。

②在修改数据的前后都使用 "SELECT" 命令查看修改前后的详细数据，对照检查修改前后的数据是否符合要求。

【技能训练❹-3】在 SchoolDB 数据库中，修改数据表中的数据

技能目标

①使用 UPDATE 语句修改数据表中的数据。

②掌握条件表达式的设计。

③理解主外键约束的价值和具体体现。

需求说明

①在 SchoolDB 数据库中，对学生信息表 Student、课程表 Subject 和成绩表 Result 进行必要的数据修改。

②修改学号为 G1363300 的学生地址为 "山东省济南市文化路 2 号院"。

③修改学号为 G1363301 的学生的所属年级为 2。

④修改 "大学英语" 课程的学时数为 55。

⑤将 2020 年 1 月 7 日考试的 "Java 面向对象设计" 课程分数低于 60 分的学生全部提高 5 分。

⑥将学号为 G1363300 的学生在 2020 年 1 月 5 日考试的 "Android 应用开发" 课程的分数修改为 80。

⑦将邮件账号为空的学生的邮件账号统一修改为 "未知 @"。

关键点分析

①修改数据前，需要打开数据库 SchoolDB。

②修改学生的住址，参考语句如下。

```
UPDATE Student
    SET Address=' 山东省济南市文化路 2 号院 '
    WHERE StudentNo='G1363300';
```

③相同的思路完成需求 3 和需求 4。

④需求 5 中需要通过 "SELECT" 语句查询课程表 Subject，找到课程 "Java 面向对象设计" 的课程编号为 8，然后再使用 "UPDATE" 语句对 Result 表进行成绩的更新。参考代码如下。

```
SELECT * FROM Subject;
SELECT * FROM Result
    WHERE examDate='2020-1-7'AND subjectId=8 AND studentResult<60;
UPDATE Result SET studentResult=studentResult+5
    WHERE examDate='2020-1-7'AND subjectId=8 AND studentResult<60;
SELECT * FROM Result
    WHERE examDate='2020-1-7'AND subjectId=8 AND studentResult<65;
```

更新数据前使用 "SELECT" 语句查看符合条件的记录，更新数据后再使用 "SELECT" 语句查看符合条件的记录，前后对照比较更新数据是否成功及最终效果。

⑤相同的思路完成需求 6。

⑥需求 7 参考语句如下。

```
UPDATE Student SET email='未知@'WHERE email IS NULL
```
这里的关键点是 "邮箱为空" 的表达方法。

补充说明

①对于含有日期条件的修改，如需求 5，需要确定某个特定日期，但在数据表中插入的数据为带有小时分秒，如 '2020-1-7 00:00:00'，比较时采用如下形式即可。

```
WHERE examDate='2020-1-7'
```
②对于含有多个条件的修改，如需求 5 和需求 6，条件既有学号、日期、课程的限制，又有分数的限制，需要使用逻辑与运算符 "AND" 连接多个条件。例如：

```
WHERE examDate='2020-1-7' AND subjectId=8 AND studentResult<60
```
③判断列是否为空，使用比较运算符 "IS NULL"，不可以使用 "=NULL" 来表示。

④修改数据时一般不修改主键的值，特别是被子表引用的主键的值。例如，学生信息表的学号不能轻易修改，如果修改了某个学生的学号值，涉及课程表中学号更新的问题，很容易造成数据错误。

4.5　删除数据

在数据维护的过程中，发现某些学生已经退学了、某些课程已经过时且从未被学生学习过（在成绩表中没有该课程对应的成绩），这时需要删除该学生和课程的信息。

4.5.1　使用 DELETE 语句删除表中记录

当数据表中的数据不再需要时，可以删除数据以节约存储空间并确保数据的清洁。删除数据最小的单位是一行，即一条记录。

DELETE 语句可以用于删除表中的一行或多行数据。

1．语句语法格式

```
DELETE FROM 表名
   ［WHERE 条件］
```

2．语句功能分析

（1）FROM 子句

FROM 子句用于说明从何处删除数据，表名指要删除数据的表名。

（2）WHERE 子句

WHERE 子句包含的内容为指定的删除条件，若省略 WHERE 子句则表示删除该表的所有行。

（3）外键约束

删除信息要确保数据记录没有被其他子表引用。如果要删除学生信息表 Student 中的学生记录，要确保该学生在成绩表 Reuslt 中没有成绩。

【演示示例❹ –5】在数据库 SchoolDB 学生信息表 Student 中，删除姓名为"项宇"的学生信息

命令代码

```
USE SchoolDB;
SELECT * FROM Student WHERE studentName=' 项宇 ';
SELECT * FROM Result WHERE studentNo='G1263458';
DELETE FROM Student WHERE studentName=' 项宇 ';
SELECT * FROM Student WHERE studentName=' 项宇 ';
```

代码的执行结果如图 4-16 所示。

代码分析

①由于不确定"项宇"同学是否在成绩表中被引用了，可以先使用"SELECT"语句查询"项宇"同学的信息，得到他的学号，再使用"SELECT"语句在成绩表中查询是否存在学号为"G1263458"的学生成绩。

②根据错误提示，显示违背了外键约束"FK_studentNo"，删除语句执行失败。

③执行上述操作后再使用"SELECT"语句查询"项宇"同学的信息，结果显示该同学依然存在，证明删除语句执行失败。

补充说明

①删除语句执行成功后，符合条件的记录即被删除，无法恢复，所以需要谨慎使用，建议先复制一份要删除数据的数据表。

②根据主外键关系的要求，如果要删除的数据被其他表引用，则需要先删除子表中对应的数据，再删除主表中的数据。

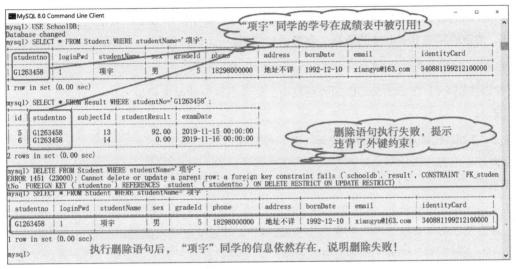

图 4-16 删除"项宇"同学信息的提示

例如，如果要删除姓名为"项宇"的学生信息，参考代码如下：

```
SELECT * FROM Student WHERE studentName='项宇';
SELECT * FROM Result WHERE studentNo='G1263458';
DELETE FROM Result WHERE studentNo='G1263458';
DELETE FROM Student WHERE studentName='项宇';
SELECT * FROM Student WHERE studentName='项宇';
```

代码执行结果如图 4-17 所示。

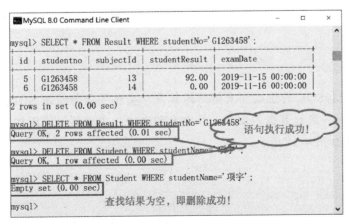

图 4-17 删除成功的提示

4.5.2 使用 TRUNCATE 语句清空数据表

使用 TRUNCATE TABLE 语句将删除指定表中的所有数据，因此又称清除表数据语句。

基本书写格式为：

```
TRUNCATE TABLE 表名;
```

使用 TRUNCATE TABLE 命令，AUTO_INCREAMENT 计数器被重新设置为该列的初始值。对于参与了索引和视图的表，不能使用 TRUNCATE TABLE 语句，必须使用 DELETE 语句。

例如，清空成绩表 Result92 的数据，参考语句如下：

```
TRUNCATE TABLE Result92;
```

【技能训练❹-4】在 SchoolDB 的数据表中，删除不需要的学生记录

技能目标

①使用 DELETE 语句删除数据库中满足条件的数据。

②理解和应用约束，特别是外键约束的价值和体现。

需求说明

①由于入学年龄条件限制，学校要求不允许 1995 年 1 月 1 日（含）后出生的学生入学，由于未加约束，可能将不符合要求的学生信息录入数据库表 Student 中，现在需要进行删除。

②由于"王超"同学申请了退学，并获批准，现要在数据库中删除"王超"同学的所有相关信息。

关键点分析

①注意条件子句的表达，1995 年 1 月 1 日后指大于或等于这一天的日期，表达式为："bornDate>= '1995-1-1'"。

②要删除"王超"同学的多条相关信息，根据表间关系和主外键约束，需要先删除成绩表 Result 中"王超"同学的所有成绩信息，然后再删除学生信息表 Student 中"王超"同学的信息。

补充说明

①由于删除的是整条记录，在删除之前要设计好条件，避免误删除不该删除的记录。

②灵活使用简单的"SELECT"语句，辅助查看删除的结果，并对删除前后的信息做对比，确保操作的准确性。

▌小结

本章主要介绍了 MySQL 的组成和支持的运算符，实现了如何使用 SQL 语句对数据表中数据的增加、修改和删除，并通过数据的增加、修改和删除进一步理解了不同约束和表间关系的价值。

本章知识技能结构如图 4-18 所示。

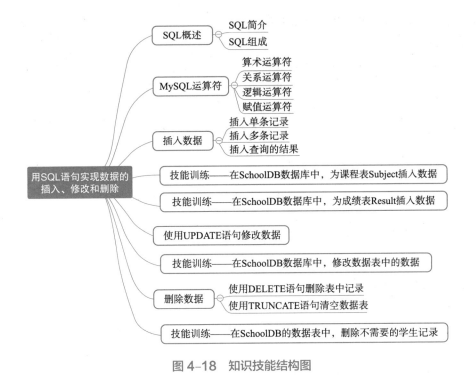

图 4-18 知识技能结构图

习题

一、选择题

1. 在表 Employee 中有两列分别为年龄 Age、职位 Position，执行删除语句："DELETE FROM Employee WHERE Age<30 AND Position=' 项目经理 ';"，下面包含（　　）值的数据行可能被删除。

    A. 小于 30 岁的项目经理和所有员工

    B. 小于 30 岁的项目经理

    C. 小于 30 岁的员工和项目经理

    D. 小于 30 岁的员工或者项目经理

2. 假设正在设计一个数据库应用程序，在设计过程中，数据库进行了重新规划，对原来的数据库做了调整。其中对一个很重要的表进行了简化，选择原表中的若干列组成一个新的表结构。由于原表中已经保存了大量数据，为了把原表中的数据移动到新表中，以下（　　）中的方法是最好的。

    A. 重新在新数据库表中录入数据

    B. 使用数据转换服务的输出功能把原数据库保存为文本文件，再把文本文件复制到新数据库中

    C. 使用 "INSERT INTO [新的表名]SELECT [旧的表名]" 语句添加数据

    D. 使用 UNION 语句一次插入多个数据行

3. 假设 Students 表中有主键 sCode 列，Score 表中有外键 SID 列，SID 引用 sCode 列实施引用完整性约束，此时如果使用 "UPDATE Students SET sCode='001301' WHERE sCode='001201';" 语句

更新 Students 表的 sCode 列，可能的运行结果是（　　　）。

  A. 肯定会产生更新失败

  B. 可能会更新 Students 表中的两行数据

  C. 可能会更新 Score 表中的一行数据

  D. 可能会更新 Students 表中的一行数据

 4. 下列删除数据的 SQL 语句在运行时不会产生错误信息的是（　　　）。

  A. DELETE * FROM Employee WHERE sGrade='6';

  B. DELETE FROM Employee WHERE'sGrade'='6';

  C. DELETE FROM Employee WHERE sGrade='6';

  D. DELETE Employee SET sGrade='6';

 5. 要删除表 Students 中的数据，执行 "TRUNCATE TABLE Students;" 语句的运行结果可能是（　　　）。

  A. 表 Students 中的约束依然存在

  B. 表 Students 被删除

  C. 表 Students 中的数据被删除了一半，再次执行时，将删除剩下的一半数据行

  D. 表 Students 中不符合检查约束要求的数据被删除，而符合检查约束要求的数据依然保留

 6. 假设 Students 表中 SEMail 列的默认值为 "TEST@163.COM"，同时还有 SAddress 列和 SSex 列，则执行如下语句后，下列说法中正确的是（　　　）。

```
INSERT Students(SAddress,SSEX)VALUES('学生宿舍',1);
```

  A. SEMail 列的值为 "TEST@163.COM"　 B. SAddress 列的值为空

  C. SSex 列的值为 "男"　 D. SEMail 列的值为空

 7. 假设 Employee 表中的 EmpID 列为主键，并且为自动增长的标识列，同时还有 EmpGrade 列和 EmpSalaryGrade 列，所有列的数据类型都是整数，目前还没有数据，则执行插入数据的 SQL 语句后的结果为（　　　）。

```
INSERT Employee(EmpID,EmpGrade,EmpSalaryGrade)VALUES(1,2,3);
```

  A. 插入数据成功，EmpID 列的数据为 1

  B. 插入数据成功，EmpID 列的数据为 2

  C. 插入数据成功，EmpGrade 列的数据为 3

  D. 插入数据失败

 8. 假设学生表中包含主键列 "学号"，则执行 "UPDATE 学生表 SET 学号 =177 WHERE 学号 =188;" 语句后的结果可能是（　　　）。

  A. 修改了多行数据　 B. 没有修改数据

  C. 删除了一行不符合要求的数据　 D. SQL 语法错误，不能执行

 9. 以下 SQL 命令能够向表中添加记录的是（　　　）。

  A. CREATE　 B. UPDATE　 C. INSERT　 D. DELETE

 10. 执行下列数据删除语句时不会产生错误信息的选项是（　　　）。

  A. DELETE * FROM ABC WHERE ASS='6';

B.　DELETE FROM ABC WHERE ABC='6'；

    C.　DELETE ABC WHERE ASS='6'；

    D.　DELETE ABC SET ASS='6'；

二、操作题

在第 3 章习题的基础上，继续为图书馆管理系统数据库 LibraryDB 中的数据表添加测试数据，可以一次插入单条记录，也可以一次插入多条记录。

（1）图书信息表的测试数据见表 4-8。

表 4-8　图书信息表 Book 的测试数据

bId	bName	author	pubComp	pubDate	bCount	price
ISBN001	SQL Server 数据库设计与应用	张成叔	中国铁道出版社	2020-7-1	100	56.0
ISBN002	C 语言程序设计	张成叔	高等教育出版社	2019-9-1	200	49

（2）读者信息表的测试数据见表 4-9。

表 4-9　读者信息表 Reader 的测试数据

rId	rName	lendNum	rAddress
001	zhangYongwei	1	
002	zhangDawei	2	

（3）图书借阅表的测试数据见表 4-10。

表 4-10　图书借阅表 Borrow 的测试数据

rId	bId	lendDate	willDate	returnDate
001	ISBN001			
002	ISBN002			

（4）罚款记录表的测试数据见表 4-11。

表 4-11　罚款记录表 Penalty 的测试数据

rId	bId	pDate	pType	amount
001	ISBN001		1	20
002	ISBN002		3	50

第 5 章
单表查询和模糊查询

工作情境和任务

在"高校成绩管理系统"中存储了各类信息，如年级信息、学生基本信息、课程基本信息和每个学生的考试成绩信息等，其中学生信息表中就存放了学号、登录密码、姓名、性别、年级、出生日期、电话、地址、邮箱账号和身份证号等信息。在实际系统使用过程中，某些应用只需要部分信息，如浏览学生的生源地情况，就只需要学生学号、姓名和地址，在这种情况下，就需要在原有的学生信息表中查询出指定的数据列信息，这是单表查询。再如需要浏览某门课的最高分信息，就需要对成绩表查询，并对查询结果排序。

➢ 运用 SELECT 语句实现单表查询。
➢ 运用 SELECT 语句实现数据的模糊查询和统计。

知识和技能目标

➢ 理解查询处理的机制。
➢ 掌握常用的系统函数。
➢ 熟练使用 SELECT 语句单表查询并实现排序。
➢ 使用 LIKE、BETWEEN、IN 进行模糊查询。
➢ 使用聚合函数统计和汇总查询信息。

本章重点和难点

➢ 查询条件的构造。
➢ 使用表达式、运算符和函数解决实际问题。
➢ 灵活应用聚合函数对成绩信息进行汇总统计。

查询是针对表中已经存在的数据行而言的，可以简单地理解为"筛选"，将符合条件的数据抽取出来。

数据表在接受查询请求时，它将逐行判断是否符合查询条件。如果符合查询条件就提取出来，然后把所有选中的行组织在一起，构成查询的结果，通常称为记录集。记录集的结构类似于表结构。在查询记录集上可以再次进行查询。

5.1　查询基础

5.1.1　使用 SELECT 语句进行查询

MySQL 中最主要、最核心的部分是它的查询功能。查询语言用来对已经存在于数据库中的数据按照特定的组合、条件或者一定次序进行检索。

SELECT 语句可用于查询数据，实质是从一个或多个表中选择特定的行和列，生成一个临时表的结果。

1. SELECT语句的格式和功能

（1）简单查询语句的格式

```
SELECT *|字段列表
    FROM 表名
    [WHERE 查询条件]
    [ORDER BY 排序的列名 [ASC|DESC];
```

（2）各子句的功能

① SELECT 子句。指定要查看的列，即字段，即列出查询结果中要显示的字段名。字段列表用来给出哪些数据应该返回，可以是多个列名或表达式。列名和列名之间用逗号间隔，表达式可以是列名、函数或常数的列表。如果要查看所有列，使用"*"表示。

② FROM 子句。指定要查询的表，可以是表名或视图名。FROM 中可以是多个表名，它们之间用逗号间隔，表示多张表同时查询。

③ WHERE 子句。用于给出限制查询的条件或多个表的连接条件，根据具体的查询要求进行选择使用。

④ ORDER BY 子句。用于对查询的结果进行排序。

SELECT 语句除了用于数据查询，还可用来为局部变量赋值或者调用一个函数。

2. 查询所有数据行和列

要查询所有数据行和数据列，SELECT 后面加上"*"即可，"*"代表所有列，不需要加任何条件。

例如，查询课程表 Subject 中所有课程信息的语句如下：

```
USE SchoolDB;
SELECT * FROM Subject;
```

执行结果如图 5-1 所示。

3. 查询指定的列

在 SELECT 语句中可以查询指定的列，各列之间通过逗号分隔。

例如，查询学生信息表 Student 中所有学生的学号、姓名和邮箱账号信息的语句如下：

```
USE SchoolDB;
SELECT studentNo,studentName,email FROM Student;
```

执行结果如图 5-2 所示。

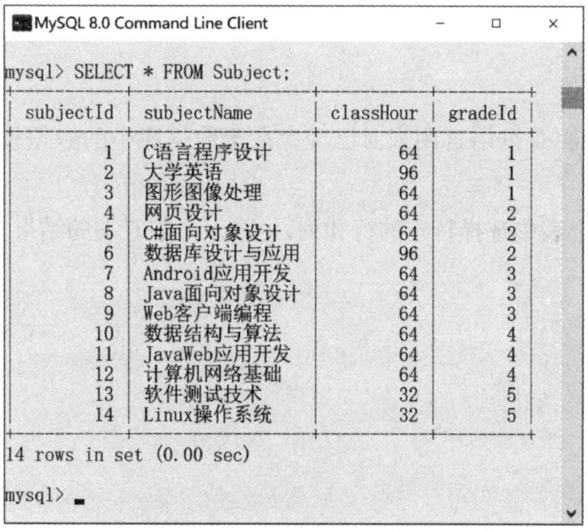

```
MySQL 8.0 Command Line Client

mysql> SELECT * FROM Subject;
+-----------+--------------------+-----------+---------+
| subjectId | subjectName        | classHour | gradeId |
+-----------+--------------------+-----------+---------+
|         1 | C语言程序设计      |        64 |       1 |
|         2 | 大学英语           |        96 |       1 |
|         3 | 图形图像处理       |        64 |       1 |
|         4 | 网页设计           |        64 |       2 |
|         5 | C#面向对象设计     |        64 |       2 |
|         6 | 数据库设计与应用   |        96 |       2 |
|         7 | Android应用开发    |        64 |       3 |
|         8 | Java面向对象设计   |        64 |       3 |
|         9 | Web客户端编程      |        64 |       3 |
|        10 | 数据结构与算法     |        64 |       4 |
|        11 | JavaWeb应用开发    |        64 |       4 |
|        12 | 计算机网络基础     |        64 |       4 |
|        13 | 软件测试技术       |        32 |       5 |
|        14 | Linux操作系统      |        32 |       5 |
+-----------+--------------------+-----------+---------+
14 rows in set (0.00 sec)

mysql>
```

图 5-1　查询课程表 Subject 中所有数据行和列

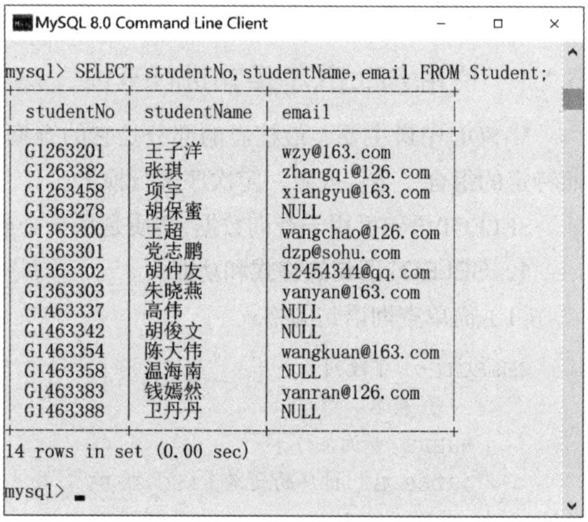

```
MySQL 8.0 Command Line Client

mysql> SELECT studentNo, studentName, email FROM Student;
+-----------+-------------+-------------------+
| studentNo | studentName | email             |
+-----------+-------------+-------------------+
| G1263201  | 王子洋      | wzy@163.com       |
| G1263382  | 张琪        | zhangqi@126.com   |
| G1263458  | 项宇        | xiangyu@163.com   |
| G1363278  | 胡保蜜      | NULL              |
| G1363300  | 王超        | wangchao@126.com  |
| G1363301  | 党志鹏      | dzp@sohu.com      |
| G1363302  | 胡仲友      | 12454344@qq.com   |
| G1363303  | 朱晓燕      | yanyan@163.com    |
| G1463337  | 高伟        | NULL              |
| G1463342  | 胡俊文      | NULL              |
| G1463354  | 陈大伟      | wangkuan@163.com  |
| G1463358  | 温海南      | NULL              |
| G1463383  | 钱嫣然      | yanran@126.com    |
| G1463388  | 卫丹丹      | NULL              |
+-----------+-------------+-------------------+
14 rows in set (0.00 sec)

mysql>
```

图 5-2　查询学生信息表 Student 中所有数据行的部分列信息

4. 改变查询结果的列标题

定义数据表时，列名一般要求使用英文名称，但是在我国，用户更希望查询的结果标题用汉字表示，一目了然。MySQL 支持自定义列标题，使用“AS”子句来实现。

一般语法格式为：

```
字段名称 AS 别名
```

例如，查询学生信息表 Student 中所有学生的学号、姓名和邮箱账号信息，要求使用中文汉字为列标题。实现语句如下：

```
USE SchoolDB;
SELECT studentNo AS '学号',studentName AS '姓名',email AS '邮箱账号'
   FROM Student;
```

执行结果如图 5-3 所示。

说明：

该语句实现了改变列名，但改变的只是查询结果显示的列标题，并没有改变数据表中的列名。

图 5-3　使用汉字为自定义列名

5. 限制查询结果返回记录的行数

若在查询时只希望看到返回结果的部分记录行,可使用 LIMIT 子句来限定。

基本语法格式为:

```
LIMIT 行数
```

或

```
LIMIT 起始行的偏移量,返回的记录行数
```

偏移量和行数都必须是非负的整数常数;起始行的偏移量指返回结果的第一行记录在数据表中的绝对位置,数据表初始记录行的偏移量为 0;返回记录的行数指返回多少行记录。

例如,查询学生信息表 Student 中的前 4 行以及第 6 行开始的 4 行记录,显示学号、姓名和邮箱账号信息,要求使用中文汉字为列标题。实现语句如下:

```
USE SchoolDB;
SELECT studentNo AS '学号',studentName AS '姓名',email AS '邮箱账号'
    FROM Student
    LIMIT 4;
SELECT studentNo AS '学号',studentName AS '姓名',email AS '邮箱账号'
    FROM Student
    LIMIT 5,4;
```

执行结果如图 5-4 所示。

说明:

①数据表初始记录行的偏移量为 0,因为第 6 行的偏移量为 "5"。

②"5,4" 中的 "5" 表示从第 6 行开始,"4" 表示共有 4 条记录。

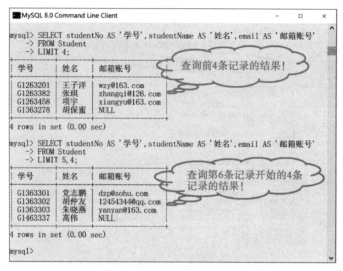

图 5-4　查询部分行不分列的结果

6. 消除查询结果的重复行

在查询时，将 DISTINCT 关键字写在 SELECT 字段列表所有列名的前面，可以消除 DISTINCT 后那些列值中的重复行。

例如，查询学生信息表 Student 中的年级编号，要求删除结果集中的重复记录。实现的语句如下：

```
USE SchoolDB;
SELECT gradeId AS '年级编号'FROM Student;
SELECT DISTINCT gradeId AS '年级编号'FROM Student;
```

执行结果如图 5-5 所示。

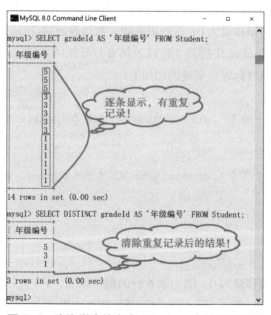

图 5-5　查询学生信息表 Student 中的年级编号

7．查询中使用计算列

在查询时，有时需要对查询结果进行简单计算。在 SELECT 语句中可以使用算术运算符（+、-、*、/ 和 % 等）来对查询结果进行简单计算。

例如，查询课程表 Subject 中所有的课程信息，学校考虑为所有课程增加课时，增加比例为原课时的 10%。只需要显示课程名称、原课时和增加后课时信息。实现的基本语句如下：

```
USE SchoolDB;
SELECT subjectName AS '课程名称',classHour AS '原课时',
    classHour*1.1 AS '增加10%后课时'
    FROM Subject;
```

执行结果如图 5-6 所示。

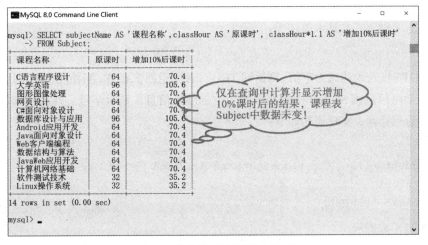

图 5-6　查询中使用计算列的参考结果

8．使用WHERE子句查询部分行

在实际查询应用中，多数情况下需要给定一定的条件，比如"查询某门课及格的学生信息"，SELECT 语句中通过 WHERE 子句可以实现。

WHERE 子句用来限制查询结果的数据行，WHERE 后面是条件表达式，查询结果必须是满足条件表达式的记录行。

条件表达式通常由一个或多个逻辑表达组成，而逻辑表达式通常会涉及比较运算符、逻辑运算符、模式匹配等，要求表达式的值逻辑真或者逻辑假。

例如，查询课程表 Subject 中学时超过 64 的课程信息，显示课程名称、学时和学期，使用中文汉字标题。实现语句如下：

```
USE SchoolDB;
SELECT subjectName AS '课程名称',classHour AS '学时',gradeId AS '学期'
    FROM Subject
    WHERE classHour>64;
```

执行结果如图 5-7 所示。

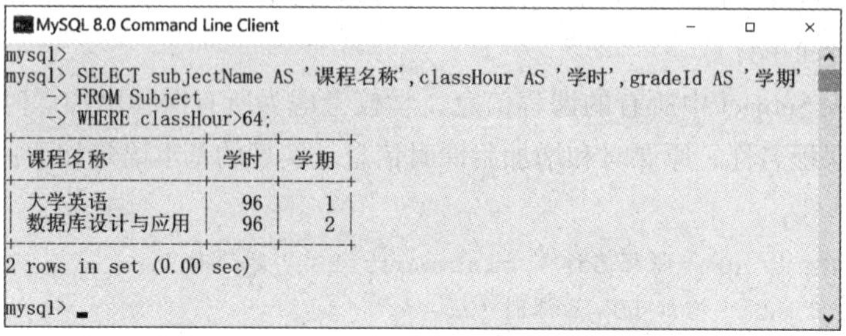

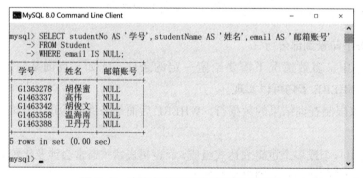

图 5-7　查询学时超过 64 的课程信息

9. 查询空值

空值表示未知的不确定的值，不是空格也不是空字符串。当需要判定一个表达式的值是否为空值时，可以使用 IS NULL 关键字。其基本语法为：

表达式 IS [NOT] NULL

当不使用 NOT 时，若表达式为空值，则返回 TRUE，否则返回 FALSE；当使用 NOT 时，结果刚好相反。

例如，查询学生信息表 Student 中邮箱账号为空的学生信息，显示学号、姓名和邮箱账号信息，要求使用中文汉字为列标题。实现语句如下：

```
USE SchoolDB;
SELECT studentNo AS '学号',studentName AS '姓名',email AS '邮箱账号'
    FROM Student
    WHERE email IS NULL;
```

执行结果如图 5-8 所示。

图 5-8　查询邮箱账号为空的学生信息

【技能训练❺-1】对数据库 SchoolDB 的数据表进行简单查询

技能目标

①掌握 SELECT 语句中各子句的功能及应用。

②灵活使用 SELECT 语句对单表进行查询。

③灵活搭配各子句实现用户的查询需求。

需求说明

①对学生信息表 Student、课程表 Subject 和成绩表 Result 进行单表查询。

②查询 "S1" 年级（年级编号为 "1"）的全部学生信息。

③查询 "S1" 年级（年级编号为 "1"）的全部学生的姓名和电话，要求使用中文汉字标题。

④查询 "S1" 年级（年级编号为 "1"）全部女同学的学号、姓名和性别，要求使用中文汉字标题。

⑤查询课时小于 64 的课程信息，要求使用中文汉字标题。

⑥查询 "大学英语" 课程（课程编号为 "2"）的成绩信息，要求使用中文汉字标题。

⑦查询学生 "高伟"（学号为 "G1463337"）的成绩信息，要求使用中文汉字标题。

关键点分析

①本技能训练考查单表查询，因此需求中给出了年级名称所对应的年级编号，便于在学生信息表 Student 中完成需求 2、需求 3 和需求 4。给出了课程名称的课程编号、学生姓名对应的学号，便于在学生成绩表 Result 中完成需求 6 和需求 7。

②需求中要求使用中文汉字标题的要严格按照要求实现。

补充说明

由于在学生信息表中没有年级名称，需求 2、需求 3 和需求 4 中给出的是年级名称，第 6 章将学习多表联合查询，掌握后就不需要提供年级名称所对应的年级编号。

5.1.2 使用 ORDER BY 子句进行查询排序

在 SELECT 语句中，可以使用 ORDER BY 子句对查询结果进行排序。

1. ORDER BY子句的语法格式

```
ORDER BY 次序表达式1 [ASC|DESC] [,次序表达式2 [ASC|DESC]] …
```

2. 子句功能

①次序表达式为排序的表达式，可以是一个列或者列的别名，也可以是一个表达式。

②关键字 ASC 表示升序排列，DESC 表示降序排列，默认值为 ASC，排序时，空值（NULL）被认为是最小值。

③次序表达式可以为多个，且每个可以单独标明升序或者降序，表达式之间用英文逗号分隔。

④当次序表达式为多个时，按照从前往后的顺序执行，表达式 1 的值相等的情况下，再按照表达式 2 排序，依此类推。

【演示示例❺-1】在数据库 SchoolDB 的课程表 Subject 中，查询所有课程信息，并按照学时降序排序，当学时相同时再按照课程名称升序排序，只需要显示课程编号、课程名称和学时，且使用中文汉字显示标题

命令代码

```
USE SchoolDB;
SELECT subjectId AS '课程编号',subjectName AS '课程名称',classHour AS '学时'
    FROM Subject
    ORDER BY classHour DESC,subjectName ASC;
```

视频 ●•••

演示示例5-1
•••••••

代码的执行结果如图 5-9 所示。

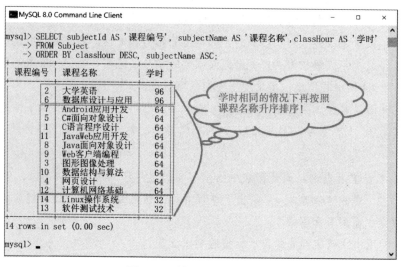

图 5-9 排序显示课程信息

代码分析

按照需求，有两个排序依据，且先按照学时降序排序，再按照课程名称升序排序，因此 ORDER BY 子句后有两个表达式，且第一个表达式后的 DESC 不可少，否则就是按照学时升序。

补充说明

代码中最后的 ASC 可以省略，默认就是按照升序排序，但第一个表达式后的 DESC 不可省略。

【技能训练 ❺ –2】对数据库 SchoolDB 的数据表进行简单查询并排序

技能目标

①掌握 SELECT 语句中各子句的功能及应用。

②灵活使用 SELECT 语句对单表进行查询。

③灵活搭配各子句实现用户的查询需求。

需求说明

①对学生信息表 Student、课程表 Subject 和成绩表 Result 进行单表查询。

②按照出生日期升序查询年级编号为 "1" 的学生信息。

③按日期先后、成绩由高到低的次序查询编号为 1 的科目考试成绩信息。

④查询 "2020 年 01 月 05 日" 参加 "C 语言程序设计" 考试的前五名学生的成绩信息（不考虑分数相同的情况）。

⑤查询年级编号为 "1" 的课时最多的科目名称及课时。

⑥查询年龄最小的学生的姓名及所在的年级。

⑦查询 "2020 年 01 月 07 日" 参加考试的最低分出现在哪个科目。

⑧查询学号为 "G1263458" 的学生参加过的所有考试信息，并按照时间先后次序显示。

⑨查询学号为 "G1263458" 的学生参加过的所有考试中的最高分，并显示时间和科目编号。

关键点分析

①需求 2 中，查询的条件是年级编号，排序依据是出生日期。

②需求 4 中，前 5 名的处理方式为：先按照成绩排序，再使用 "LIMIT 5" 显示前五名的信息。

③需求 5 的参考代码：

```
SELECT subjectName AS '课时最多的科目名称',classHour AS '课时'
    FROM Subject WHERE gradeId=1
    ORDER BY classHour DESC
    LIMIT 1;
```

代码运行结果如图 5-10 所示。

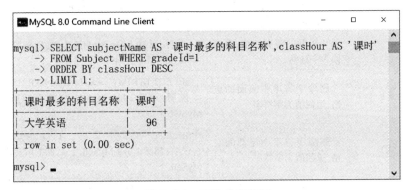

图 5-10　查询参考结果

④需求 6 中，年龄最小学生的处理方式为：先按照出生年月降序排序，再限制输出 1 行。

补充说明

①按照多个列进行排序时，如需求 3，在每列之间使用逗号分隔，并且在每列后面考虑排序的升降序。例如，ORDER BY 列 1 ASC，列 2 DESC。

②日期型数据比较时，靠后的日期大于靠前的日期，如今天的日期比昨天的日期大。

5.2　使用函数查询数据

函数是完成特定功能的一组 SQL 语句的集合。在数据查询中经常会使用函数来实现一些复杂运算。MySQL 提供了丰富的内置函数，如字符串函数、日期和时间函数、聚合函数等。

5.2.1　字符串函数

字符串函数主要针对字符型数据进行操作和运算。实际开发中为了实现某些复杂的查询功能，常常会需要对字符型数据进行适当的处理和变换，此时就会用到字符串函数。

字符串函数中包含的字符串必须要用单引号括起来。常用的字符串函数见表 5-1。

表 5-1　常用的字符串函数

函数	功能	示例和说明
ASCII（字符串表达式）	返回字符串表达式最左端字符的 ASCII 值。返回值为整数	`SELECT ASCII('email');` 说明:返回字母 e 的 ASCH 码值 101
CHAR（整型表达式）	返回整型 ASCII 码转换的字符	`SELECT CHAR(65);` 说明:返回 ASCII 码值为 65 的字符 A
LENGTH（字符串表达式）	返回字符串表达式的长度	`SELECT LENGTH('email');` 说明:返回 email 的长度值 5
LEFT（字符串表达式,长度）	返回从字符串表达式左边开始指定长度个字符	`SELECT LEFT('telephone',3);` 说明:返回 telephone 左边开始 3 个字符,返回 tel
RIGHT（字符串表达式,长度）	返回从字符串表达式右边开始指定长度个字符	`SELECT RIGHT('telephone',3);` 说明:返回 telephone 右边开始 3 个字符,返回 one
TRIM（字符串表达式）	返回删除字符串表达式首部和尾部的所有空格,返回值为字符串	`SELECT TRIM('□□□I like MySQL!□□□');` 　说明:删除 I like MySQL！前后的所有空格,返回 I like MySQL！,□代表空格,下同
LTRIM（字符串表达式）	删除字符串中前面的空格,返回值为字符串	`SELECT LTRIM('□□□I like MySQL！□□□');` 　说明:删除 I like MySQL！前面的所有空格,返回 I like MySQL！□□□
RTRIM（字符串表达式）	删除字符串中尾部的空格,返回值为字符串	`SELECT RTRIM('□□□I like MySQL!□□□');` 说明:删除 I like MySQL！后面的所有空格,返回□□□I like MySQL！
REPLACE（字符串1,字符串2,字符串3）	用字符串 3 替换字符串 1 中出现的字符串 2,最后返回替换后的字符串	`SELECT REPLACE ('Welcome tK BEIJING!','K','o');` 说明:将 Welcome tK BEIJING！中出现的 K 替换成 o,返回 Welcome to BEIJING！
SUBSTRING（字符串表达式,指定位置,长度）	返回字符串表达式从指定位置开始指定长度的子串	`SELECT SUBSTRING('telephone',5,5);` 说明:取字符串 telephone 中从第 5 个字符 p 开始连续 5 个字符构成的子串,返回 phone
CONCAT（字符串 1,字符串 2,…,字符串 n）	返回字符串1,字符串2,…,字符串 n 连接起来构成的字符串	`SELECT CONCAT('中国','北京');` 说明:字符串中国和北京连接起来,返回中国北京
LOCATE（字符串1,字符串2）	返回字符串 1 的第 1 个字符在字符串 2 中的序号,从 1 开始计数	`SELECT LOCATE('Happy','I am happy!');` 返回 6

【演示示例❺-2】在数据库 SchoolDB 的 Student 表中，查询并升序显示所有学生的姓名，一列显示姓，另一列显示名。假设姓名中的第一个汉字为姓，后面为名

问题分析

①在表 Student 中，姓名是一个字段，常规显示时只能作为一个完整的信息显示。

②需要将姓和名分开显示，需要使用字符串函数，截取姓名字段值的一部分，先使用 LEFT() 函数取姓名字段的第一个汉字，再使用 SUBSTRING() 函数取姓名字段的第二个汉字开始的所有字符。

······● 视频

演示示例5-2
······●

命令代码

```
USE SchoolDB;
SELECT LEFT(studentName,1) AS '姓',
    SUBSTRING(studentName,2,LENGTH(studentName)-1) AS '名'
    FROM Student
    ORDER BY studentName;
```

代码的执行结果如图 5-11 所示。

代码分析

函数"LEFT(studentName，1)"表示取一个汉字，一个汉字在计算机内部存储时占用 2 字节。

补充说明

问题要求按照"姓名"排序，不是按照"姓"排序，两者有一定的区别，以下是按照"姓"排序的代码，执行结果如图 5-12 所示。

```
SELECT LEFT(studentName,1) AS '姓',
    SUBSTRING(studentName,2,LENGTH(studentName)-1) AS '名'
    FROM Student
    ORDER BY LEFT(studentName,1);
```

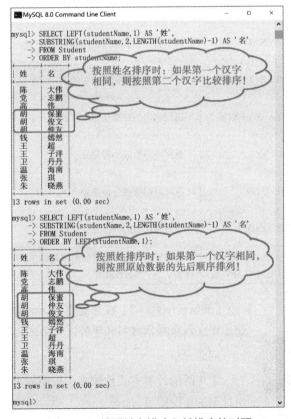

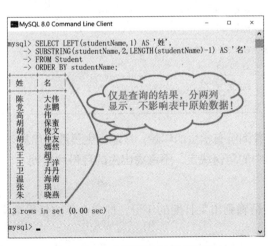

图 5-11　查询学生的姓名信息　　　　　　图 5-12　按照姓名排序和姓排序的对照

5.2.2 日期函数

日期和时间函数主要用来处理日期和时间值，通常不能对日期直接运用数学运算。例如，如果执行一个诸如"当前日期 +1"的语句，MySQL 无法理解要增加的是一天、一月还是一年。

日期函数帮助提取日期值中的年月和日，以便分别操作它们，表 5-2 列出了部分常用的日期函数及功能介绍。

表 5-2　部分常用的日期函数

函数	功能	示例和说明
NOW( )	获得当前的日期和时间，它以 YYYY-MM-DD HH:MM:SS 的格式返回当前的日期和时间	SELECT NOW(); 返回 2020-08-08 10:26:49
CURTIME( )	返回当前时间	SELECT CURTIME(); 返回 10:28:40
CURDATE( )	返回当前日期	SELECT CURDATE(); 返回 2018-08-25
YEAR( )	分析一个日期值并返回其中关于年的部分	SELECT YEAR(20200808142800),YEAR ('2021-11-11'); 返回 2020 和 2021
MONTH( )	以数值格式返回参数中月的部分	SELECT MONTH(20200808142800); 返回 8
MONTHNAME( )	以字符串的格式返回参数中月的部分	SELECT MONTHNAME('2021-11-22'); 返回 November
DAYNAME( )	以字符串形式返回星期名	SELECT DAYNAME('2021-11-22'); 返回 Monday
WEEK( )	返回指定的日期是一年的第几个星期	SELECT WEEK(20200808142800); 返回 31
YEARWEEK( )	返回指定的日期是哪一年的哪一个星期	SELECT YEARWEEK('2021-11-22'); 返回 202147,表示 2021 年第 47 周
HOUR( )	返回时间值的小时部分	SELECT HOUR(155300); 返回 15
MINUTE( )	返回时间值的分钟部分	SELECT MINUTE('13:55:00'); 返回 55
SECOND( )	返回时间值的秒部分	SELECT SECOND(132445); 返回 45
DATE_FORMAT（日期时间，格式符）	将日期时间按照指定的格式符输出,格式主要有 %Y、%y、%m、%d 等	SELECT DATE_FORMAT(now(),'%Y,%y,%m,%d'); 返回 2020,20,08,12

视频

演示示例5-3

【演示示例❺-3】在数据库 SchoolDB 中，查询所有学生的年龄，按照出生日期降序显示，使用中文汉字显示姓名和年龄。年龄由出生日期中的年份决定，不考虑出生的月份和日期

问题分析

①年龄的计算方式比较多，按照需求只需要精确到出生日期的年份，即拿今年的年份减出生日期的年份即可。

②使用 YEAR( ) 函数提取出生日期中的年份。

命令代码

```
USE SchoolDB;
SELECT studentName AS '姓名',YEAR(NOW())-YEAR(bornDate)AS '年龄'
    FROM Student
    ORDER BY bornDate DESC;
```

代码的执行结果如图 5-13 所示。

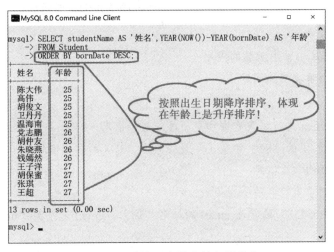

图 5-13　查询所有学生的年龄信息

补充说明

按照"出生日期"降序排序和按照计算的"年龄"升序排序的效果相同，因为日期型数据比较时，靠后的日期更大一些，而靠后的日期转换为年龄时会更小一点。

5.2.3　数学函数

数学函数用于对数值型数据进行处理，并返回处理结果。表 5-3 列出了部分常用的数学函数。

表 5-3　部分常用的数学函数

函数	功能	示例和说明
RAND( )	返回从 0 到 1 之间的随机 float 值	SELECT RAND(); 返回 0.767553509644696（该值随机产生）
ABS(数值表达式)	取数值表达式的绝对值	SELECT ABS(-26); 返回 26
CEILING(数值表达式)	向上取整，取大于或等于指定数值、表达式的最小整数	SELECT CEILING(28.5); 返回 29
FLOOR(数值表达式)	向下取整，取小于或等于指定表达式的最大整数	SELECT FLOOR(28.5); 返回 28
POWER(数值表达式1，数值表达式2)	取数值表达式的幂值	SELECT POWER(3,2); 返回 9
ROUND(数值表达式)	将数值表达式四舍五入为指定精度	SELECT ROUND(28.543,1); 返回 28.5

续表

函数	功能	示例和说明
SIGN（数值表达式）	对于正数返回 +1，对于负数返回 –1，对于 0 则返回 0	SELECT SIGN(-28); 返回 –1
SQRT（数值表达式）	取浮点表达式的平方根	SELECT SQRT(4); 返回 2

【技能训练⑤–3】对数据库 SchoolDB 的数据表进行简单查询并使用函数

技能目标

①掌握 MySQL 数据库中常用函数的应用。

②灵活应用各种函数解决实际问题。

需求说明

①对学生信息表 Student 进行单表查询和更新邮箱账号信息。

②查询年龄达到 25 周岁的 "S3" 年级（年级编号为 "3"）的学生信息。

③查询 1 月份过生日的学生信息。

④查询今天过生日的学生姓名及所在年级。

⑤查询学号为 "G1263458" 的学生 email 的域名。例如，email 地址为 "mimichoi276@qq.com" 的域名为 "qq.com"。

⑥为邮箱为空的学生指定邮箱，规则为：S1+ 当前日期 +4 位随机数 +@163.com。例如，当前日期是 2020 年 9 月 1 日，产生的四位随机数为 5468，则产生的 email 地址为 "S1202009015468@163.com"。

关键点分析

①需求 2 中计算年龄的表达式为："YEAR (NOW( ))–YEAR(bornDate)"。

②需求 3 需要使用提取月份的函数 "MONTH( )"。

③需求 5 中，获取 email 的域名，需要分三步解决。

第一步：获取符号 "@" 的位置 N。使用 LOCATE( ) 函数。

第二步：获取字符串 email 的长度 L。使用 LENGTH( ) 函数。

第三步：从字符串 email 右侧截取（L-N）个字符。使用 RIGHT( ) 函数。

④需求 6 中，获取当前日期的年、月、日，并组成一个 8 位的字符串，需要使用 "DATE_FORMAT( )" 函数，指定输出格式，其中 4 位年份，2 位月份和 2 位日。参考表达式如下：

```
DATE_FORMAT(now(),'%Y%m%d')
```

⑤需求 6 中，获取 4 位随机数，使用到随机函数 RAND( )，取得这个随机数之后，还需要取其最后面的四位数作为 "真正的随机数"，可以再使用 RIGHT( ) 函数取后面的四位数字。参考表达式如下：

```
RIGHT(RAND(),4)
```

⑥需求 6 中，生成的 14 位邮箱账号需要使用字符串连接函数 "CONCAT( )" 将 3 个字符串连接为一个字符串。参考表达式如下：

```
CONCAT('S1',DATE_FORMAT(now(),'%Y%m%d'),RIGHT(RAND(),4))
```

参考结果如图 5-14 所示。

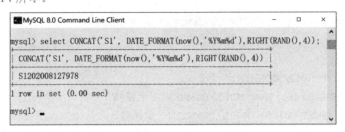

图 5-14　生成 14 位的邮箱账号

⑦需求 6 中最后使用 UPDATE 语句进行更新，要设置好更新的条件，即 WHERE 子句，否则所有学生的邮箱账号都会被更新。

补充说明

①表达式 "DATE_FORMAT(now( ), '%Y%m%d')" 中的格式符 "%Y" 表示取 4 位年份，如果需要 2 位年份使用 "%y"，大小写有区别。

②需求 6 中，邮箱账号为空的表达式为："email IS NULL"。

【技能训练 5 -4】函数综合技能训练

技能目标

①掌握 MySQL 数据库中各类函数的应用。

②结合具体数据库应用需求，利用函数进行综合信息查询和数据更新。

需求说明

①某公司印了一批充值卡，卡的密码是随机生成的，现在出现以下问题：对于卡密码里面的字母 "O" 和数字 "0"、字母 "i" 和数字 "1"，用户反映看不清楚，容易弄错。因此公司决定，把存储在数据库中的密码所有的字母 "O" 都改成数字 "0"，所有的字母 "i" 都改成数字 "1"。

②数据库表名：Card；密码列名：password。

关键点分析

①更新操作使用 UPDATE 语句实现。

②字符串的替换，需要函数 REPLACE( ) 来实现。

③可以使用两条语句实现，还可以只使用一条语句，即使用 REPLACE( ) 函数嵌套实现。

使用一条语句实现的参考代码如下：

```
UPDATE Card SET password=REPLACE(REPLACE(password,'O','0'),'i','1');
```

使用两条语句实现的参考代码如下：

```
UPDATE Card SET password=REPLACE(password,'O','0');
UPDATE Card SET password=REPLACE(password,'i','1');
```

补充说明

①实现该需求需要先建立模拟数据库、模拟数据表、添加必要的测试数据，也可以在 SchoolDB 数据库中新建一张表。

②本技能训练提供的参考建表和添加测试数据的代码如下：

```
CREATE DATABASE jnsx54 DEFAULT CHARACTER SET gb2312;
USE jnsx54;
CREATE TABLE card(
    cardId INT NOT NULL COMMENT'卡号',
    password VARCHAR(45) NOT NULL COMMENT'卡密码',
    cardcomments TEXT(1000) NULL COMMENT'卡说明',
    PRIMARY KEY(cardId)
    )ENGINE = InnoDB
    DEFAULT CHARACTER SET = gb2312
    COMMENT = '技能实训5-4测试表';
INSERT INTO card(cardId,password,cardcomments)
    VALUES('2020000100','adre0o0ki1f43ilo040','贵宾一级卡'),
    ('2020000101','32fhdi00oo4fhgn0ri','贵宾一级卡'),
    ('2020000102','jfjfjoo00go0430dhe','贵宾一级卡'),
    ('2020000200','8jh0i12i0oYGo4fio10','贵宾二级卡'),
    ('2020000201','fgkj3d398hi1vgh000','贵宾二级卡'),
    ('2020000202','opmk0kj1h0perid5f','贵宾二级卡'),
    ('2020000203','ho1jhkj13ddqhi10mu','贵宾二级卡'),
    ('2020000301','qlid321lin kj13dhi1d','贵宾三级卡');
SELECT * FROM card;
```

代码执行的参考结果如图 5-15 所示。

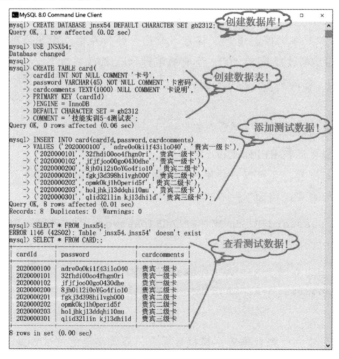

图 5-15 建表和添加测试数据

5.3 模糊查询

5.3.1 通配符和模糊查询

通配符是一类字符，它可以代替一个或多个真正的字符，查找信息时作为替代字符出现。

模糊查询主要通过模式匹配来实现。当无法给出精确的查询条件，给出的只是某些列值的一部分时，查询不要求与列值完全相等，称为模糊查询。例如，要查找用户表中姓李的客户的相关信息。

模糊查询会用到 LIKE 运算符。LIKE 运算符用于指出一个字符串与指定字符串是否相匹配，需要与通配符一起使用。

常用通配符有 "_" 和 "%"，"%" 代表 0 个或多个字符，"_" 代表单个字符。

5.3.2 使用 LIKE 进行模糊查询

LIKE 运算符用于搜索与指定模式匹配的字符串。

在数据更新、删除或者查询的时候，都可以使用 LIKE 关键字进行匹配查找。

1. LIKE运算符的基本语法格式

```
表达式1 [NOT] LIKE 表达式2
```

表达式 1 和表达式 2 一般要求是字符型表达式。

2. LIKE表达式的功能分析

①该表达式的值为逻辑真或者逻辑假，一般用在 WHERE 子句中，作为查询、更新和删除的条件出现。

②由于 MySQL 默认不区分大小写，要区分大小写时需要更换字符集的校对规则。

③如果给出的查询条件本身包含特殊符号中的一个或全部（_ 或 %），此时必须使用转义字符来实现查询。转义字符为单个字符，没有默认值。

【演示示例❺–4】在数据库 SchoolDB 中，查询所有姓王学生的邮箱信息，使用中文汉字显示学号、姓名和邮箱账号

命令代码

视 频

```
USE SchoolDB;
SELECT studentNo AS '学号',studentName AS '姓名',email AS '邮箱'
    FROM Student
    WHERE studentName LIKE '王%';
```

演示示例5-4

代码的执行结果如图 5-16 所示。

补充说明

姓王和包含王要使用不同的表达式来表示，姓名中姓王的表达式为："studentName LIKE '王%'"，姓名中包含王的表达式为："studentName LIKE '%王%'"。

【技能训练❺–5】使用 LIKE 对 SchoolDB 的数据表进行模糊查询

技能目标

①通过具体应用理解通配符的价值。

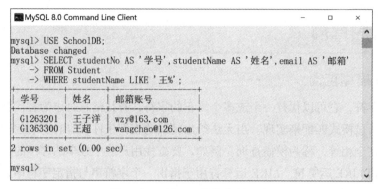

图 5-16　姓王同学的邮箱信息

②使用 LIKE 关键字进行模糊查询。

需求说明

①在学生信息表 Student 和课程表 Subject 中进行信息的模糊查询。

②查询住址在"合肥"的学生姓名、电话、住址。

③查询名称中含有"设计"字样的课程名称、学时及所属年级，并按年级由低到高显示。

④查询电话号码以"151"开头的学生姓名、住址和电话。

关键点分析

①需求 2 中，住址为合肥，并没有说明具体的地址，所以使用匹配多个字符的通配符，参考代码如下：

```
SELECT studentName,phone,address
   FROM Student
   WHERE address LIKE '%合肥%';
```

代码执行参加结果如图 5-17 所示。

②需求 3 中，包含"设计"字样的表达式为"subjectName LIKE '%设计%'"。

③需求 4 中，由于电话也是字符型的，可以直接使用 LIKE 运算符，参考结果如图 5-18 所示。

图 5-17　查询住址中有合肥字样的学生信息

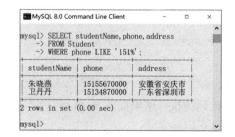

图 5-18　查询电话以 151 开头的学生信息

5.3.3　使用 BETWEEN 在某个范围内进行查询

使用关键字 BETWEEN 可以查找那些介于两个已知值之间的一组值。要实现这种查找，必须知道查找的初值和终值，并且初值要小于或等于终值，初值和终值用 AND 关键字分开。

例如，查询分数在 70（含）~85（含）之间的信息的语句如下：

```
SELECT * FROM result WHERE studentResult BETWEEN 70 AND 85;
```

执行结果如图 5-19 所示：

```
MySQL 8.0 Command Line Client                          –   □   ×

mysql> SELECT * FROM result WHERE studentResult BETWEEN 70 AND 85;
+----+-----------+-----------+---------------+---------------------+
| id | studentno | subjectId | studentResult | examDate            |
+----+-----------+-----------+---------------+---------------------+
|  1 | G1263201  |        13 |         76.00 | 2019-11-15 00:00:00 |
|  3 | G1263382  |        13 |         79.00 | 2019-11-15 00:00:00 |
|  8 | G1363278  |         8 |         78.00 | 2020-01-07 00:00:00 |
|  9 | G1363278  |         9 |         76.00 | 2020-01-06 00:00:00 |
| 10 | G1363300  |         7 |         83.00 | 2020-01-05 00:00:00 |
| 17 | G1363302  |         7 |         80.00 | 2020-01-05 00:00:00 |
| 22 | G1363303  |         9 |         81.00 | 2020-01-06 00:00:00 |
| 23 | G1463337  |         1 |         82.00 | 2019-11-20 00:00:00 |
| 32 | G1463354  |         3 |         75.00 | 2020-01-09 00:00:00 |
| 39 | G1463388  |         1 |         80.00 | 2019-11-20 00:00:00 |
| 40 | G1463388  |         1 |         78.00 | 2020-01-09 00:00:00 |
| 42 | G1463388  |         3 |         83.00 | 2020-01-09 00:00:00 |
+----+-----------+-----------+---------------+---------------------+
12 rows in set (0.00 sec)

mysql>
```

图 5-19　查询分数在 70~85 之间的信息

如果写成如下形式：

```
SELECT * FROM Result WHERE StudentResult BETWEEN 85 AND 70;
```

执行结果为空，表示没有查询到任何信息，因为初值没有小于或等于终值。

此外，BETWEEN 查询在查询日期范围时使用得比较多。例如，查询不在 2019 年 11 月 1 日到 2020 年 1 月 7 日之间考试的成绩信息：

```
SELECT * FROM Result
    WHERE ExamDate NOT BETWEEN '2019-11-1' AND '2020-1-7';
```

运行结果如图 5-20 所示。

```
MySQL 8.0 Command Line Client                          –   □   ×

mysql> SELECT * FROM Result
    -> WHERE ExamDate NOT BETWEEN '2019-11-1' AND '2020-1-7';
+----+-----------+-----------+---------------+---------------------+
| id | studentno | subjectId | studentResult | examDate            |
+----+-----------+-----------+---------------+---------------------+
| 25 | G1463337  |         2 |         92.00 | 2019-01-08 00:00:00 |
| 26 | G1463337  |         3 |         56.00 | 2020-01-09 00:00:00 |
| 28 | G1463342  |         2 |         68.00 | 2019-01-08 00:00:00 |
| 32 | G1463354  |         3 |         75.00 | 2020-01-09 00:00:00 |
| 38 | G1463383  |         3 |         89.00 | 2020-01-09 00:00:00 |
| 40 | G1463388  |         1 |         78.00 | 2020-01-09 00:00:00 |
| 42 | G1463388  |         3 |         83.00 | 2020-01-09 00:00:00 |
+----+-----------+-----------+---------------+---------------------+
7 rows in set (0.00 sec)

mysql>
```

图 5-20　查询不在某个日期范围内考试的信息

注意：使用 NOT 来对限制条件进行"取反"操作，实现不在 2019 年 11 月 1 日到 2020 年 1 月 7 日范围内的表达式。

5.3.4 使用 IN 在列举值内进行查询

查询的值是指定的某些值之一，可以使用带列举值的 IN 关键字进行查询。将列举值放在圆括号中，用逗号分开。例如，查询第 2、第 3 和第 4 学年开设课程的详细信息的代码如下：

```
SELECT * FROM Subject
   WHERE gradeId IN(2,3,4) ORDER BY gradeId;
```

执行结果如图 5-21 所示。

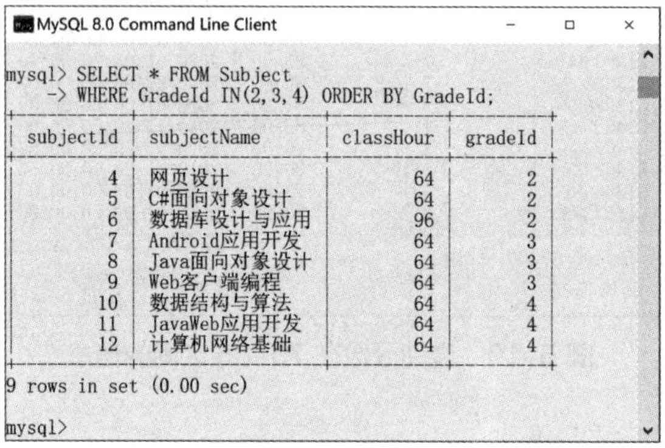
MySQL 8.0 Command Line Client

mysql> SELECT * FROM Subject
    -> WHERE GradeId IN(2,3,4) ORDER BY GradeId;

subjectId	subjectName	classHour	gradeId
4	网页设计	64	2
5	C#面向对象设计	64	2
6	数据库设计与应用	96	2
7	Android应用开发	64	3
8	Java面向对象设计	64	3
9	Web客户端编程	64	3
10	数据结构与算法	64	4
11	JavaWeb应用开发	64	4
12	计算机网络基础	64	4

9 rows in set (0.00 sec)

mysql>

图 5-21 IN 表达式执行参考结果图

同样可以把 IN 关键字和 NOT 关键字合起来使用，这样可以得到所有不匹配列举值的行。

注意：列举值类型必须与匹配的列具有相同的数据类型。

5.4 使用聚合函数进行数据的统计

聚合函数又称统计函数，它是对一组值进行计算并返回一个数值。主要的聚合函数有 SUM()、AVG()、MAX()、MIN() 和 COUNT() 等。

5.4.1 SUM( ) 函数

SUM( ) 函数返回表达式中所有数值的总和，忽略其中的空值。SUM( ) 函数只能用于数字类型的列，不能汇总字符、日期等其他数据类型。

【演示示例⑤ -5】在数据库 SchoolDB 的成绩表 Result 中，查询学号为“G1263201”学生所有课程的考试总分

视 频

演示示例5-5

命令代码

```
USE SchoolDB;
SELECT studentNo AS '学号',SUM(studentResult) AS '总分'
   FROM Result
    WHERE studentNo='G1263201';
```

代码的执行结果如图 5-22 所示。

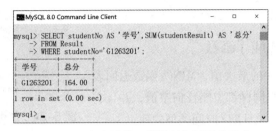

图 5-22 查询某位同学的所有课程的总分

补充说明

聚合函数的查询一般只返回一个数值，因此，不建议与可能返回多行的列一起来查询。本示例代码中显示了学号列，由于查询某个学号学生的成绩，返回的学号最多只有 1 个，符合要求。如果要求显示该学生所有的课程编号，则结果出现偏差。

例如：

```
SELECT studentNo AS '学号',subjectId AS '课程编号',studentResult AS '成绩'
    FROM result
    WHERE studentNo='G1263201';
SELECT studentNo AS '学号',subjectId AS '课程编号',SUM(studentResult) AS '总分'
    FROM result
    WHERE studentNo='G1263201';
```

运行时，代码正常执行，但是显示的课程编号为"13"，而该同学有两门课的编号，仅仅显示了其中的第一条，出现错误。

代码运行结果如图 5-23 所示。

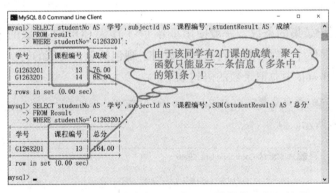

图 5-23 查询某位同学的所有课程的总分及课程编号

5.4.2 AVG( ) 函数

AVG( ) 函数返回表达式中所有数值的平均值，空值将被忽略。AVG( ) 函数也只能用于数字类型的列。

例如，在成绩表 Result 中，查询所有及格学生的平均成绩。参考代码如下：

```
SELECT AVG(studentResult)AS '平均成绩'
    FROM result WHERE studentResult>=60;
```

执行结果如图 5-24 所示。

5.4.3　MAX( ) 函数和 MIN( ) 函数

MAX( ) 函数返回表达式中的最大值，MIN( ) 函数返回表达式中的最小值，这两个函数同样都忽略任何空值，并且它们都可以用于数字型、字符型及日期/时间类型的列。

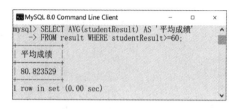

图 5-24　使用 AVG（ ）聚合函数求平均分

对于字符序列，MAX( ) 函数查找排序序列的最大值，MIN( ) 函数返回排序序列的最小值。

例如，查询及格以上成绩的平均分、最高分、最低分的语句如下。

```
SELECT AVG(studentResult) AS '平均平均分',
    MAX(studentResult) AS '最高分',MIN(studentResult) AS '最低分'
    FROM Result
    WHERE studentResult>=60;
```

查询结果如图 5-25 所示。

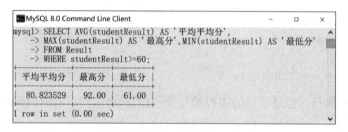

图 5-25　使用聚合函数求平均分最高分和最低分

5.4.4　COUNT( ) 函数

COUNT( ) 函数返回记录集的条数。一般使用星号（*）作为 COUNT 函数的参数，使用星号可以不必指定特定的列而计算所有行，当对所有行进行计数时，则包括包含空值的行。

例如，查询成绩表 Result 中总记录数的语句如下。

```
SELECT COUNT(*) AS 总记录数 FROM Result;
```

查询结果如图 5-26 所示。

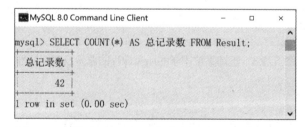

图 5-26　使用 COUNT（ ）聚合函数统计数据的行数

此外，也可以对某列（如 studentResult 列）进行计数，例如：

```
SELECT COUNT(studentResult) AS 分数记录数 FROM Result;
```

单列统计总记录时忽略了空值，由于成绩列没有空值，所以查询结果与图 5-26 相同，也是 42 条记录。

【技能训练❺ -6】使用聚合函数对 SchoolDB 数据库中的数据表进行汇总查询

技能目标

①通过具体应用理解聚合函数与普通函数的区别。

②使用常见的聚合函数进行数据统计。

需求说明

①对学生信息表 Student、课程表 Subject 和成绩表 Result 进行单表数据的统计。

②统计学生信息表 Student 中学生总人数。

③统计 "S1" 年级的总学时。

④查询学号为 "G1463354" 的学生 "S1" 年级考试的总成绩。

⑤查询学号为 "G1463354" 的学生 "S1" 年级所有考试的平均分。

⑥查询 2020 年 1 月 7 日课程 "大学英语" 的最高分、最低分、平均分。

⑦统计参加 2020 年 1 月 7 日 "大学英语" 课程考试中有多少人达到 80 分。

⑧查询所有参加 "C 语言程序设计" 课程考试的学生的平均分。

关键点分析

①需求 3、需求 4 和需求 5 中，都要查询 "S1" 年级的信息，由于课程表 Subject 只有课程编号，需要先在年级表 Grade 中查询 "S1" 的年级编号，再进行下一步查询。

②需求 4 和需求 5 中需要对学生 "G1463354" 在 "S1" 年级的考试成绩进行统计，由于 "S1" 年级有多门课程，需要先在课程表 Subject 中查询 "S1" 的课程编号，再做统计。

③需求 4 和需求 5 的执行参考结果如图 5-27 所示。

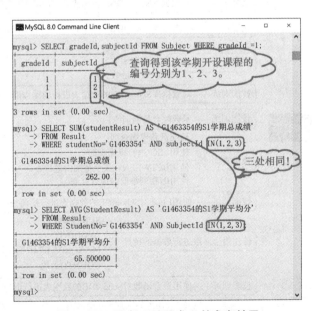

图 5-27　需求 4 和需求 5 的参考结果

④需求 6 和需求 7 需要先查询得到"大学英语"课程的课程编号，然后再在成绩表中进行统计。执行的参考结果如图 5-28 所示。

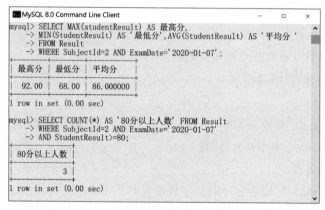

图 5-28　统计某门课的成绩信息

小结

本章主要介绍了 MySQL 的常用函数和聚合函数，实现了单表数据的查询和统计，并通过实际应用理解了通配符的价值和模糊查询的实现方式。

本章知识技能结构如图 5-29 所示。

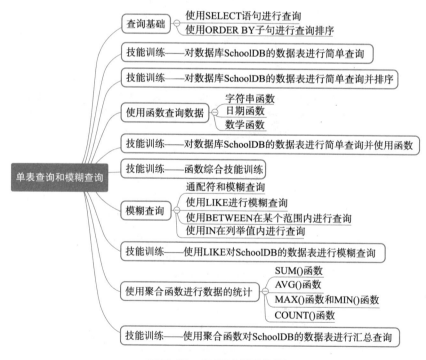

图 5-29　知识技能结构图

习题

一、选择题

1. 假设 Employee 表有三列 EmpID、EmpGrade、EmpSalaryGrade，并且列值都是整型数据类型，则以下语句能正确执行的是（　　）。

    A. SELECT EmpID FROM Employee ORDER BY EmpID

       WHERE EmpID=EmpGrade；

    B. SELECT EmpID FROM Employee

       WHERE EmpID=EmpGrade=EmpSalaryGrade；

    C. SELECT EmpID FROM Employee

       ORDER BY EmpGrade+EmpSalaryGrade；

    D. SELECT EmpID,EmpGrade FROM Employee

       WHERE EmpGrade+EmpSalaryGrade；

2. Employee 表中 LastName 列保存顾客的姓，FirstName 列保存顾客的名。现在，需要查询顾客姓名的组合，例如，LastName 列中的"张"，同一行 FirstName 列中的"国华"，查询结果应该返回"张国华"，则正确的查询语句是（　　）。

    A. SELECT CONCAT（LastName,FirstName）FROM Employee；

    B. SELECT * FROM Employee ORDER BY LastName,FirstName；

    C. SELECT LastName+FirstName FROM Employee；

    D. SELECT LastName AND FirstName FROM Employee；

3. 现在 Students 表中已经存储了数据，Nation 列的数据存储了学生的民族信息，默认值为"汉族"。可是在设计表的时候这个默认特征没有考虑，现在已经输入了大量的数据。对于少数民族的学生，民族的信息已经输入，对于"汉族"的学生，数据都为空值。此时，要解决这个问题比较好的办法是（　　）。

    A. 在表中为该列添加 NOT NULL 约束

    B. 使用"UPDATE Students SET Nation=' 汉族 'WHERE Nation IS NULL；"进行数据更新

    C. 使用"UPDATE Students SET Default=' 汉族 '；"进行数据更新

    D. 手动输入所有的汉族

4. 一个小组正在开发一个大型的银行存款系统，系统中包含上百万行顾客的信息。现在正在调试 SQL 语句，以进行查询的优化。可是，他们每次执行查询时，都返回好几百万行数据，显示查询结果非常费时。此时，比较好的解决办法是（　　）。

    A. 删除这些数据

    B. 把这些数据转换到文本文件中，再在文本文件中查找

    C. 在查询语句中使用 LIMIT 子句限制返回行数

    D. 在查询语句中使用 ORDER BY 子句进行排序

5. 执行以下 SQL 语句："SELECT SName，SAddress FROM Students limit 40；"结果返回了 20 行数据，则（　　）。

    A. 表 Students 中只有 40 行数据　　　　B. 表 Students 中只有 20 行数据

    C. 表 Students 中大约有 50 行数据　　　　D. 表 Students 中大约有 100 行数据

6. 表 Math 中有 Ori 和 Dest 两列，要把 Ori 列的平方根写到 Dest 列，正确的 SQL 语句为（　　　）。

    A. UPDATE Math SET Dest=SQRT(Ori)；

    B. UPDATE Math SET Ori=Ori/2；

    C. SELECT Dest FROM Math SET Dest=Ori.SQRT；

    D. SELECT Ori FROM Math SET Dest=Ori/2；

7. 以下（　　　）能够得到今天属于哪个月份。

    A. SELECT MONTH()；　　　　　　　　B. SELECT DATE()；

    C. SELECT MONTH(DATE())；　　　　　　D. SELECT MONTH(NOW())；

8. 以下（　　　）能够在结果集中创建一个新列"查询用户"，并且使用 MySQL 中的当前用户来填充列值。

    A. SELECT SName,'USER'AS 查询用户 FROM Students；

    B. SELECT SName,USER()AS 查询用户 FROM Students；

    C. SELECT SName, 查询用户 FROM Students；

    D. SELECT SName,USER= 查询用户 FROM Students；

9. 假设 Users 表中有 4 行数据，Score 表中有 3 行数据，表 Score 中列 ID 引用表 Users 中列 ID，且表中数据均为有效数据，如果执行以下的语句：SELECT * FROM Users,Score WHERE Users.ID=Score.ID；，则可能返回（　　　）行数据。

    A. 0　　　　　　　B. 3　　　　　　　C. 9　　　　　　　D. 12

10. SQL 查询中使用 ORDER BY 子句指出的是（　　　）。

    A. 查询目标　　　　B. 查询结果排序　　　C. 查询视图　　　D. 查询条件

11. 查询 Student 表中的所有非空 email 信息，以下语句正确的是（　　　）。

    A. SELECT email FROM Student Where email!=null；

    B. SELECT email FROM Student Where email not is null；

    C. SELECT email FROM Student Where email<>null；

    D. SELECT email FROM Student Where email is not null；

12. SELECT 语句中使用关键字（　　　）可以限定返回数据的行数。

    A. LIMIT　　　　　B. UNION　　　　　C. ALL　　　　　D. DISTINCT

13. 在 SELECT 语句中使用 LIMIT 5 时，返回结果是（　　　）。

    A. 表中前五行数据　　　　　　　　　　B. 行编号为"5"的数据

    C. 表中前五行有空值的数据　　　　　　D. 表中第五行数据

14. 在查询结果集中将 NAME 字段显示为联系人，应该使用（　　　）语句。

    A. SELECT name FROM Customers AS ' 联系人 '；

    B. SELECT name=' 联系人 ' FROM Customers；

    C. SELECT * FROM Customers WHERE name=' 联系人 '；

    D. SELECT name ' 联系人 ' FROM Customers；

15. 用于求系统日期的函数是（　　　）。

    A. YEAR( )　　　　　　B. NOW( )　　　　　　C. COUNT( )　　　　　　D. SUM( )

二、操作题

1. 在图书馆管理系统数据库 LibraryDB 中，查询并输出罚款记录表，将罚款类型列的值用相应的文字说明（即 1—延期；2—损坏；3—丢失）。

2. 房屋信息表结构见表 5-4，现在需要查询如下信息，请编写 SQL 语句实现。

（1）房屋类型包含"一厅"的房屋信息。

（2）房主姓名为"于 * 玲"的房屋信息，其中 * 代表一个字。

（3）地理位置为"解放区"的出租屋信息。

（4）所有"一室一厅"出售房的平均面积。

表 5-4　房屋信息表 HouseInfo 结构

序号	字段名称	字段说明	类型	位数	备注
1	HouseID	序号	int		标识列, 主键
2	HouseType	房屋类型	nvarchar	30	如一室一厅等
3	Area	面积	float		房屋建筑面积
4	Landlord	房主姓名	nvarchar	20	
5	LandlordID	身份证号	nvarchar	18	房主证件号码
6	ExchangeType	交易类型	nvarchar	2	只输入"出租"或"出售"
7	LandlordTel	联系电话	varchar	20	
8	Address	地理位置	nvarchar	50	

3. 在 MySQL 数据库中，雇员信息表的结构见表 5-5，现在需要查询如下信息，请编写 SQL 语句来实现。

（1）所有男员工的平均年龄。

（2）学历为本科的员工信息。

（3）年龄超过 25 岁的员工平均工资。

（4）男、女员工最高工资和最低工资。

表 5-5　雇员信息表 Employee 结构

序号	字段名称	字段说明	类型	位数	备注
1	EmployeeID	员工号	int		自动编号, 主键
2	Name	姓名	nvarchar	50	不允许为空
3	Age	年龄	int		默认值为 0, 不允许空
4	Sex	性别	char	2	默认值为男, 不允许空
5	Educatiion	学历	nvarchar	20	
6	Job	职位	nvarchar	50	不允许空
7	Salary	薪水	money	8	默认值为 0, 不允许空

第6章
分组查询、多表查询和子查询

工作情境和任务

在"高校成绩管理系统"中存储了各类信息，如年级信息、学生基本信息、课程基本信息和每个学生的考试成绩信息等，其中学生信息表中存放了学号、姓名等信息，课程表中存储课程编号和课程名称信息，而在成绩表中存储的是学号和课程编号，没有姓名和课程名称。在实际系统使用过程中，某些应用既需要显示学号、姓名，还得显示课程名称和考试成绩，就需要将"学生信息"表、"课程"表和"成绩"表联合起来进行查询才能得到相关信息，这是多表查询。

➢ 实现分组查询。

➢ 通过多表连接获得学生成绩单。

➢ 通过子查询实现多表查询。

知识和技能目标

➢ 理解和掌握分组查询和连接查询的机制。

➢ 使用 GROUP BY 和 HAVING 子句实现分组和筛选查询。

➢ 掌握多表连接查询及应用。

➢ 掌握子查询及应用。

本章重点和难点

➢ 外连接和内连接的区别及应用场景。

➢ 灵活使用多表连接查询或者子查询解决实际问题。

在实际的信息处理中，经常需要进行分类统计，如：统计每个人的平均成绩，也就是说，首先需要对成绩表的记录按照学号来分组，然后再对每组计算平均成绩。

　　分类统计的情况在实际应用场合比较多，例如，网上书店销售系统，销售很多种类的图书，就需要分类统计不同种类图书的总数、平均价格等。这时就必须首先按照图书种类进行分类，这样就分成很多组，然后在每组的基础上分别进行汇总和统计。分组后的统计计算要利用前面学习过的聚合函数 COUNT( )、AVG( ) 等。

6.1　分组查询

　　在 SELECT 查询语句中，可以使用 GROUP BY 子句实现分组查询。GROUP BY 子句的语法格式为：

```
GROUP BY 列名1 [,列名2,…]
```

　　如果只有一列表示单列分组查询，如果需要分多列进行分组查询，则需要列出具体的列名，以分号分隔。

6.1.1　使用 GROUP BY 进行分组查询

1．单列分组查询

　　成绩表中存储了学生参加考试的成绩。现在需要统计不同科目的平均成绩，也就是说，首先需要对成绩表中的记录按照科目来分组，分组以后再针对每个组进行平均成绩计算。

　　这实际上就是分组查询的原理。分组后的统计计算要利用前面学习过的聚合函数，如 SUM( )，AVG( ) 等。

　　【演示示例❻–1】在数据库 SchoolDB 的成绩表 Result 中，统计每门课程的平均分

　　问题分析

　　①分析成绩表 Result 中的数据可以看出，成绩记录了 8 门课程的学生成绩，科目号（subjectId）分别是 1、2、3、7、8、9、13、14，此时，要统计不同科目的平均成绩。

　　②把相同的 subjectId 都分为一组，这样就将数据分成了 8 组。

　　③针对每一组使用聚合函数取平均分，这样就得到了每门科目的平均分数。

视 频 ●
演示示例6-1

　　命令代码

```
USE SchoolDB;
SELECT subjectId AS '课程编号',AVG(studentResult) AS '课程平均成绩'
    FROM Result
    GROUP BY subjectId;
```

　　代码的执行结果如图 6-1 所示。

　　补充说明

　　①在编写代码之前，需要设计好输出结果，首先是课程编号，其次是课程平均成绩。

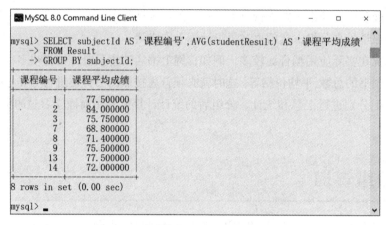

图 6-1　查询每门课程的平均成绩信息

②能否在查询中输出显示这张表中所有的学号信息？实际上是不行的。因为，学生的学号与课程不是一对一的关系，因为科目已经被"分组"了，分组后的数量减少为 8 组，而学生没有被"分组"，依然保持原来的个数。

以下代码执行的结果如图 6-2 所示。虽然也显示了学号，但是只列出了某门课程的第 1 条数据的学号，不是该课程所有学生的学号，没有实际意义。

```
SELECT studentNo AS '学号',subjectId AS '课程编号',
    AVG(studentResult) AS '课程平均成绩'
    FROM Result
    GROUP BY subjectId;
```

【演示示例⑥-2】查询每位学生的平均分，并且按照平均分由高到低的顺序排列显示

问题分析

①求每位学生的平均分，需要先按照学号分组，再使用聚合函数 AVG() 即可。

②对显示结果排序，排序的依据是平均分，即利用聚合函数 AVG() 作为排序的依据。

命令代码

```
USE SchoolDB;
SELECT studentNo AS '学号',AVG(studentResult) AS '平均成绩'
    FROM Result
    GROUP BY studentNo
    ORDER BY AVG(studentResult) DESC;
```

代码执行结果如图 6-3 所示。

补充说明

分数由高到低进行排序,需要用到 ORDER BY 子句,ORDER BY 子句需要放在 GROUP BY 子句之后,因为是对分组后的平均分进行排序。

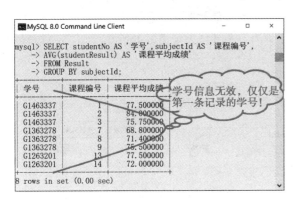

图 6-2　分组查询的输出结果

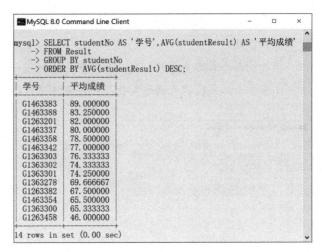

图 6-3　查询每位学生的平均分

2. 多列分组查询

在实际应用中，分组查询时还可以按照多列进行分组，比如可以按照年级统计男女生的人数，需要先按照年级分组，再按照性别分组进行统计。

【演示示例 6 -3】在学生信息表 Student 中，统计每个年级的男女生人数，按照年级编号显示

问题分析

①需要使用多列分组查询，GROUP BY 后面需要 2 列，分别是年级编号和性别，年级编号在前面，使用逗号分隔。

②排序使用 ORDER BY 子句，写在 GROUP BY 子句的后面，排序依据为年级编号。

命令代码

```
USE SchoolDB;
SELECT gradeId AS '年级',sex AS '性别',COUNT(*) AS '人数'
    FROM Student
    GROUP BY gradeId,sex
    ORDER BY gradeId;
```

代码执行结果如图 6-4 所示。

补充说明

在使用 GROUP BY 子句时，在 SELECT 列表中可以指定的列是有限制的，仅允许以下两种情况的列。

①被分组的列。

②为每个分组返回一个值的表达式，如聚合函数计算出的列。

【技能训练 6 -1】使用 GROUP BY 对 SchoolDB 的数据表进行分组查询

技能目标

①使用 GROUP BY 进行分组查询。

②灵活应用 GROUP BY 和 ORDER BY 等子句解决实际问题。

需求说明

①查询每个年级的总学时数，并按照总学时降序排列。参考结果如图 6-5 所示。

②查询参加每门课考试的人数，并按照考试人数降序排列。参考结果如图 6-6 所示。

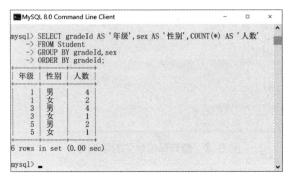

图 6-4　分年级统计男女生人数　　　图 6-5　需求 1 的参考结果图　图 6-6　需求 2 的参考结果

③查询每个年级的总人数。

④查询每个学生参加的所有考试的总分，并按照总分降序排列。参考结果如图 6-7 所示。

⑤查询每门课的最高分和最低分，并按照课程编号升序排列。参考结果如图 6-8 所示。

⑥查询每位学生所参加考试的最高分和最低分，并按照最高分降序排列。参考结果如图 6-9 所示。

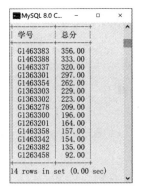

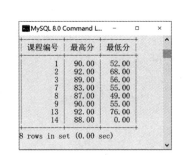

图 6-7　需求 4 的参考结果　　图 6-8　需求 5 的参考结果　　图 6-9　查询每位同学的最高
　　　　　　　　　　　　　　　　　　　　　　　　　　　　　　　　　　分和最低分

关键点分析

① SUM( )、AVG( )、COUNT( )、MAX( ) 和 MIN( ) 函数与分组结合要设计合理。

②需求 5 中，要求每门课的最高分和最低分依然是单列分组，即按照课程编号分组，需要统计两项，即最高分和最低分，可用 "MAX（studentResult）AS '最高分'，MIN（studentResult）AS '最低分'" 语句。

③需求 6 的求解思路与需求 5 相似，按照学号分组即可。

6.1.2　使用 HAVING 子句进行分组筛选

在实际应用中，有的需求还需要在分组统计的基础上进行筛选，就是对分组统计的结果进行过滤。比如，统计总分达到 200 分的学生信息。

查询 SELECT 语句中可以使用 HAVING 子句来实现分组后的筛选功能。HAVING 子句要用在 GROUP BY 子句后，用于过滤分组后的结果。与 WHERE 子句类似，不同的是 WHERE 子句是用来在 FROM 子句中选择行，而 HAVING 子句是在 GROUP BY 子句后选择行。

HAVING 和 WHERE 子句可以在同一个 SELECT 语句中一起使用，使用顺序如图 6-10 所示。

图 6-10　WHERE、GROUP BY 和 HAVING 的使用顺序

【演示示例❻ – 4】在学生信息表 Student 中，查询年级总人数超过 4 的年级编号

问题分析

①通过分组查询获取每个年级的总人数，使用 GROUP BY 子句，按照年级编号分组，使用 COUNT( ) 函数统计。

②在 GROUP BY 子句的后面使用 HAVING 子句，条件为"COUNT(*)>4"。

命令代码

```
USE SchoolDB;
SELECT gradeId AS '年级',COUNT(*) AS '人数'
    FROM Student
    GROUP BY gradeId;
SELECT gradeId AS '年级',COUNT(*) AS '人数'
    FROM Student
    GROUP BY gradeId
    HAVING COUNT(*)>4;
```

代码执行结果如图 6-11 所示。

补充说明

①使用 WHERE 子句是不能满足查询要求的。因为 WHERE 子句只能对没有分组统计前的数据进行筛选。

②用 HAVING 子句来指定筛选的条件，该子句中的条件通常是统计函数，如条件为"COUNT(*)>4"等。

【演示示例❻ –5】在成绩表 Result 中，统计每门科目及格总人数，并统计及格学生的平均分达到 80 分的课程信息，按照平均分降序显示

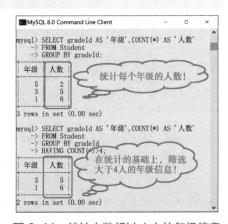

图 6-11　统计人数超过 4 人的年级信息

问题分析

①需求要求所查询的信息都是及格的信息，需要首先从数据源中将不及格的学生信息进行滤除，使用 WHERE 子句。

②对符合及格要求的数据再进行分组处理，通过分组查询获取每门课及格学生的人数和平均分。通过 GROUP BY 子句实现分组。

③在分组统计出的平均分的基础上，使用 HAVING 子句筛选出平均分达到 80 分的课程信息。

命令代码

```
USE SchoolDB;
SELECT subjectId AS '课程编号',COUNT(*) AS '及格人数',
    AVG(studentResult) AS '及格学生的平均分'
    FROM Result
    WHERE studentResult>=60
    GROUP BY subjectId
    ORDER BY AVG(studentResult) DESC;
SELECT subjectId AS '课程编号',COUNT(*) AS '及格人数',
    AVG(studentResult)AS '及格学生的平均分'
    FROM Result
    WHERE studentResult>=60
    GROUP BY subjectId
    HAVING AVG(studentResult)>=80
    ORDER BY AVG(studentResult) DESC;
```

代码执行结果如图 6-12 所示。

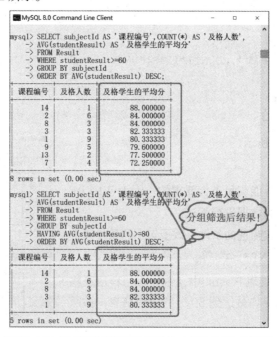

图 6-12　按照课程统计及格学生人数和平均分信息

补充说明

①本示例中使用了 WHERE 子句、GROUP BY 子句、HAVING 子句和 ORDER BY 子句，要理解它们的功能和使用顺序。

②在所有子句中，ORDER BY 子句一般都在最后，因为是用于对查询最后结果的显示排序。

【技能训练 ⑥ –2】使用 HAVING 对 SchoolDB 的数据表进行分组筛选

技能目标

①灵活使用 GROUP BY 进行分组查询。

②应用 HAVING 子句对分组统计后的结果进行筛选。

③灵活应用 WHERE 子句、GROUP BY 子句、HAVING 子句和 ORDER BY 子句解决实际问题。

需求说明

①查询年级总学时超过 50 的课程数。查询结果如图 6–13 所示。

②查询每年级学生的平均年龄，年龄的计算精确到年份，不考虑月和日的信息。查询结果如图 6–14 所示。

③查询安徽地区的每年级学生人数。查询结果如图 6–15 所示。

　　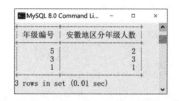

图 6-13　需求 1 查询参考结果　图 6-14　需求 2 查询参考结果　图 6-15　需求 3 查询参考结果

④查询参加考试的学生中，平均分及格的学生记录，并按照成绩降序排列。查询结果如图 6–16 所示。

⑤查询考试日期为 2019 年 11 月 20 日的科目的及格平均分（排除不及格的成绩后求平均分）。查询结果如图 6–17 所示。

⑥查询至少一次考试不及格的学生学号、不及格次数。查询结果如图 6–18 所示。

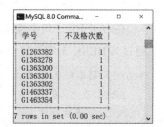

图 6-16　需求 4 查询参考结果　　图 6-17　需求 5 查询参考结果　　图 6-18　需求 6 查询参考结果

⑦在学生成绩表中,查询有两次及以上分数不低于 85 的学生的学号。查询结果如图 6-19 所示。

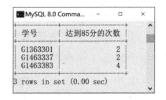

关键点分析

①需求 2 中,学生年龄的计算,只需要精确到年份,就只需要用当年的年份减出生日期的年份即可。表达式为:"YEAR(NOW( ))–YEAR (bornDate)"。

图 6-19 需求 7 查询参考结果

②需求 6 中至少一次不及格的信息,首先用 WHERE 进行不及格的条件限定,然后根据学号分组获取所需信息。

补充说明

在 SELECT 语句中,WHERE、GROUP BY、HAVING 和 ORDER BY 子句和聚合函数的执行次序和功能如下:

① WHERE 子句从数据源中去掉不符合其搜索条件的数据。

② GROUP BY 子句搜集数据行到各个组中。

③统计函数为各个组计算统计值。

④ HAVING 子句去掉不符合其组搜索条件的各组数据行。

⑤ ORDER BY 子句对最后的结果进行显示排序。

6.2 多表查询

在实际应用中,很多查询需要的数据要来源于多张表,比如查询学生成绩可以通过学生表 Result 实现,但如果需要在查询成绩的结果中显示学生姓名和课程名称时,就涉及学生信息表 Student 和课程表 Subject。

在 MySQL 数据库中,查询命令 SELECT 支持多表连接查询,分为内连接查询和外连接查询。

6.2.1 内连接查询

内连接查询是最典型、最常用的连接查询,它根据表中共同的列进行匹配。特别是两张表存在主外键关系时通常会使用内连接查询。

MySQL 数据库中,内连接查询可以通过两种方式实现,一种是在 FROM 子句中使用 INNER JOIN…ON 关键字,另一种是在 WHERE 子句中设置连接条件。

1. 在WHERE子句中指定连接条件

通过 WHERE 子句设置连接条件的多表查询语句语法格式如下:

```
SELECT 显示列表
    FROM 表 1, 表 2 [,…]
    WHERE 连接条件;
```

①将查询需要数据所在的数据表分别列在 FROM 子句后面,表名之间用逗号分隔。

②将表与表之间连接的条件作为 WHERE 子句的条件表达式。

【演示示例❻–6】在 SchoolDB 数据库中，查询学生的成绩，要求显示学号、姓名、课程编号和成绩等信息，按照学号升序排列

视频 ●┈┈┈┈┈

演示示例6–6

问题分析

①成绩表 Result 中有学号、课程编号和成绩，学生姓名在学生信息表 Student 中，因此该查询需要用到的数据来源于两张表，需要连接查询。

②学生信息表 Student 和成绩表 Result 之间存在主外键约束，即成绩表中的学号列引用了学生信息表的学号列，因此连接条件为两张表的学号相等。

③由于表 Student 和 Result 中学号列的名称都是"studentNo"，为了区别，需要在列名的前面加上表的名称，并使用点"."作为连接符。如"Student.studentNo"和"Result.studentNo"

命令代码

```
USE SchoolDB;
SELECT Student.studentNo AS '学号',Student.studentName AS '姓名',
    Result.subjectId AS '课程编号',Result.studentResult AS '成绩'
    FROM Student,Result
    WHERE Student.studentNo=Result.studentNo
    ORDER BY Student.studentNo;
```

代码执行结果如图 6–20 所示。

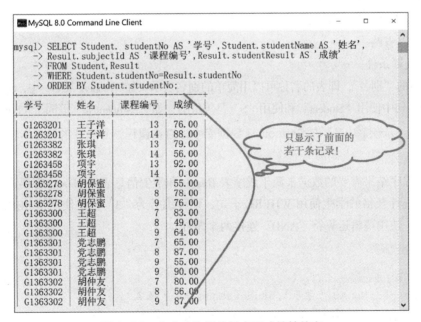

图 6–20　多表查询学生姓名和成绩等信息

补充说明

只有当多表中存在相同名称的列时，需要使用"表名 . 列名"来区别，如果列名不相同可以像单表查询一样，直接使用列名，如上面的代码中，姓名、课程编号和成绩列都是唯一的，不需要加上表名。

代码可以修改如下：

```
SELECT Student.studentNo AS '学号',studentName AS '姓名',
    subjectId AS '课程编号',studentResult AS '成绩'
    FROM Student,Result
    WHERE Student.studentNo=Result.studentNo
    ORDER BY Student.studentNo;
```

2. 在FROM子句中使用INNER JOIN…ON关键字

通过 FROM 子句使用 INNER JOIN…ON 关键字的多表查询语句语法格式如下：

```
SELECT 显示列表
    FROM 表1 INNER JOIN 表2
    ON(连接条件);
```

演示示例 6-6 可以通过 INNER JOIN…ON 关键字实现。

```
SELECT S.studentNoAS '学号',studentName AS '姓名',
    subjectId AS '课程编号',studentResult AS '成绩'
    FROM Student AS S INNER JOIN Result AS R
    ON (S.StudentNo=R.StudentNo)
    ODRER BY S.StudentNo;
```

在上面的内连接查询代码中：

① INNER JOIN 用来连接两个表。

② INNER 可以省略。

③ ON 用来设置条件。

④ AS 指定表的"别名"，即表的名称可以用简单的别名表示，如 "Student AS S" 中，S 表示 Student 表的别名，在当前的语句中使用 "Student" 和使用 "S" 是等价的，如 "S.studentNo" 等同于 "Student.studentNo"。

视 频

演示示例6-7

【演示示例❻–7】在 SchoolDB 数据库中，查询课程编号为 3 的及格学生的姓名和分数

问题分析

①程序结果需要的数据来源于成绩表 Result 和学生信息表 Student，需要连接查询。

②统计及格的学生使用 WHERE 子句，课程编号为 "3" 也是使用 WHERE 子句，采用组合条件，使用逻辑运算符 "AND" 连接两个条件。

命令代码

```
USE SchoolDB;
SELECT S.studentNo AS '学号',studentName AS '姓名',
    subjectId AS '课程编号',studentResult AS '成绩'
    FROM Student AS S INNER JOIN Result AS R
    ON (S.StudentNo=R.StudentNo)
    WHERE SubjectId=3;
SELECT S.studentNo AS '学号',studentName AS '姓名',
    subjectId AS '课程编号',studentResult AS '成绩'
```

第6章 分组查询、多表查询和子查询 139

```
FROM Student AS S INNER JOIN Result AS R
ON(S.StudentNo=R.StudentNo)
WHERE StudentResult>=60 AND SubjectId=3;
```

代码执行结果如图 6-21 所示。

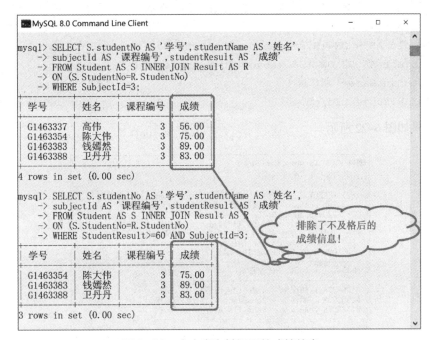

图 6-21　多表查询某门课的成绩信息

补充说明

当查询的条件比较多时，建议先使用一个条件，查看一个条件的结果，再增加一个条件，和之前的结果作对比，更容易理解查询条件的含义和应用。如本演示示例先查看"3"号课程所有的成绩信息，再查看"3"号课程及格学生的信息。

3. 3张表及更多表的查询

内连接查询不仅可以连接两个表，还可以实现涉及 3 个表或者更多表，查询更多需要的信息。

实现的方式和两张表连接查询的方式相同，在 FROM 子句中增加需要的表名，或者在 WHERE 中增加需要的连接条件。

【演示示例 6 –8】在 SchoolDB 数据库中，查询"胡保蜜"同学的成绩，显示学号、姓名、课程名称和考试成绩，按照课程编号升序排序

问题分析

①程序结果需要的数据不仅来源于成绩表 Result 和学生信息表 Student，需要连接查询，还需要课程名称，因此还需要课程表 Subject。

②涉及 3 张表的查询，连接条件至少需要两个，先将 Result 表和 Student 表连接，连接条件是学号相等，再继续和 Subject 表连接，连接条件是课程编号相等。

视频 ●

演示示例6-8

③排序通过 ORDER BY 子句实现。

命令代码

```
USE SchoolDB;
SELECT S.studentNo AS '学号',studentName AS '姓名',
    subjectName AS '课程名',studentResult AS '成绩'
    FROM Student AS S
    JOIN Result AS R ON (S.studentNo=R.studentNo)
    JOIN Subject AS SJ ON (SJ.subjectId=R.subjectId)
    WHERE studentName='胡保蜜'
    ORDER BY R.subjectId;
```

代码执行结果如图 6-22 所示。

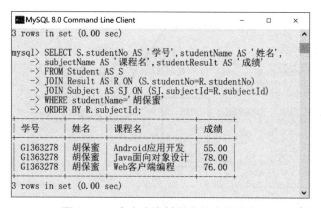

图 6-22　多表查询某学生的成绩信息

补充说明

①本演示示例中的 3 张表在连接顺序上有要求，不可以将 Student 表和 Subject 表先连接，因为这两张表之间没有含义相同的字段，找不到连接条件。

②在 WHERE 子句中通过设置连接条件同样可以实现，代码如下：

```
SELECT S.studentNo AS '学号',studentName AS '姓名',
    subjectName AS '课程名',studentResult AS '成绩'
    FROM Student AS S,Result AS R,Subject AS SJ
    WHERE S.studentNo=R.studentNo AND SJ.subjectId=R.subjectId
    AND studentName='胡保蜜'
    ORDER BY R.subjectId;
```

代码中，WHERE 子句后有 3 个条件，一个用于指定学生姓名，两个用于 3 张表连接，使用逻辑运算符"AND"连接。

【技能训练❻-3】使用内连接对 SchoolDB 的数据表进行多表查询

技能目标

①掌握两张表和 3 张表的内连接查询的机制和实现方式。

②灵活应用 INNER JOIN…ON 实现多表查询。

③灵活应用 WHERE 子句设置连接条件，实现多表查询，并能实现数据筛选条件与表间连接条件的合理搭配。

需求说明

①以下所有查询均需要使用 INNER JOIN…ON 和 WHERE 两种方式实现。

②查询 "S1" 年级开设课程的课程名称及学时。查询结果如图 6-23 所示。

科目名称	学期	学时
C语言程序设计	S1	64
大学英语	S1	96
图形图像处理	S1	64

3 rows in set (0.01 sec)

图 6-23 需求 2 查询参考结果

③查询学生姓名、学期及电话。查询结果如图 6-24 所示。

④查询参加课程编号为 1 的课程考试的学生姓名、分数、考试日期。查询结果如图 6-25 所示。

姓名	学期	电话
王子洋	S5	18655290000
张琪	S5	15678090000
项宇	S5	18298000000
胡保蜜	S3	18965000000
王超	S3	18123560000
党志鹏	S3	15876550000
胡仲友	S3	15032450000
朱晓燕	S3	15155670000
高伟	S1	18390870000
胡俊文	S1	13976870000
陈大伟	S1	15067340000
温海南	S1	18028760000
钱嫣然	S1	18656430000
卫丹丹	S1	15134870000

图 6-24 需求 3 查询参考结果

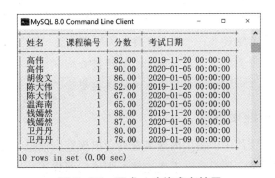

姓名	课程编号	分数	考试日期
高伟	1	82.00	2019-11-20 00:00:00
高伟	1	90.00	2020-01-05 00:00:00
胡俊文	1	86.00	2020-01-05 00:00:00
陈大伟	1	52.00	2019-11-20 00:00:00
陈大伟	1	67.00	2020-01-05 00:00:00
温海南	1	65.00	2020-01-05 00:00:00
钱嫣然	1	88.00	2019-11-20 00:00:00
钱嫣然	1	87.00	2020-01-05 00:00:00
卫丹丹	1	80.00	2019-11-20 00:00:00
卫丹丹	1	78.00	2020-01-09 00:00:00

10 rows in set (0.00 sec)

图 6-25 需求 4 查询参考结果

⑤查询学号为 "G1263458" 的学生参加的考试科目名称、分数和考试日期。查询结果如图 6-26 所示。

⑥查询所有考试成绩达到 90 分的成绩信息，显示学生学号、科目名称、分数和考试日期。查询结果如图 6-27 所示。

学号	科目名称	分数	考试日期
G1263458	软件测试技术	92.00	2019-11-15 00:00:00
G1263458	Linux操作系统	0.00	2019-11-16 00:00:00

2 rows in set (0.00 sec)

图 6-26 需求 5 查询参考结果

学号	科目名称	分数	考试日期
G1263458	软件测试技术	92.00	2019-11-15 00:00:00
G1363301	Web客户端编程	90.00	2020-01-06 00:00:00
G1463337	C语言程序设计	90.00	2020-01-05 00:00:00
G1463337	大学英语	92.00	2019-01-08 00:00:00
G1463358	大学英语	92.00	2020-01-07 00:00:00
G1463383	大学英语	92.00	2020-01-07 00:00:00
G1463388	大学英语	92.00	2020-01-07 00:00:00

7 rows in set (0.00 sec)

图 6-27 需求 6 查询参考结果

⑦查询所有考试成绩不及格学生的信息，显示学号、姓名、科目名称及成绩。查询结果如图 6-28 所示。

⑧查询参加 "C 语言程序设计" 考试的学生信息，显示学号、姓名、科目名称、成绩、考试日期。查询结果如图 6-29 所示。

图 6-28　需求 7 查询参考结果

图 6-29　需求 8 查询参考结果

关键点分析

①需求 2 的年级名称可以从年级表 Grade 中获取，科目名称及学时从科目表 Subject 中获取，而科目表 Subject 中存在年级编号 gradeId，通过 gradeId 连接这两张表即可获取所需信息，核心代码如下。

```
SELECT…FROM Subject AS J
    INNER JOIN Grade AS G ON J.gradeId=G.gradeId…
```

②需求 2 中还有一个限定条件：年级名称为 "S1"，使用 WHERE 子句进行限定即可。

③需求 2 到需求 6 都是两张表的连接查询。

④需求 7 和需求 8 涉及 3 张表的连接查询，注意连接条件的设计与组合。

6.2.2　外连接查询

在实际应用中，使用内连接查询会出现查询信息不完整的情况。比如，查询所有课程的考试成绩情况时，如果某门课没有被学生选修，则该门课程不会出现在查询结果中，如果需要查询未被选修的课程信息，通过内连接查询很难实现。针对类似的需求，通过外连接查询可以实现。

外连接查询与内连接查询最大的不同点在于，外连接查询中参与连接的表有主从之分，以主表的每行数据匹配从表的数据列，将符合连接条件的数据直接返回到结果集中，对于那些不符合连接条件的列，将被填上 NULL 值（空值）后再返回到结果集中。

外连接包括左外连接（LEFT OUTER JOIN）、右外连接（RIGHT OUTER JOIN）。其中 OUTER 关键字可以省略。

（1）左外连接

结果表中除了匹配行外（即与内连接查询结果相同的部分），还包括左表中有但右表中不匹配的行，对于这样的行，将从右表选择列的列值设置为 NULL。

（2）右外连接

结果表中除了匹配行外（即与内连接查询结果相同的部分），还包括右表中有但左表中不匹配的行，对于这样的行，将从左表中选择列的列值设置为 NULL。

1. 左外连接查询

查询结果包括第一个命名表（"左"表，出现在 JOIN 子句的最左边）中的所有行。不包括右表中的不匹配行。

代表的连接条件和方式与内连接相同，主要体现在查询的结果集不同。

【演示示例 **6** –9】在 SchoolDB 数据库中，要统计所有课程的选修情况及成绩信息。如果在成绩表 Result 中有成绩，则表示该同学选修了该门课，如果某门课在成绩表 Result 中一条记录都没有，则表示无人选修该课程，对应课程的学号和成绩显示为 NULL

视 频

演示示例6-9

问题分析

①由于要统计所有课程的信息，包括没有学生选修的课程，必须使用外连接查询才能实现。

②使用左外连接，左表为主表，即课程表 Subject，成绩表 Result 在右表。

命令代码

```
USE SchoolDB;
SELECT J.subjectId AS '课程编号',SubjectName AS '课程名称',
    StudentNo AS '学号',StudentResult AS '分数'
    FROM Subject AS J
    LEFT JOIN Result AS R ON J.subjectId=R.subjectId;
```

代码执行结果如图 6-30 所示。

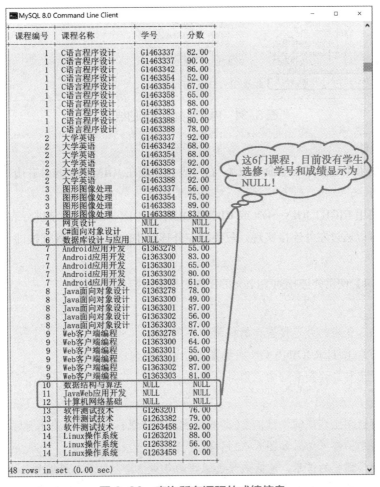

图 6-30　查询所有课程的成绩信息

补充说明

①查询结果共 48 条，包括了有匹配值的 42 行，还包含了成绩表中无匹配的行，即表示成绩表中没有该课程的成绩信息，学号和成绩都显示为"NULL"。

②如果使用内连接查询，则只有匹配的 42 行，参考代码如下：

```
SELECT J.subjectId AS '课程编号',SubjectName AS '课程名称',
    StudentNo AS '学号',StudentResult AS '分数'
    FROM Subject AS J
    INNER JOIN Result AS R  ON J.subjectId=R.subjectId
    ORDER BY J.subjectId;
```

代码执行结果如图 6-31 所示。

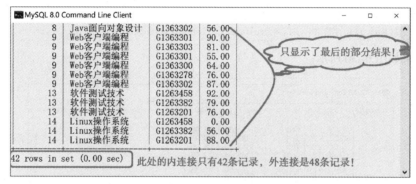

图 6-31　内连接查询显示的结果

2. 右外连接查询

右外连接查询结果中包括第二个命名表（"右"表，出现在 JOIN 子句的最右边）中的所有行。不包括左表中的不匹配行。

右外连接查询使用 RIGHT JOIN…ON 或 RIGHT OUTER JOIN…ON 关键字进行表之间的关联。

右外连接查询可以通过左外连接实现，只要将左外连接中的两张表位置互换即可实现右外连接的效果。

【技能训练❻－4】使用外连接对 SchoolDB 的数据表进行多表查询

技能目标

①掌握两张表和 3 张表的外连接查询的机制和实现方式。

②灵活应用 LEFT OUTER JOIN…ON 实现多表外连接查询。

③掌握内连接查询和外连接查询的区别与应用。

需求说明

①查询所有没有被学生选修的课程信息(即成绩表没有该课程的成绩信息)，显示课程编号、课程名称、学时和年级编号等信息。参考结果如图 6-32 所示。

②查询每学年开设课程的信息，包括未开设课程的年级信息，显示年级编号、年级名称、课程编号、课程名称和学时。参考结果如图 6-33 所示。

MySQL 8.0 Command Line Client

课程编号	课程名称	学时	年级编号	学号
4	网页设计	64	2	NULL
5	C#面向对象设计	64	2	NULL
6	数据库设计与应用	96	2	NULL
10	数据结构与算法	64	4	NULL
11	JavaWeb应用开发	64	4	NULL
12	计算机网络基础	64	4	NULL

6 rows in set (0.00 sec)

图6-32 需求1查询参考结果

MySQL 8.0 Command Line Client

年级编号	年级名称	课程编号	课程名称	学时
1	S1	1	C语言程序设计	64
1	S1	2	大学英语	96
1	S1	3	图形图像处理	64
2	S2	4	网页设计	64
2	S2	5	C#面向对象设计	64
2	S2	6	数据库设计与应用	96
3	S3	7	Android应用开发	64
3	S3	8	Java面向对象设计	64
3	S3	9	Web客户端编程	64
4	S4	10	数据结构与算法	64
4	S4	11	JavaWeb应用开发	64
4	S4	12	计算机网络基础	64
5	S5	13	软件测试技术	32
5	S5	14	Linux操作系统	32
6	S6	NULL	NULL	NULL

15 rows in set (0.00 sec)

图6-33 需求2查询参考结果

MySQL 8.0 Comm...

年级	学号	姓名
S1	G1463337	高伟
S1	G1463342	胡俊文
S1	G1463354	陈大伟
S1	G1463358	温海南
S1	G1463383	钱嫣然
S1	G1463388	卫丹丹
S2	NULL	NULL
S3	G1363278	胡保蜜
S3	G1363300	王超
S3	G1363301	党志鹏
S3	G1363302	胡仲友
S3	G1363303	朱晓燕
S4	NULL	NULL
S5	G1263201	王子洋
S5	G1263382	张琪
S5	G1263458	项宇
S6	NULL	NULL

17 rows in set (0.00 sec)

图6-34 需求3查询参考结果

③查询所有年级对应的学生信息（某些年级可能还没有学生就读），显示年级、学号和姓名等信息。参考结果如图6-34所示。

关键点分析

①根据需求1的思路，使用外连接，在成绩表中没有的课程考试记录信息即表示没有学生选修该课程。只需要显示未被选修的课程信息，使用WHERE子句，条件为“studentNo IS NULL”。

②根据数据库SchoolDB各表之间的关系和具体需求，建议都使用左外连接实现。

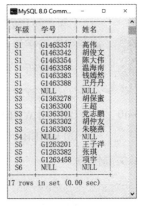

6.3 子查询

可以将查询的结果直接用于WHERE子句，这种查询称为子查询。

子查询也是一个SELECT查询，它返回值且嵌套在SELECT、INSERT、UPDATE、DELETE语句或其他子查询中。任何允许使用表达式的地方都可以使用子查询。子查询又称内部查询或内部选择，而包含子查询的语句又称外部查询或外部选择。

子查询能够将比较复杂的查询分解为几个简单的查询。而且子查询可以嵌套，嵌套查询的过程是：首先执行内部查询，它查询出来的数据并不被显示出来，而是传递给外层语句，并作为外层语句的查询条件来使用。

6.3.1 简单子查询

子查询在WHERE语句中的一般语法如下：

```
SELECT…FROM 表1
  WHERE 字段名比较运算符（子查询）
```

其中：

①子查询语句必须放置在一对圆括号内。

②在字段名后面的运算符除可以是">""<"等比较运算符，还可以使用其他运算符号。

③习惯上，外面的查询称为父查询，圆括号中嵌入的查询称为子查询。先执行子查询部分，求出子查询部分的值，再执行整个父查询，返回最后的结果。

④因为子查询作为 WHERE 条件的一部分，所以还可以和 UPDATE、INSERT、DELETE 一起使用，语法类似于 SELECT 语句。

⑤如果将子查询和比较运算符联合使用，必须保证子查询返回的值不能多于一个，可以为空。

1．子查询的简单应用

在单表查询中，将一个查询结果作为另一个查询条件的一部分，即在 WHERE 子句中使用另一个查询的结果为条件的一部分。

● 视 频

演示示例6-10

【演示示例❻–10】在学生信息表 Student 中，查询年龄比"党志鹏"小的学生，并显示这些学生的学号、姓名、性别和出生年月等信息

问题分析

①首先查找得到"党志鹏"同学的出生日期。

②利用 WHERE 语句筛选出比"党志鹏"出生日期大的学生。

③ WHERE 子句的条件是出生日期的比较，如"BornDate>（子查询）"。

关键代码

```
SELECT studentNo AS '学号',studentName AS '姓名',
    sex AS '性别',bornDate AS '出生日期'
    FROM Student
    WHERE studentName='党志鹏';
SELECT studentNo AS '学号',studentName AS '姓名',
    sex AS '性别',bornDate AS '出生日期'
    FROM Student
    WHERE bornDate>
    (SELECT bornDate FROM Student WHERE studentName='党志鹏');
```

代码的运行结果如图 6-35 所示。

补充说明

①先通过一个查询得到"党志鹏"同学的出生日期，便于对子查询的结果进行验证。

②使用比较运算符">"，要求子查询的结果最多只能有 1 个。但是可以为空，本演示示例如果把子查询写成了如下代码，则最后的返回结果为空，因为在学生信息表中没有叫"王忧草"的同学。

```
WHERE bornDate>(SELECT bornDate FROM Student WHERE studentName='王忧草')
```

2．使用子查询替换表连接

子查询可以在单表内查询，也可以实现单表连接查询，且在某些应用中还可以替换多表连接（JOIN）查询。

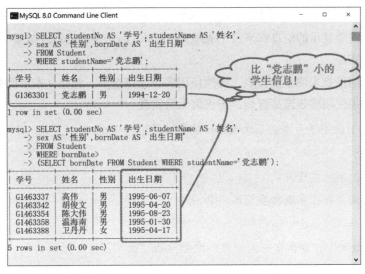

图 6-35　查询比"党志鹏"年龄小的学生

【演示示例⑥-11】使用子查询在数据库 SchoolDB 中，查询"大学英语"课程的考试成绩情况，显示课程编号、学号、成绩和考试日期

问题分析

①查询 Subject 表，获得"大学英语"课程的课程编号。

②根据课程编号，查询 Result 表中的成绩信息。

命令代码

```
USE SchoolDB;
SELECT studentNo AS '学号',subjectId AS '课程编号',
    studentResult AS '成绩',examDate AS '考试日期'
    FROM Result
    WHERE subjectId=
    (SELECT subjectId FROM Subject WHERE subjectName='大学英语');
```

代码运行结果如图 6-36 所示。

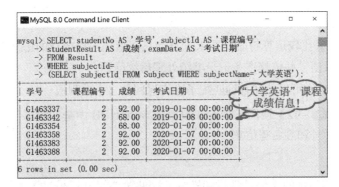

图 6-36　通过子查询查询"大学英语"课程成绩信息

补充说明

①本演示示例中需要显示的信息都来源于成绩表 Result，而子查询的最终结果一般只来源于一张表，因此通过子查询可以实现。

②如果需要显示的信息来源于多张表，必须使用多表连接查询。例如，本示例如果需要同时显示课程名称和成绩，就必须使用多表连接查询，子查询无法实现。

【技能训练 ❻ –5】使用子查询对 SchoolDB 的数据表进行查询

技能目标

①理解子查询的机制及实现方式。

②灵活应用子查询实现在单表和多表间的查询。

需求说明

使用子查询在 SchoolDB 数据库中查询参加最近一次 "大学英语" 考试的最高分和最低分。参考结果如图 6–37 所示。

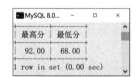

关键点分析

①查询获得大学英语科目的科目编号。

②查询获得大学英语科目最近一次的考试日期，使用 MAX( ) 函数对 "大学英语" 课程的考试日期进行统计。

图 6–37　使用子查询查询 "大学英语" 课程的最高分和最低分

③根据科目编号查询考试成绩的最高分和最低分。

④查询最近一次大学英语课程考试日期的子查询部分的代码如下：

```
ExamDate=(
    SELECT MAX(examDate) FROM Result
      WHERE subjectId=(
      SELECT subjectId FROM Subject
      WHERE subjectName=' 大学英语 '));
```

补充说明

一般来说，表连接都可以采用子查询替换，但反过来却不一定，有的子查询不能用表连接来替换。子查询比较灵活、方便、形式多样，适合作为查询的筛选条件，而表连接更适合用于查看多表的数据。

6.3.2　IN 子查询

在使用 "=、>、<" 等比较运算符时，要求子查询只能返回一条或空的记录。在实际应用中，有的要求子查询返回多条记录值，并依赖多条记录继续处理后续问题。

使用 IN 关键字可以使父查询匹配子查询返回的多个单列值。

视　频

演示示例6–12

【演示示例 ❻ –12】使用子查询在数据库 SchoolDB 中查询学习了 "大学英语" 课程的学生信息，显示学号和姓名等信息

问题分析

①最后需要显示的结果是学号和姓名，因此第一级查询是对学生信息表 Student 进行，以

学号为查询条件。代码如下：

```
SELECT studentNo AS '学号',studentName AS '姓名'
   FROM Student
   WHERE studentNo IN(子查询)
```

②继续二级查询，以课程编号为查询条件，在成绩表 Result 中查询获得学号信息，参考代码如下：

```
SELECT studentNo FROM Result
   WHERE subjectId=(子查询)
```

③继续三级查询，以课程名称"大学英语"为查询条件，在课程表 Subject 中查询得到课程编号值，参考代码如下：

```
SELECT subjectId FROM Subject
   WHERE subjectName='大学英语'
```

命令代码

```
USE SchoolDB;
SELECT studentNo AS '学号',studentName AS '姓名'
   FROM Student
   WHERE studentNo IN(
     SELECT studentNo FROM Result
     WHERE subjectId=(
       SELECT subjectId FROM Subject
       WHERE subjectName='大学英语'));
```

代码运行结果如图 6-38 所示。

补充说明

由于"大学英语"课程在课程表中只有一条记录，因此二级查询中可以使用"="连接，否则也必须使用"IN"连接。

【技能训练❻-6】使用 IN 子查询对 SchoolDB 的数据表进行查询

技能目标

①理解 IN 子查询的机制及实现方式。

②应用 IN 子查询解决多值查询问题。

需求说明

在 SchoolDB 数据库中，使用 IN 子查询统计未学习"大学英语"课程的学生信息，显示学号和姓名等信息。参考结果如图 6-39 所示。

关键点分析

①基本步骤与演示示例 6-12 相似。

②由于要查询的是未学习"大学英语"课程的学生，因此将"IN"修改为"NOT IN"即可。

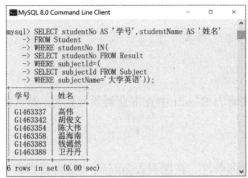

图6-38　通过子查询来查找学习了某门课程的学生信息　　图6-39　查询未学习某门课程的学生信息

6.3.3　EXISTS 子查询

EXISTS 关键字用于检测数据是否存在。

EXISTS 语句在学习创建数据库和创建表的语句时曾使用过，是一个检测是否存在的子查询语句。

如果子查询的结果非空，则 EXISTS（子查询）将返回真（TRUE），否则返回假（FALSE）。

【演示示例❻–13】在 SchoolDB 数据库中，根据"C 语言程序设计"课程考试的成绩情况对成绩进行必要处理。如果存在不及格的情况，则为该课程每人加 5 分；如果加分后超过 100 分的学生不得加分

视　频

演示示例6–13

问题分析

①在课程表 Subject 中查询"C 语言程序设计"课程的课程编号。

②根据课程编号在成绩表 Result 中查询不及格学生的学号。

③如果存在不及格学生的学号，则用 UPDATE 语句更新成绩，为该课程每人加 5 分。

④更新的条件中需要增加加分前成绩不大于 95 的条件。

⑤为了保护好原表的数据，将成绩表 Result 的数据复制到新表 Result91 中，然后对表 Result91 做更新。

命令代码

```
USE SchoolDB;
CREATE TABLE Result91 AS (SELECT * FROM Result);
SELECT studentNo AS '学号',subjectId AS '课程编号',
    studentResult AS '成绩',examDate AS '考试日期'
    FROM Result91
    WHERE subjectId=
      (SELECT subjectId FROM Subject
      WHERE subjectName='C 语言程序设计');
UPDATE Result91 SET studentResult=studentResult+5
    WHERE subjectId=
```

```
    (SELECT subjectId FROM Subject
      WHERE subjectName='C 语言程序设计 ')
    AND EXISTS(
        SELECT * FROM Result91
          WHERE studentResult<60 AND subjectId=
            (SELECT subjectId FROM Subject
              WHERE subjectName='C 语言程序设计 '))
    AND StudentResult<=95;
SELECT studentNo AS '学号',subjectId AS '课程编号',
    studentResult AS '成绩',examDate AS '考试日期'
    FROM Result91
    WHERE subjectId=
      (SELECT subjectId FROM Subject
      WHERE subjectName='C 语言程序设计 ');
```

代码运行结果如图 6-40 所示。

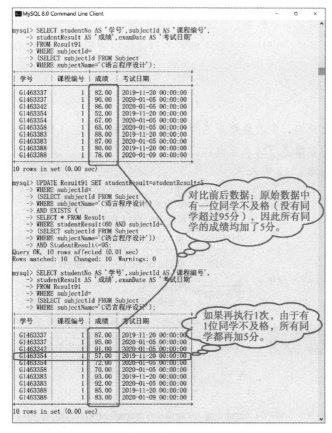

图 6-40　通过子查询处理某门课程的成绩

补充说明

①图 6-40 所示的结果是执行一次后结果，如果再执行第二次，由于还有一位同学不及格，也没有同学超过 95 分，将继续为每位同学再加 5 分。

②如果再执行第 3 次（第 4 次），由于没有同学不及格了，所有同学的成绩也就不再更新了。

【技能训练❻–7】使用 EXISTS 子查询对 SchoolDB 的数据表进行查询

技能目标

①理解 EXISTS 子查询的机制及实现方式。

②灵活应用多个子查询解决实际问题。

需求说明

在 SchoolDB 数据库中，使用 EXISTS 子查询来统计"C 语言程序设计"课程是否有 80 分及以上的学生，如果有则显示成绩前 5 名学生的学号、课程编号、成绩和考试日期。参考结果如图 6-41 所示。

| MySQL 8.0 Command Line Client | – □ × |
学号	课程编号	成绩	考试日期
G1463337	1	90.00	2020-01-05 00:00:00
G1463383	1	88.00	2019-11-20 00:00:00
G1463383	1	87.00	2020-01-05 00:00:00
G1463342	1	86.00	2020-01-05 00:00:00
G1463337	1	82.00	2019-11-20 00:00:00

5 rows in set (0.00 sec)

图 6-41　需求参考结果

关键点分析

①子查询的思路与演示示例 6-13 相似，将成绩条件修改为"studentResult>=80"即可。

②只需要做查询，不需要更新数据。

③前五名的处理方式是先对查询结果降序排序，再在排序的后面使用"LIMIT 5"子句即可。

▌ 小结

本章主要介绍了分组查询、多表连接查询和子查询的机制，实现了通过多表的内连接、外连接和多种子查询来对数据库中的数据进行综合查询和应用。

本章知识技能结构如图 6-42 所示。

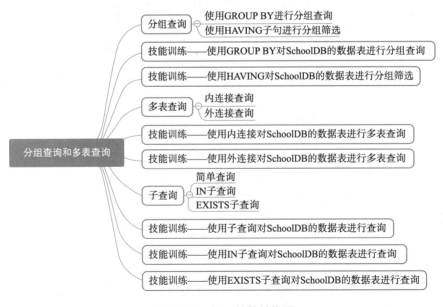

图 6-42　知识技能结构图

▌ 习题

一、选择题

1. 设 Students 表有三列 Number1、Number2、Number3，并且都是整数类型，则以下（　　）查询语句能按照 Number2 列进行分组，并在每一组中取 Number3 的平均值。

  A.　SELECT AVG(Number3) FROM Students ;

  B.　SELECT AVG(Number3) FROM Students ORDER BY Number2;

  C.　SELECT AVG(Number3) FROM Students GROUP BY Number2;

  D.　SELECT AVG(Number3) FROM Students GROUP BY Number3,Number2;

2. 假设 Sales 表用于存储销售信息，SName 列为销售人员姓名、SMoney 列为销售额度，现在要查询每个销售人员的销售次数、销售总金额，则以下（　　）查询语句的执行结果能得到这些信息。

  A.　SELECT SName,SUM(SMoney),COUNT(SName) FROM Sales GROUP BY SName ;

  B.　SELECT SName,SUM(SMoney) FROM Sales ;

  C.　SELECT SName,SUM(SMoney) FROM Sales GROUP BY SName ORDER BY SName ;

  D.　SELECT SUM(SMoney) FROM Sales GROUP BY SName ORDER BY SName ;

3. 在 MySQL 数据库中，已经建立学生表子表,包含（"班级编号"和"学号"字段）和班级表主表,包含（"班级编号"字段），要查询每个班级的学生人数，则以下查询语句中正确的是（　　）。

  A.　SELECT 班级编号 ,COUNT(学号) FROM 学生表 GROUP BY 班级编号 ;

  B.　SELECT 班级编号 ,MAX(学号) FROM 学生表 GROUP BY 班级编号 ;

  C.　SELECT 班级编号 ,COUNT(学号) FROM 学生表 ORDER BY 班级编号 ;

  D.　SELECT 班级编号 ,学号 FROM 学生表 GROUP BY 班级编号 ;

4. 在 MySQL 数据库中，执行如下 SQL 语句将返回（　　）。

SELECT ＊FROM Item AS A LEFT JOIN OrderDetails AS B ON A.Icode=B.ItemCode;

  A.　Item 表和 OrderDetails 表中的相关记录，以及 Item 表中其余的不相关记录

  B.　Item 表和 OrderDetails 表中的相关记录

  C.　Item 表和 OrderDetails 表中的相关记录，以及 OrderDetails 表中其余的不相关记录

  D.　提示语法错误

5. 在 MySQL 数据库中，可以得到和以下语句相同结果的查询语句是（　　）。

```
SELECT Students.SName,Score.CourseID,Score.Score
    FROM Students,Score
    WHERE Students.Scode=Score.StudentID;
```

  A.　SELECT S.SName,C.CourseID,C.Score

    FROM Students AS S JOIN Score AS C ON(S.SCode=C.StudentID) ;

  B.　SELECT S.SName,C.CourseID,C.Score

    FROM Score AS C JOIN Students AS S ON(C.SCode=S.StudentID) ;

C. SELECT S.SName,C.CourseID,C.Score

FROM Score AS C RIGHT JOIN Students AS S ON(S.SCode=C.StudentID) ;

D. SELECT S.SName,C.CourseID,C.Score

FROM Students AS S LEFT JOIN Score AS C ON(S.SCode=C.StudentID) ;

6. SQL 的聚合函数 COUNT、SUM、AVG、MAX、MIN 不允许出现在查询语句的（　　　）子句之中。

A. SELECT　　　　　B. HAVING　　　　C. GROUP BY HAVING　　D. WHERE

7. 设 ABC 表有三列（A、B、C 列），并且列值都是整数数据类型，则以下查询语句能按照 B 进行分组，在每一组中取 C 的平均值的是（　　　）。

A. SELECT AVG(C) FROM ABC ;

B. SELECT AVG(C) FROM ABC ORDER BY B ;

C. SELECT AVG(C) FROM ABC GROUP BY B ;

D. SELECT AVG(C) FROM ABC GROUP BY C,B ;

8. 假设 ABC 表中存储学员的考试成绩，A 列为学员姓名，B 列为学员的考试成绩，现在需要查询及格线以上的每位学员的平均成绩、最高分，则下列语句能得到这些信息的是（　　　）。

A. SELECT AVG(B),MAX(B) FROM ABC WHERE B>=60 ;

B. SELECT COUNT(A),MIN(B) FROM ABC WHERE B>=60 ;

C. SELECT AVG(B),MAX(B) FROM ABC WHERE B>=60 GROUP BY B ;

D. SELECT A,AVG(B),MAX(B) FROM ABC WHERE B>=60 GROUP BY A ;

9. 已知关系：员工（员工号，姓名，部门号，薪水），主键为"员工号"，外键为"部门号"；部门（部门号，部门名称，部门经理员工号），主键为"部门号"。现在要查询部门员工的平均工资，需要显示部门名称及平均工资，下列查询语句正确的是（　　　）。

A. SELECT 部门名称,AVG（薪水）

FROM 部门 AS P, 员工 AS E

WHERE P. 部门号 =E. 部门号；

B. SELECT 部门名称,AVG（薪水）

FROM 部门 AS P JOIN 员工 AS E ON P. 部门号 =E. 部门号

GROUP BY P. 部门名称；

C. SELECT 部门名称,AVG（薪水）

FROM 部门 AS P JOIN 员工 AS E ON P. 部门号 =E. 部门号

GROUP BY 部门号；

D. SELECT 部门名称,AVG（薪水）

FROM 部门 AS P, 员工 AS E

WHERE P. 部门号 =E. 部门号

ORDER BY 部门名称；

10. 假设 ABC 表用于存储销售信息，A 列为销售人员信息，B 列用于存储销售时间，C 列用于存储销售额度，现在需要查询 8 月的销售情况，正确的查询思路是（   ）。

    A. 使用 GROUP BY 进行分组查询

    B. 使用 TOP 子句限制查询返回的行数

    C. 使用 LIKE 进行模糊查询

    D. 使用 WHERE 和 BETWEEN 进行条件查询

二、操作题

1. 在图书馆管理系统数据库 LibraryDB 中，查询获得当前没有被读者借阅的图书信息。输出图书名称、图书编号、作者姓名、出版社和单价。

2. 在图书馆管理系统数据库 LibraryDB 中，使用子查询获得今年所有缴纳罚款的读者清单，要求输出的数据包括读者姓名、图书名称、罚款日期、罚款类型（用文字说明）和缴纳罚金等。

3. 在图书馆管理系统数据库 LibraryDB 中，使用子查询获得地址为空的所有读者尚未归还的图书清单。按读者编号从高到低、借书日期由近至远的顺序输出读者编号、读者姓名、图书名称、借书日期和应归还日期。

4. 某公司员工数据库的员工信息表 empInfo 和部门信息表 deptInfo 的结构如表 6-1 和表 6-2 所示，两表通过 DepID 建立了主外键关系，现在需要查询如下信息。

（1）每个部门的总人数并且按照由高到低的次序显示。

（2）每个部门的男女人数。

（3）"产品研发部"的男女人数。

表 6-1 员工信息表 empInfo 的结构

序号	字段名称	字段说明	类型	位数	备注
1	empID	员工编号	int		主键
2	empName	员工姓名	varchar	10	非空
3	empBirth	出生日期	datetime		非空
4	DepID	所属部门	int		外键
5	empSex	性别	Bit	1	1:男;0:女;默认:1
6	empEvaluate	任职评价	text		默认值:表现良好

表 6-2 部门信息表 deptInfo 的结构

序号	字段名称	字段说明	类型	位数	备注
1	DepID	部门编号	int		主键
2	DeptName	部门名称	varchar	50	

第 7 章
阶段项目——QQ 数据库管理

工作情境和任务

在实际项目的开发和运维过程中，都需要对一个数据库进行完整的设计、数据的查询和数据库的维护，作为数据库设计人员还得为数据库添加测试数据，为各种具体需求进行功能测试，作为数据库维护人员，要能及时对数据库中的数据进行跟踪和分析，处理非正常的数据，能为客户提供通用需求和个性化的需求。

➢ 建立并完善 QQ 数据库及数据表。
➢ 完成数据的增加、删除、修改和查询。

知识和技能目标

➢ 理解完整性及约束的概念。
➢ 掌握建库、建表及为表添加约束。
➢ 掌握数据表之间关系的创建方法。
➢ 使用 SQL 语句进行数据管理。
➢ 掌握增加、删除、修改和查询的应用。
➢ 根据用户需求提供综合查询服务。

本章重点和难点

➢ 建表及添加约束。
➢ 数据库关系图的创建和应用。
➢ 数据综合查询。

通过前面章节的学习，掌握了从环境搭建、建库、建表、使用 SQL 操纵表中数据到查询表中数据等相关技能。本章将利用这些技能，开发一个完整的数据库项目"QQ 系统数据库"，这个项目模拟 QQ 后台数据库的基本功能，创建数据库，并且能够使用 SQL 语句对数据库实现增加、删除、修改、查询等操作。

7.1　项目分析

7.1.1　项目概述

模拟 QQ 聊天系统，设计该系统的数据库，并模拟基本业务流程，主要包括两大功能模块。

①后台数据库的设计开发。

②模拟业务流程，实现对数据库的增加、删除、修改、查询等功能。

本次项目实战使用 MySQL 数据库开发后台数据库的部分功能，设计一个数据库及用到的基本数据表，并且使用 MySQL 对数据库进行常见的增加、删除、修改、查询等操作。

7.1.2　开发环境

开发环境：MySQL 8.0。

7.1.3　项目覆盖的技能要点

该项目的技能要点有如下几个方面。

①在 MySQL 8.0 Command Line Client 中创建数据库。

②在 MySQL 8.0 Command Line Client 中创建数据表，并添加约束。

③使用 SQL 语句操作数据。

➢ 数据插入：INSERT 语句。

➢ 数据修改：UPDATE 语句。

➢ 条件查询：SELECT…FROM 表名 WHERE…。

➢ 查询排序：SELECT…FROM 表名 ORDER BY…。

➢ 模糊查询：SELECT…FROM 表名 WHERE…LIKE…。

➢ 内部函数：SELECT AVG(…)AS…。

➢ 分组查询：SELECT…GROUP BY。

➢ 连接查询：SELECT…FROM 表 1 INNER JOIN 表 2。

➢ 子查询：SELECT…FROM 表 1 WHERE…IN( )。

7.1.4　项目数据表设计

1. 用户表QQUser

在聊天前，首先需要一个 QQ 号码，也就是需要进行用户注册，填写必要的信息，注册成功后才可以登录聊天，这就需要一个数据表来存储用户的必要信息。

本系统中把这个数据表命名为用户表 QQUser，其表结构见表 7–1。

表 7–1　用户表 QQUser

列名	数据类型	说　　明
QQID	bigint	主键
passWord	varchar	密码，非空
lastLogTime	datetime	最后一次登录时间，非空
online	int	在线状态，0 表示在线，1 表示离线，2 表示隐身，非空
level	int	用户等级，非空

2．基本信息表BaseInfo

在进行用户注册时，一般只需填写必要的信息，如用户密码。当注册成功后，为保证用户信息的安全性，会要求注册用户进一步填写完整的个人信息，如昵称、性别、年龄、联系方式、详细地址等信息。

为了提高数据的查询速度，在设计数据表时通常把这部分信息存储在另外一个数据表中，这个数据表称为用户基本信息表 BaseInfo，见表 7–2。

表 7–2　基本信息表 BaseInfo

列名	数据类型	说　　明
QQID	bigint	主键，外键（引用 QQUser 表）
nickName	varchar	昵称，非空
sex	int	性别，0 表示男，1 表示女
age	int	年龄
province	varchar	省份
city	varchar	城市
address	varchar	详细地址
phone	varchar	联系方式

3．关系表Relation

关系表，顾名思义就是存储用户之间的关系，那么就要包括用户 QQ 号码、与该用户有关系的用户 QQ 号码及表示两个用户关系的列。

本系统中用两种用户关系，即好友、黑名单人物，把表示两个用户关系的字段用整数表示，0 表示两个用户是好友关系，1 表示用户 B 是用户 A 的黑名单人物，见表 7–3。

表 7–3　关系表 Relation

列名	数据类型	说　　明
QQID	bigint	用户 A 的 QQ 号码，主键
RelationQQID	bigint	关系用户 B 的 QQ 号码，主键
RelationStatus	int	用户关系：0 表示用户 B 是用户 A 的好友 1 表示用户 B 是用户 A 的黑名单人物，非空

说明：本表的主键为组合主键，由 "QQID+RelationQQID" 共同组成。

7.2 项目需求及实现

7.2.1 创建 QQ 数据库

使用 MySQL 8.0 Command Line Client 创建 QQ 数据库，要求如下。

①数据库名称：QQDB。

②采用字符集：gb2312。

③校对规则：gb2312_chinese_ci。

④数据库物理位置：MySQL 安装目录的 Data 文件夹中。

7.2.2 创建数据表

使用 MySQL 8.0 Command Line Client 创建 QQDB 数据库的数据表结构。

①创建用户表 QQUser，参照表 7–1。

②创建用户基本信息表 BaseInfo，参照表 7–2。

③创建用户关系表 Relation，参照表 7–3。

④字符集和校对规则与数据库相同。

⑤必须严格按照表中描述创建，同时设置好主键、不允许为空的列等数据表的基本结构，确保表结构的完整性。

视频
创建表结构

7.2.3 添加约束

根据问题分析和表 7–1、表 7–2 和表 7–3 的描述，可以归纳总结三个表主要的约束条件如下。

① QQ 密码不得少于 6 位。

②在线状态的值必须为 0、1、2，0 表示在线，1 表示离线，2 表示隐身。

③用户等级默认为 0。

④性别允许为空值，但如果输入值就必须为 0 或 1，0 表示男，1 表示女。

⑤年龄必须是 1~100 的整数。

⑥用户关系只能是数字 0、1，0 表示好友，1 表示黑名单人物。

7.2.4 建立表间关系

①用户表和基本信息表是一一对应的关系，一个 QQ 号码对应一个用户记录和一个基本信息记录。

②关系表中存在的 QQ 用户必然是在用户表中存在的 QQ 用户，并且一个 QQ 用户可以有多个好友、多个黑名单人物，也可以是别人的好友、黑名单人物。

③ 3 张表之间的主表 - 从表关系比较明确。

根据以上信息，建立各表之间的关系。数据库表间关系图如图 7–1 所示。

视频
建立表间关系

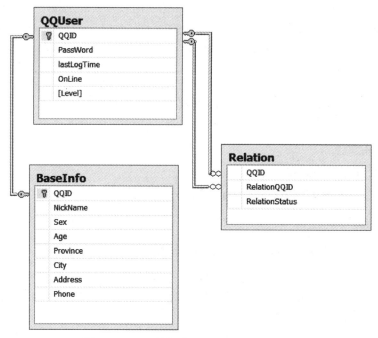

图 7-1　QQ 数据库三张表之间的关系图

7.2.5　插入测试数据

根据表 7-4~ 表 7-6 提供的信息要求，在查询窗口中使用 SQL 语句把表中的数据插入对应的数据表中。

表 7-4　用户表 QQUser
（部分数据，详细数据见资源库）

QQ 号码	密码	最后一次登录时间	在线状态	用户等级
598621	powerosg	2016-01-27 17 : 01 : 35	0	0
598622	operatio	2016-01-26 21 : 08 : 50	1	4
598623	showm456	2016-01-21 16 : 28 : 20	0	7
598624	thegath	2016-01-27 17 : 01 : 35	2	4
598643	games456	2016-01-26 21 : 08 : 50	0	5
598645	noglues	2016-01-21 16 : 28 : 20	0	10
598650	staying	2016-01-27 17 : 01 : 35	0	15
598655	thereis	2016-01-26 21 : 08 : 50	1	17
…	…	…	…	…

说明：表格数据为虚构数据，如有相同，纯属巧合。

表 7-5 基本信息表 BaseInfo

(部分数据,详细数据见资源库)

QQ 号码	昵称	性别	年龄	省份	城市	地址	联系方式
598621	佳期如梦	0	29	北京市	北京	青云中学	792476205650000
598622	闹闹不闹	0	22	上海市	上海	方城博望	517343676810000
598623	叶落	1	24	安徽省	合肥	安徽财贸	118442157710000
598624	司空马关	1	12	重庆市	重庆	锦城四中	196627254420000
598643	想后果	1	13	黑龙江	哈尔滨	板桥初中	772716715870000
598645	魅影	1	31	安徽省	安庆	野寨中学	478464757110000
…	…	…	…	…	…	…	…

说明:表格数据为虚构数据,如有相同,纯属巧合。

表 7-6 关系表 Relation

(部分数据,详细数据见资源库)

QQ 号码	关系 QQ 号码	用户关系
598621	598623	1
598622	598624	1
598623	598643	1
598624	598645	0
598643	598650	0
598645	598655	1
…	…	…

补充说明

①表 7-4~ 表 7-6 中只给出了部分数据,详细数据参见本章教学资源中"提供给学生的资源"部分。

②在熟练使用 SQL 语句插入数据的基础上,要通过导入 / 导出命令将提供的文本文件中的用户信息、用户基本信息、用户关系信息的数据导入相应的数据表中。

③导入用户关系数据时,注意表间关系,主表导入成功后才能导入从表数据,要注意 QQ 用户已经使用 SQL 语句插入成功后才能导入用户信息表和关系表。

7.2.6 查询数据

在 MySQL 8.0 Command Line Client 下,编写 SQL 语句按以下需求查询数据。

①查询昵称为"小笨猪"的用户信息。查询结果如图 7-2 所示。

图 7-2　查询用户信息

②查询 QQ 号码为 88662753 的用户的所有好友信息，包括 QQ 号码（QQID）、昵称（NickName）、年龄（Age）。查询结果如图 7-3 所示。

图 7-3　查询某 QQ 号的所有好友信息

③查询当前在线用户的信息。查询结果如图 7-4 所示。

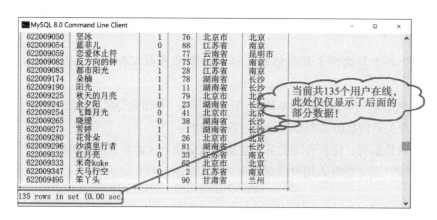

图 7-4　查询当前在线用户信息

④查询北京市、年龄在 18~45 岁（包含 18 和 45）的在线用户的信息。查询结果如图 7-5 所示。

⑤查询 QQ 号码为 54789625 的用户的好友中每个省份的总人数，并且按总人数由大到小排序。查询结果如图 7-6 所示。

MySQL 8.0 Command Line Client					
QQ号	昵称	性别	年龄	省份	城市
286253	神探狄迪	0	37	北京市	北京
598621	佳期如梦	0	29	北京市	北京
228389116	猪猪侠	0	32	北京市	北京
228389143	小蝌蚪	0	26	北京市	北京
622007269	雾水	1	45	北京市	北京
622009254	飞舞月光	0	41	北京市	北京
622009280	花骨朵	1	26	北京市	北京

7 rows in set (0.00 sec)

MySQL 8.0 C...	
省份	好友总人数
北京市	6
江苏省	6
湖南省	4
安徽省	2
山西省	2
广西省	1
澳门	1
河南省	1
天津市	1
黑龙江省	1
贵州省	1
陕西省	1

12 rows in set (0.00 sec)

视频

查询数据5

图 7-5　查询北京市、年龄在 18~45 岁的在线用户信息　　图 7-6　查询好友中每个省份的总人数

提示：利用 SELECT…FROM…WHERE…GROUP BY…ORDER BY…来实现，其中内连接条件 WHERE 子句可参考如下。

```
WHERE(Relation.QQID=54789625 AND Relation.RelationStatus=0 AND Relation.
RelationQQID=BaseInfo.QQID)
```

⑥查询至少有 1 000 天未登录 QQ 账号的用户信息，包括 QQ 号码、最后一次登录时间、等级、昵称、年龄，并按时间的降序排序。查询结果如图 7-7 所示。

MySQL 8.0 Command Line Client				
QQID	LastLogTime	Level	NickName	Age
598621	2016-01-27 17:01:00	0	佳期如梦	29
598624	2016-01-27 17:01:00	4	司空马关	12
598650	2016-01-27 17:01:00	15	绿茶	13
54789625	2016-01-27 17:01:00	1	雪舞嫣然	16
598622	2016-01-26 21:08:00	4	闹闹不闹	22
598643	2016-01-26 21:08:00	5	想后里	13
598655	2016-01-26 21:08:00	17	一眼万年	31
88662753	2016-01-26 21:08:00	5	九把刀	20
598623	2016-01-21 16:28:00	7	叶落	24
598645	2016-01-21 16:28:00	10	魅影	31
8855678	2016-01-21 16:28:00	6	月落武题	38

共11位用户过去1000天未登录。仅为参考数据，实际数据与系统当天日期相关！

11 rows in set (0.00 sec)

视频

查询数据6

图 7-7　1 000 天未登录 QQ 用户信息

提示：利用日期函数 DATEDIFF( ) 计算出超过 1 000 天未登录过的 QQ 号码，再利用连接查询获取相应信息。函数表达式为："DATEDIFF(NOW( )，LastLogTime)"，结果为最后一次登录的日期到今天的系统日期之间的天数。

⑦查询 QQ 号码为 54789625 的好友中等级为 10 级以上的"月亮"级用户信息。查询结果如图 7-8 所示。

⑧查询 QQ 号码为 54789625 的好友中隐身的用户信息。查询结果如图 7-9 所示。

⑨查询好友超过 20 个的用户 QQ 号码及其好友总数。查询结果如图 7-10 所示。

视频

查询数据8

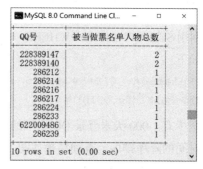

图 7-8　查询好友中"月亮"级用户　　　　图 7-9　查询某 QQ 号的隐身好友信息

提示：利用分组查询，并且增加分组筛选子句 HAVING COUNT(*)>=20。

⑩为了查看信誉度，管理员需要查询被当作黑名单人物次数排名前 10 的用户。查询结果如图 7-11 所示。

视　频

查询数据10

图 7-10　统计好友总数　　　　图 7-11　统计黑名单用户信息

提示：利用分组查询，按照关系用户 QQ 号码 RelationQQID 进行分组。

7.2.7　修改数据

在 MySQL 8.0 Command Line Client 下，编写 SQL 语句按以下需求修改数据。

①假设我的 QQ 号码为 8855678，今天我隐身登录。

②假设我的 QQ 号码为 8855678，修改我的昵称为"被淹死的鱼"，地址为"解放中路 6 号院 106 室"。

③假设我的 QQ 号码为 8855678，将我的好友"248624066"拖进黑名单。

④为了提高 QQ 用户的聊天积极性，把等级小于 6 级的用户等级都提升 1 个级别。

⑤管理员将超过 365 天没有登录过的 QQ 锁定（即将等级设定为 –1）。

⑥为了奖励用户，将好友数量超过 20 的用户等级提升 1 个级别。

视　频

修改数据6

提示：首先，获取好友超过 20 个的用户 QQ 号码结果集，参考 7.2.6 节中的需求 9。其次，利用 IN 关键字模糊匹配结果集中的 QQID 进行更新。参考如下 MySQL 语句。

```
UPDATE QQUser SET…WHERE QQID IN(SELECT QQID FROM Relation…)
```

⑦把 QQ 号码为 286314 的用户的好友"嘟嘟鱼"拖进黑名单中。

提示：采用子查询结合使用 IN 关键字进行模糊匹配，代码如下。

```
RelationQQID IN(SELECT QQID FROM BaseInfo WHERE NickName='嘟嘟鱼')
```

7.2.8　删除数据

视 频

删除数据3

在 MySQL 8.0 Command Line Client 下，编写 SQL 语句按以下要求删除数据。

①把 QQ 号码为 54789625 的用户的黑名单中的用户删除。

② QQ 号码为 622009019 的用户多次在 QQ 中发布违法信息，造成了很坏的影响，因此管理员决定将其删除。

提示：此需求需要从三张表中删除相关信息，注意从各表删除的先后顺序。

③管理员将超过 1 000 天没有登录过的 QQ 用户删除。

提示：实现此需求，需要分四步进行。

第一步：查询超过 1 000 天没有登录过的 QQID 集。

第二步：删除 Relation 表中的数据，利用 IN 关键字模糊匹配 QQID 集。参考如下 MySQL 语句。

```
DELETE FROM Relation
    WHERE QQID IN(…)OR RelationQQID IN(…)
```

第三步：删除 BaseInfo 表中的数据，同理利用 IN 关键字模糊匹配 QQID 集。

第四步：删除 QQUser 表中的数据。

7.3　进度记录

开发进度记录表见表 7-7。

表 7-7　开发进度记录表

用例	开发完成时间	测试通过时间	备注
需求 1 : 创建 QQ 数据库			
需求 2 : 创建表结构			
需求 3 : 添加约束			
需求 4 : 建立关系			
需求 5 : 插入数据			
需求 6 : 查询数据			
需求 7 : 修改数据			
需求 8 : 删除数据			
需求 9 : 备份数据库			

▌ 小结

本章为课程的阶段性项目，通过对 QQ 数据库的设计和管理，掌握一个完整数据库的设计、数据表的设计、测试数据的插入、数据的维护和使用的全过程，提升综合设计能力，为应用系统的开发打好数据基础。

本章技能体系结构如图 7–12 所示。

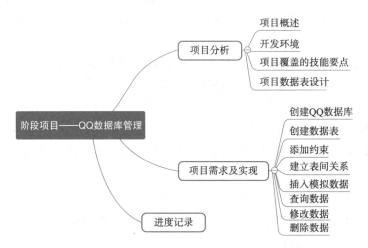

图 7–12　课程阶段技能体系结构图

习题

一、选择题

1. 函数 FLOOR(–41.3) 返回（　　　）。

　　A. –41　　　　　　　　B. –42　　　　　　　　C. 42　　　　　　　　D. 以上都不是

2. 表达式 LENGTH(NOW(　　)) 的值为（　　　）。

　　A. 8　　　　　　　　　B. 10　　　　　　　　　C. 16　　　　　　　　D. 19

3. 执 行 "SELECT emp_id, emp_name, sex, title, wage FROM employee ORDER BY emp_name;"
语句得到的结果集按（　　　）排序。

　　A. emp_id　　　　　　B. emp_name　　　　　C. sex　　　　　　　　D. wage

4. 要查询 book 表中所有书名中包含 "计算机" 的书籍情况，可用（　　　）子句。

　　A. ORDER BY　　　　B. WHERE　　　　　　C. GROUP BY　　　　D. 无须配合

5. 下列查询语句的功能是（　　　）。

`SELECT sno As 学号 ,sname As 姓名  FROM s WHERE class=' 软件 1501';`

　　A. 查询 s 表中软件 1501 班学生的学号、姓名

　　B. 查询 s 表中软件 1501 班学生的所有信息

　　C. 查询 s 表中学生的学号、姓名

　　D. 查询 s 表中计算机系学生的记录

6. 下列有关子查询和表连接的说法，错误的是（　　　）。

　　A. 子查询一般可以代替表连接

  B.　表连接能代替所有子查询，所以一般优先采用子查询

  C.　如果需要显示多表数据，则优先考虑表连接

  D.　如果只是作为查询的条件部分，则一般考虑子查询

7.　在 MySQL 中，下面关于子查询的说法正确的是（ ）。

  A.　应用简单子查询的 SQL 语句的执行效率比采用 SQL 变量的实现方案要低

  B.　带子查询的查询执行顺序是，先执行父查询，再执行子查询

  C.　表连接一般都可以用子查询替换，但有的子查询不能用表连接替换

  D.　如果一个子查询语句一次返回两个字段的值，那么父查询的 where 子句中应该使用 NOT EXISTS 关键字

8.　已知股票表（股票代码,股票名称,单价,交易所），其数据之一（600600,青岛啤酒,7.48,上海）；交易表（股票代码,标志（买入为 A，卖出为 B），数量）。查询上海交易所的股票交易情况，正确的语句是（ ）。

  A.　SELECT * FROM 交易 WHERE 交易所 ='上海';

  B.　SELECT * FROM 交易 WHERE 交易所 = 上海;

  C.　SELECT * FROM 交易 WHERE 股票代码 IN

    (SELECT 股票名称 FROM 股票 WHERE 交易所 ='上海');

  D.　SELECT * FROM 交易 WHERE 股票代码 =

    (SELECT 股票名称 FROM 股票 WHERE 交易所 ='上海');

9.　已知 dept 表有部门编号字段 deptno、部门名称字段 dname，员工表 emp 具有员工编号字段 empno、员工姓名字段 ename、电话字段 phone 和所属部门编号字段 deptno，该字段参考 dept 表的 deptno 字段，要使用 SQL 语句查询"研发部"部门所有员工的编号和姓名信息，下面选项中正确的是（ ）。

  A.　SELECT empno,ename FROM emp WHERE empno=

    （SELECT empno FROM dept WHERE dname='研发部'）;

  B.　SELECT empno,ename FROM emp WHERE deptno=

    （SELECT deptno FROM dept WHERE dname='研发部'）;

  C.　SELECT empno,ename FROM emp WHERE deptno=

    （SELECT * FROM dept WHERE dname='研发部'）;

  D.　SELECT empno,ename FROM dept WHERE deptno=

    （SELECT deptno FROM emp WHERE dname='研发部'）;

二、项目拓展题

1.　根据项目需求和设计要求，检查并完成本项目的各项功能。

2.　总结项目完成情况，记录项目开发过程中的得失、编写项目总结感想，500 字以上。

第8章
索引、视图和事务

工作情境和任务

用户在使用"高校成绩管理系统"时，输入某个关键字查找相应的学生信息时，都希望系统能快速响应。在数据库 SchoolDB 中设计索引可以有效地提高数据检索的效率，帮助应用程序迅速找到特定的数据，而不必逐行扫描整个数据表，可以通过索引实现。

数据库 SchoolDB 中的数据表是按照数据存储最佳模式设计的，但在使用过程中，因为需求不同，用户关心的数据内容也各不相同。例如，用户需要查看学生的生源地只需看到学生信息表的部分信息，如学号、姓名和地址，而某些敏感信息只允许管理员才能查看，可以通过不同的视图实现。

在实际应用中，某些批量操作需要一次性完成，如果不能一次性完成就不能执行，否则会造成数据不完整，需要设计事务，使用其"提交"和"回滚"功能，保证数据的一致性。
- 使用索引查询学生成绩。
- 使用视图查看学生各学期考试成绩。
- 使用事务批量插入学生考试成绩。

知识和技能目标

- 理解索引、视图和事务的概念和价值。
- 掌握索引的创建并管理和应用索引。
- 掌握视图的创建并管理和应用视图。
- 掌握事务的创建并应用事务解决实际问题。

本章重点和难点

- 灵活应用视图和索引解决实际问题。
- 事务的创建、提交和回滚机制的理解与应用。

前面章节中讲解了数据库的设计及对数据常用的增加、删除、修改、查询方法。除此之外，实际应用还需要掌握一些特殊的高级数据处理和查询，包括索引、视图和事务。

当数据库 SchoolDB 中的数据数目非常庞大时，如何提高数据的检索速度成为至关重要的问题，可以模仿书籍的目录在表中某些列上建立索引来加快查询速度。数据库中的数据项很多，有些数据项涉及比较机密的数据，不应该对所有用户暴露，视图能够保证合适的人看到合适的数据。在操作数据的过程中可能会出错，事务用于保证在出错的情况下数据也会处于一致状态。

8.1　索引

随着时间的推移，数据库中的数据量会越来越多，用户要从表中找到满足条件的记录所花的时间也会越来越长，为了让用户以最少的时间访问数据，可以创建索引来提高数据检索效率。

8.1.1　索引的定义

数据库中的索引与书籍中的目录类似，在一本书中，利用目录可以快速查找所需信息，而无须阅读整本书。在数据库中，索引使数据库程序无须对整个表进行扫描，就可以在其中找到所需数据。书中的目录是一个词语列表，其中注明了包含各个词的页码。

索引是为了加快数据表中数据检索速度而单独创建的一种数据结构。在数据库中使用索引与查字典使用拼音查字法类似，在字典中查找某个汉字，会先到字典前面的拼音音节目录中找到该字音节对应的页码，再根据页码找到具体的字，而不需要逐字把字典从头到尾查找一遍。

在 MySQL 中，查询时也是先在索引中查找对应的值，然后根据匹配的索引记录找到对应的数据行，最后将数据结果集返回给用户。

在数据库系统中建立索引可以实现快速读取数据，保证数据记录的唯一性，实现表与表之间的参照完整性。在使用 GROUP BY、ORDER BY 子句进行数据检索时，利用索引可减少排序和分组的时间。

8.1.2　索引分类

按索引方式不同，MySQL 数据库的索引可分为 B⁻ 树索引和 Hash 索引。

1．B⁻树索引

B⁻ 树是包含了多个节点的一棵树（倒着的树）。顶部的节点是索引的开始点，称为树根。每个节点中含有索引列的几个值，节点中的每个值又都指向另一个节点或者指向表中的一行，一个节点中的值必须是有序排列的。指向一行的节点称为叶子页，叶子页本身也是相互连接的，一个叶子页有一个指针指向下一组。这样，表中的每一行都会在索引中有一个对应值。查询时就可以根据索引值直接找到所在的行。

目前，大部分 MySQL 索引都是 B⁻ 树方式存储的，按 B⁻ 树形式存储的索引又有以下几种。

（1）普通索引（INDEX）

最基本的索引类型，没有唯一性之类的限制。

（2）唯一性索引（UNIQUE）

与普通索引类似，不同之处在于索引列的值必须唯一，允许有空值，一个表可以有多个唯一索引。

（3）主键索引（PRIMARY KEY）

主键是一种唯一性索引，但不允许有空值，并且一个表只能有一个主键索引。

（4）组合索引

组合索引指一个索引包含多列。

（5）全文索引（FULLTEXT）

全文索引主要用来查找关键字，而不是直接与索引中的值相比较。目前全文索引只能在 CHAR、VARCHAR 或 TEXT 类型的列上创建，早期只能在 MyISAM 表中创建，从 MySQL 5.6 版本开始支持 InnoDB 引擎的全文索引。

2. 哈希（Hash）索引

哈希索引是指索引键和数据存储地址之间存在某种函数（哈希函数）关系，已知索引键，通过哈希函数可直接计算哈希值，从而得到数据存储地址，数据查找速度快。

8.1.3 创建和应用索引

在 MySQL 数据库中，创建索引主要有 3 种方式：在已经存在的表上使用 CREATE INDEX 创建索引、使用 ALTER TABLE 语句创建索引、在创建表时创建索引。同一个表中可以创建多个索引。

1. 使用CREATE INDEX创建索引

使用 CREATE INDEX 语句可以在一个已有表上创建索引，但不包括主键。基本语法格式为：

```
CREATE [索引类型]INDEX 索引名
    ON 表名 (列名 | (长度) | [ASC | DESC],……)
```

其中：

①索引类型。可以是 UNIQUE（唯一性索引）和 FULLTEXT（全文索引）等。

②索引名。索引的名称，在一个表中可以创建多个索引，但索引名必须唯一。

③列名。创建索引的列名，长度表示使用列的前多少个字符创建索到。BLOB 或 TEXT 列必须用前缀索引。

④ ASC | DESC。表示索引按升序或降序排列，默认值为 ASC。

例如，在学生信息表 Student 中，在身份证号上建立唯一索引的语句如下：

```
CREATE UNIQUE INDEX IX_identityCard ON Student(identityCard);
```

2. 使用ALTER TABLE语句创建索引

基本语法格式为：

```
ALTER TABLE 表名
    ADD 索引类型 INDEX [索引名]( 列名 ,…)
    |ADD PRIMARY KEY( 列名 ,…)
```

其中：

①索引类型。包括普通索引、唯一性索引和全文索引等。

②如果要创建主键索引，必须使用 "ADD PRIMARY KEY(列名 ,…)"。

例如，在学生信息表 Student 中，在姓名上建立普通索引的语句如下：

```
ALTER TABLE Student
    ADD INDEX IX_studentName(studentName);
```

3. 在创建表时创建索引

在前面两种情况下，索引都是在表创建之后创建的。索引也可以在创建表时一起创建，在创建表的 CREATE TABLE 语句中包含索引的定义。基本语法格式为：

```
CREATE TABLE表名(列名,…|［索引项］)
```

其中，索引项基本语法格式如下：

```
PRIMARY KEY(列名,…)
|INDEX［索引名］(列名,…)
|UNIQUE［INDEX］［索引名］(列名,…)
|FULLTEXT［INDEX］［索引名］(列名,…)
```

4. 索引的应用

创建索引后，可以像在新华字典中查找字词一样，可以选择拼音查找方式或笔画查找方式。

在 MySQL 数据库中，索引主要是为查询服务的，因此，在某张表上做查询时，如果查询条件字段上未建立索引，则使用 WHERE 条件，在表中可对所有记录进行比较匹配。

如果在查询的条件字段上创建了索引，则查询就会自动依据索引来搜索，而不需要对表中所有的记录进行比较匹配，从而提高查询的效率。

5. 通过EXPLAIN命令分析索引的机制和价值

EXPLAIN（执行计划）命令，主要用于分析查询语句的性能，可以模拟优化器执行 SQL 查询语句，从而知道 MySQL 如何处理 SQL 语句。

例如，使用EXPLAIN来分析查询语句 "SELECT * FROM Student WHERE StudentName LIKE '王%';" 的代码如下：

```
EXPLAIN SELECT * FROMS tudent WHERE StudentName LIKE'王%';
```

代码的执行结果如图 8-1 所示。

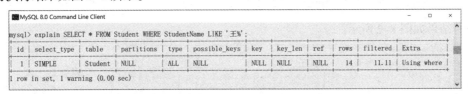

图 8-1 EXPLAIN 各属性的值

EXPLAIN 包含的信息十分丰富，着重关注以下几个字段信息。

① id。select 子句或表执行顺序，id 相同，从上到下执行，id 不同，id 值越大，执行优先级越高。

② type。type 主要取值及其表示 SQL 的好坏程度，由好到差的排序为："system>const>eq_ref>ref>range>index>ALL"。

③ possible_keys。显示可能应用在表中的索引，可能一个或多个。查询涉及的字段若存在索引，则

该索引将被列出，但不一定被查询实际使用。

④ key。实际使用的索引，如为 NULL，则表示未使用索引。若查询中使用了覆盖索引，则该索引和查询的 SELECT 字段重叠。

⑤ key_len。表示索引中所使用的字节数，可通过该列计算查询中使用的索引长度。在不损失精确性的情况下，长度越短越好。key_len 显示的值为索引字段的最大可能长度，并非实际使用长度，即 key_len 是根据表定义计算而得，并不是通过表内检索出的。

⑥ ref。关联的字段，常量等值查询，显示为 const，如果为连接查询，显示关联的字段。

⑦ rows。根据表统计信息及索引选用情况大致估算出找到所需记录所要读取的行数。该值越小越好。

⑧ Extra。其他信息，使用优先级 Using index>Using filesort>Using temporary。如果未建立索引，则显示为 "Using where"，图 8-1 所示的查询就是在未建立索引的查询。

● 视 频

演示示例8-1

【演示示例**❽ −1**】在 SchoolDB 数据库中，为 Student 表中学生姓名列创建索引，并查找姓王的学生的信息

问题分析

①我们经常会按姓名查询学生信息，为了加快查询速度，需要在 Student 表的学生姓名列创建索引。

②由于 Student 表中 StudentNo 列为主键，且可能存在学生姓名相同的情况，因此为学生姓名创建的索引只能是普通索引。

③创建索引后使用 SELECT 命令在 Student 表中查询姓王的学生。

④为了更好地对比和分析索引的作用与价值，使用 EXPLAIN 命令来分析 SELECT 命令在索引前后的性能。

命令代码

```
USE SchoolDB;
SELECT * FROM Student WHERE studentName LIKE '王%';
EXPLAIN SELECT * FROM Student WHERE StudentName LIKE '王%';
ALTER TABLE Student
    ADD INDEX IX_studentName(studentName);
EXPLAIN SELECT * FROM Student WHERE StudentName LIKE '王%';
```

代码执行结果如图 8-2 所示。

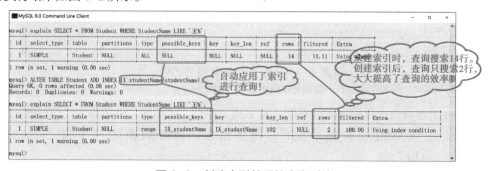

图 8-2　创建索引前后的查询对比

补充说明

通过 EXPLAIN 命令分析 SELECT 命令在索引前后的性能，发现：

① possible_keys 属性由 "NULL" 变成了新建的索引名称 "IX_studentName"，显示查询可能在该索引上执行。

② key 属性由 "NULL" 变成了新建的索引名称 "IX_studentName"，表示实际中查询使用了该索引。

③ rows 属性的值由 14 变成了 2，显示估算出找到所需记录所要读取的行数大大减少，查询效率将得到明显提高。

【技能训练❽-1】在 QQ 数据库 QQDB 上，创建和应用索引

技能目标

①理解索引的机制、价值和应用场合。

②掌握索引的创建和应用。

③应用 EXPLAIN 命令分析 SELECT 命令在索引前后的性能。

需求说明

①在本课程阶段项目 "QQ 数据库管理" 的基础上，在数据库 QQDB 中创建和应用索引。

②在用户信息表 BaseInfo 中，查询昵称以 "笨" 开头的用户信息。

③在用户信息表 BaseInfo 中，根据昵称创建普通索引。

④使用 EXPLAIN 命令分析 SELECT 命令在索引前后的性能，理解各属性值的变化及具体含义。

⑤需求的执行参考结果如图 8-3 所示。

关键点分析

①先打开 QQ 数据库，切换为当前数据库。

②在创建索引之前，使用 SELECT 语句查找昵称以 "笨" 开头的记录，确保查询语句能正常执行。

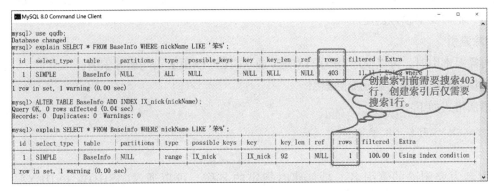

图 8-3　QQ 数据库创建索引前后查询效率对比

补充说明

①使用索引可以加快数据检索速度，但没有必要为每个列都建立索引。因为索引自身也需要维护，并占有一定的资源，可以按照下列标准选择建立索引的列。

➢ 频繁搜索的列。

➢ 经常排序、分组的列。

➢ 经常用作连接的列（主键 / 外键）。

②一般不使用下面的列创建索引。

➢ 仅包含几个不同值的列。

➢ 表中仅包含几行。

8.1.4 管理索引

索引是数据库对象之一，查看索引情况是判断索引是否创建成功的一种手段。对于一些不再使用的索引，继续存在会降低表的更新速度、影响数据库性能，应该将其删除。

1. 查看索引

查看数据表中索引的创建情况，可以使用 SHOW INDEX 语句，基本语法格式为：

```
SHOW INDEX FROM 表名
```

例如，查看 SchoolDB 数据库的学生信息表 Student 中创建的索引，命令代码如下：

```
SHOW INDEX FROM Student;
```

代码执行结果如图 8–4 所示。

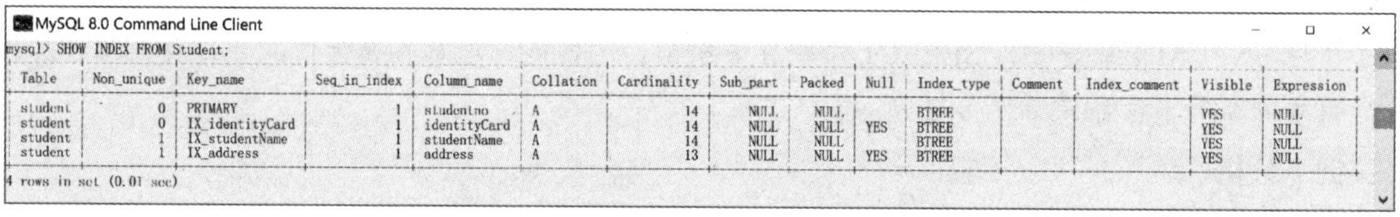

MySQL 8.0 Command Line Client

mysql> SHOW INDEX FROM Student;

Table	Non_unique	Key_name	Seq_in_index	Column_name	Collation	Cardinality	Sub_part	Packed	Null	Index_type	Comment	Index_comment	Visible	Expression
student	0	PRIMARY	1	studentno	A	14	NULL	NULL		BTREE			YES	NULL
student	0	IX_identityCard	1	identityCard	A	14	NULL	NULL	YES	BTREE			YES	NULL
student	1	IX_studentName	1	studentName	A	14	NULL	NULL		BTREE			YES	NULL
student	1	IX_address	1	address	A	13	NULL	NULL	YES	BTREE			YES	NULL

4 rows in set (0.01 sec)

图 8–4　查看 Student 表中创建的索引

通过图 8–4 可以发现，Student 表中共创建了 4 个索引，其中主键索引是在创建表设置主键时主动创建的索引，不需要单独再创建。

2. 删除索引

当不再需要索引时，可以使用 DROP INDEX 或 ALTER TABLE 语句删除索引。

（1）使用 DROP INDEX 语句删除索引

基本语法格式如下：

```
DROP INDEX 索引名 ON 表名
```

其中：

①索引名为要删除的索引名，是创建时指定的名称，可以通过“SHOW INDEX”语句查看得到。

②表名为索引所在的表。

（2）使用 ALTER TABLE 语句删除索引

基本语法格式如下：

```
ALTER TABLE 表名
   |DROP PRIMARY KEY
   |DROP INDEX 索引名
```

其中：

① DROP INDEX 子句可以删除各种类型的索引。

②使用 DROP PRIMARY KEY 子句时不需要提供索引名称，因为一个表中只有一个主键。

【技能训练 ⑧ –2】管理 SchoolDB 数据库和 QQDB 数据库中的索引

技能目标

①掌握如何查看一个数据库中所有的索引。

②掌握索引的删除操作。

需求说明

①查看 SchoolDB 数据库中 4 张表的所有索引。

②查看 QQDB 数据库中 3 张表的所有索引。

③删除 SchoolDB 数据库中，表 Student 上的索引 "IX_address"。

关键点分析

①先要打开需要查看索引的数据库，使用 USE 命令将其切换为当前数据库。

②查看索引命令是针对表来完成的，要查看一个数据库中所有的索引，需要对每张表逐一执行 "SHOW INDEX" 命令。

③删除索引后要使用查看索引命令检查是否删除成功。

补充说明

①索引是依赖表的，当删除表时，该表的所有索引将同时被删除。

②主键索引一般不能删除，否则表没有了主键约束，不符合数据的实体完整性要求。

8.2 视图

在实际应用中，通常一个数据库中存储的数据会非常多，但对于用户而言，他们只会关心与自身相关的一部分数据，这就要求数据库管理系统能根据用户需求为他们提供特定的数据。

MySQL 数据库为开发人员根据用户需求从基本表（或视图）中重新定义视图，选取对用户有用的信息，屏蔽对用户无用的或用户没有权限了解的信息，以保证数据的安全。

8.2.1 视图概述

视图是另一个查看数据库中一个或多个表中数据的方法。视图是一种虚拟表，通常是作为来自一个或多个表的行或列的子集创建的。当然，它可以包含全部的行或列。但是，视图并不是数据库中存储的数据值的集合，它的行和列来自查询中引用的表。在执行时，它直接显示来自于表中的数据。

视图充当着查询中指定筛选器。定义视图的查询可以基于一个或多个表，也可以基于其他视图、当前数据库或其他数据库。

图 8-5 显示了视图与数据库表的关系。以表 A 和表 B 为例，该视图可以包含这些表中的全部列或选定的部分列。

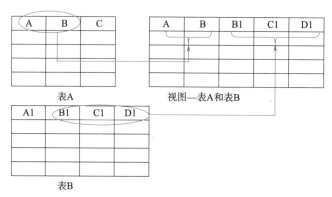

图 8-5 表和视图的关系

图 8-5 所示为一个用表 A 的 A 列、B 列和表 B 的 B1、C1 和 D1 列创建的视图。

视图通常用来进行以下 3 种操作。

①筛选表中的行。

②防止未经许可的用户访问敏感数据。

③将多个物理数据表抽象为一个逻辑数据表。

使用视图可以给用户和开发人员带来很多有益之处，具体如下。

1．对最终用户的益处

①结果更容易理解。创建视图时，可以将列名改为有意义的名称，使用户理解列所代表的内容。在视图中修改列名不会影响基表的列名。

②获得数据更容易。很多人对 SQL 不太了解，因此对他们来说，创建对多个表的复杂查询很困难，可以通过创建视图来方便用户访问多个表中的数据。

2．对开发人员的益处

①限制数据检索更容易。开发人员有时候需要隐藏某些行或列中的信息。通过使用视图，用户可以灵活地访问他们需要的数据，同时保证同一个表或其他表中其他数据的安全性。要实现这一目标，可以在创建视图时将对用户保密的列排除在外。

②维护应用程序更方便。调试视图比调试查询更容易，跟踪视图中各个步骤的错误更为容易，这是因为所有步骤都是视图的组成部分。

8.2.2 创建和应用视图

以学生信息管理系统为例，假定任课老师需要查看学生的考试情况，辅导员比较关心学生的档案。可以采用视图分别为任课老师提供查看学生考试成绩的视图，数据包括学生姓名、学号、成绩、课程名称和最后一次参加这门课程考试的日期。为辅导员提供查看学生档案的视图，数据包括学生姓名、学号、联系电话、学期和该学生参加该学期所有课程考试的总成绩。

1．创建视图

视图与数据表一样都属于数据库对象，可以使用 CREATE VIEW 语句来创建，基本语法格式为：

```
CREATE VIEW 视图名 [ ( 列名列表 ) ]
    AS SELECT 语句
    [ WITH CHECK OPTION ]
```

其中：

①列名列表。为可选项，为视图中的列定义明确的名称，列名之间用逗号隔开。列名列表中的名称数目必须等于 SELECT 语句检索的列数。若使用与源表或视图中相同的列名时可以省略列名列表。

② SELECT 语句。用于指定视图的 SELECT 语句，可在 SELECT 语句中查询多个表或视图。

③ WITH CHECK OPTION。为可选项，指出在可更新视图上所进行的修改都要符合 SELECT 语句所指定的限定条件，这样可以确保数据修改后，仍可通过视图看到修改的数据。

2. 应用视图

视图创建成功后，视图以一张虚拟表的形式存在于数据库中，可以像基本表一样使用视图。视图主要用于查询，使用格式一般为：

```
SELECT * FROM 视图名;
```

其中：视图名即之前创建成功的视图。

【演示示例❽ –2】在 SchoolDB 数据库中，为任课教师创建视图，并应用该视图

问题分析

①根据任课教师的需求，查询需要包括学生姓名、学号、课程名称、成绩和最后一次参加这门课程考试的日期。

②以《软件测试技术》课程为例。

③应用创建的视图查询该课程的考试信息。

命令代码

视 频

演示示例8-2

```
USE SchoolDB;
SELECT studentName AS '姓名',student.StudentNo AS '学号',
    studentResult AS '成绩',subjectName AS '课程名称',
    ExamDate AS '考试日期'
    FROM Student INNER JOIN Result
      ON student.StudentNo=result.StudentNo
      INNER JOIN Subject
      ON result.SubjectId=Subject.subjectId
    WHERE Subject.subjectId=
      (SELECT subjectId FROM Subject
        WHERE subjectName=' 软件测试技术 ')
      AND examDate =
        (SELECT MAX(examDate)FROM Result,Subject
            WHERE Result.subjectId =Subject.subjectId
            AND subjectName=' 软件测试技术 ');
```

```
CREATE VIEW vw_student_result
AS
    SELECT studentName AS '姓名',Student.studentNo AS '学号',
    studentResult AS '成绩',subjectName AS '课程名称',
    ExamDate AS '考试日期'
    FROM Student INNER JOIN Result
      ON Student.studentNo=Result.studentNo
      INNER JOIN Subject
      ON Result.subjectId=Subject.subjectId
    WHERE Subject.subjectId=
      (SELECT subjectId FROM Subject
        WHERE subjectName=' 软件测试技术 ')
        AND examDate =
      (SELECT MAX(examDate)FROM Result,Subject
        WHERE Result.subjectId =Subject.subjectId
          AND subjectName=' 软件测试技术 ');
SELECT * FROM vw_student_result;
```

代码执行结果如图 8-6 所示。

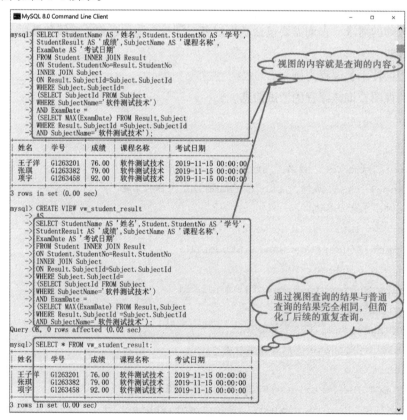

图 8-6　创建某门课考试成绩信息的视图

补充说明

①每个视图中可以使用多个表，本视图使用了 3 张表，与普通的查询相似。

②与查询类似，一个视图可以嵌套另一个视图。

③创建视图主要依赖于它所包含的 SELECT 语句，但在使用 SELECT 语句时要注意以下几点。

➢ 定义视图的用户必须对所使用的表或视图有查询（即可执行 SELECT 语句）权限，在定义中引用的表或视图必须存在。

➢ 不能包含 FROM 子句中的子查询，不能引用系统或用户变量，不能引用预处理语句参数。

➢ 在视图定义中允许使用 ORDER BY 语句，但是如果该视图是对某个特定视图进行选择，而该特定视图已经使用了自己的 ORDER BY 语句，则视图定义中的 ORDER BY 将被忽略。

8.2.3　管理视图

管理视图包括查看视图、修改视图和删除视图。

1. 查看视图

查看视图是指查看数据库中已存在的视图结构和定义。查看视图必须要有相应的权限，系统数据库 mysql 的 user 表中保存着这个信息。

查看视图的方法，包括 DESCRIBE 语句和 SHOW CREATE VIEW 语句。

（1）通过 DESCRIBE 语句查看视图结构

使用 DESCRIBE 语句可以查看视图结构，命令的缩写为 DESC。基本语法格式为：

```
DESC 视图名;
```

例如，查看数据库 SchoolDB 中的视图“vw_student_result”的结构，代码如下：

```
DESC vw_student_result;
```

代码执行结果如图 8-7 所示。

```
MySQL 8.0 Command Line Client

mysql> DESC vw_student_result;
+----------+-------------+------+-----+---------+-------+
| Field    | Type        | Null | Key | Default | Extra |
+----------+-------------+------+-----+---------+-------+
| 姓名     | varchar(50) | NO   |     | NULL    |       |
| 学号     | varchar(20) | NO   |     | NULL    |       |
| 成绩     | float(6,2)  | NO   |     | NULL    |       |
| 课程名称 | varchar(20) | NO   |     | NULL    |       |
| 考试日期 | datetime    | NO   |     | NULL    |       |
+----------+-------------+------+-----+---------+-------+
5 rows in set (0.01 sec)
```

图 8-7　查看视图“vw_student_result”的结构

（2）通过 SHOW CREATE VIEW 语句查看视图的定义

使用 SHOW CREATE VIEW 语句可以查看视图的详细定义。基本语法格式为：

```
SHOW CREATE VIEW 视图名;
```

例如，查看数据库 SchoolDB 中的视图"vw_student_result"的结构，代码如下：

```
SHOW CREATE VIEW vw_student_result;
```

2. 修改视图

当视图不能满足需要时，使用 ALTER 语句可以对已有视图的定义进行修改。基本语法格式为：

```
ALTER VIEW 视图名
    AS SELECT 语句;
```

ALTER VIEW 语句的语法和 CREATE VIEW 类似。

3. 删除视图

当视图不再需要时，可以使用 DROP VIEW 语句将其删除。基本语法格式为：

```
DROP VIEW 视图名1[,视图名2]…;
```

【技能训练❽ –3】在数据库 SchoolDB 中，创建和应用视图

技能目标

①理解视图的机制、价值和应用场合。

②根据需求创建视图，并使用视图。

③管理已经创建的视图。

需求说明

①创建视图。统计每位同学所有课程的总分，显示学号、姓名和总分列。

②使用视图做无条件查询。在创建的视图基础上，查询视图中所有数据行。

③使用视图做条件查询。在创建的视图基础上，查询视图中"王超"同学的总分。

④ 2 个查询的参考结果如图 8-8 所示。

关键点分析

①创建视图前，确保查询是正确的。

②创建视图成功后，要使用查看视图语句查看一下视图创建是否符合要求。

③视图的命名符合基本规则即可。

补充说明

①视图也是表，只不过是虚拟表，其结果不单独保存，仅仅在执行时才显示结果。

②在视图上继续做查询时，可以直接使用视图中定义的列名，如"学号"、"姓名"和"总分"等。比如，查询总分达到 200 分的学生信息，代码如下：

```
SELECT * FROM vw_student_result_sum WHERE 总分>=200;
```

代码执行结果如图 8-9 所示。

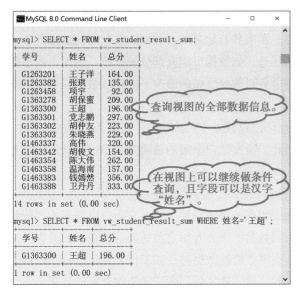

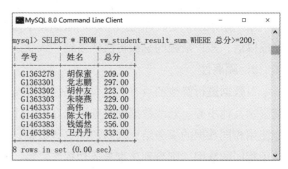

图 8-8　创建和应用视图的参考结果　　　　　图 8-9　查询总分达到 200 分的学生信息

8.3　事务

事务（transaction）是指将一系列数据操作捆绑成为一个整体进行统一管理。如果某一事务执行成功，则在该事务中进行的所有数据更改均会提交，成为数据库中的永久组成部分。如果事务执行时遇到错误且必须取消或回滚，则数据将全部恢复到操作前的状态，所有数据的更改均被清除。

8.3.1　事务概述

事务是单个的工作单元。如果某一事务执行成功，则在该事务中进行的所有数据更改均会提交，成为数据库中的永久组成部分。如果事务遇到错误且必须取消或回滚，则所有数据更改均被清除。

事务是一种机制、一个操作序列，它包含了一组数据库操作命令，并且把所有命令作为一个整体一起向系统提交或撤销操作请求，即这一组数据库命令要么都执行，要么都不执行。因此事务是一个不可分割的工作逻辑单元，在数据库系统上执行并发操作时，事务是作为最小的控制单元来使用的，它特别适用于多用户同时操作的数据库系统。例如，航空公司的订票系统、银行、保险公司及证券交易系统等。

事务是作为单个逻辑工作单元执行的一系列操作。一个逻辑工作单元有 4 个属性，即原子性（atomicity）、一致性（consistency）、隔离性（isolation）及持久性（durability），这些特性通常简称 ACID。

1. 原子性

事务是一个完整的操作。事务的各元素是不可分的（原子的）。事务中所有元素必须作为一个整体提交或回滚。如果事务中的任何元素失败，则整个事务将失败。

以银行转账事务为例，如果事务提交了，则这两个账户的数据会更新。如果由于某种原因，事务在成功更新这两个账户之前终止了，则不会更新这两个账户的余额，并且会撤销对任何账户余额的修改，事务不能部分提交。

2．一致性

当事务完成时，数据必须处于一致状态。也就是说，在事务开始之前，数据库中存储的数据处于一致状态。在正在进行的事务中，数据可能处于不一致的状态，如数据可能有部分被修改。然而，当事务成功完成时，数据必须再次回到已知的一致状态。通过事务对数据所做的修改不能损坏数据或者说不能使数据存储处于不稳定的状态。

以银行转账事务为例，在事务开始之前，所有账户余额的总额处于一致状态。在事务进行的过程中，一个账户余额减少了，而另一个账户余额尚未修改。因此，所有账户余额的总额处于不一致状态。事务完成以后，账户余额的总额再次恢复到一致状态。

3．隔离性

对数据进行修改的所有并发事务是彼此隔离的，这表明事务必须是独立的，它不应以任何方式依赖或影响其他事务。修改数据的事务可以在另一个使用相同数据的事务开始之前访问这些数据或者在另一个使用相同数据的事务结束之后访问这些数据。另外，当事务修改数据时，如果任何其他进程正在同时使用相同的数据，则直到该事务成功提交之后，对数据的修改才能生效。张三和李四之间的转账与王五和赵二之间的转账，永远是相互独立的。

4．持久性

事务的持久性指不管系统是否发生了故障，事务处理的结果都是永久的。

一个事务成功完成之后，它对于数据库的改变是永久性的，即使系统出现故障也是如此。就是说，一旦事务被提交，事务的效果会被永久性地保留在数据库中。

8.3.2 事务的价值

在实际生活中，人们去银行办理业务，有一条记账原则，即"有借有贷，借贷相等"。为了保证这种原则，每发生一笔银行业务，就必须确保会计账目上借方和贷方至少各记录一笔，并且这两笔账要么同时提交成功，要么同时失败。如果出现只记录了借方，或者只记录了贷方的情况，就违反了记账原则，会出现记错账的情况。

视 频

演示示例8-3

【演示示例**⑧**－3】在 SchoolDB 数据库中，创建测试用的账户表 bank 并添加约束和测试数据，并实现从张三账户转账到李四账户

问题分析

①根据转账需求的需要，在现有的数据库 SchoolDB 中创建一个测试用的账户表 bank，存放用户张三和李四的账户信息，为了简化，每个账户只设计两个字段：姓名和余额。

②添加约束"账户余额不能少于 1 元"。

③插入两条测试数据："（ ' 张三 '，1000 ）"和"（ ' 李四 '，1 ）"。

④添加测试数据后，从张三的账户直接转账 1 000 元到李四的账户。

⑤使用 UPDATE 语句修改张三的账户和李四的账户，张三的账户减少 1 000 元，李四的账户增加 1 000 元。

⑥转账前余额总和为 1 001 元，转账后的余额总和应该保持不变，仍然为 1 001 元。

⑦如果发生错误，要分析错误发生的原因。

命令代码

```
USE SchoolDB;
DROP TABLE IF EXISTS bank;
CREATE TABLE bank
(
    customerName CHAR(10),
    currentMoney DECIMAL(10,2)
);
ALTER TABLE bank
    ADD CONSTRAINT CK_currentMoney CHECK(currentMoney>=1);
INSERT INTO bank(customerName,currentMoney)
    VALUES('张三',1000);
INSERT INTO bank(customerName,currentMoney)
    VALUES('李四',1);
SELECT * FROM bank;
UPDATE bank SET currentMoney=currentMoney-1000
    WHERE customerName='张三';
UPDATE bank SET currentMoney=currentMoney+1000
    WHERE customerName='李四';
SELECT * FROM bank;
```

代码执行结果如图 8-10 和图 8-11 所示。

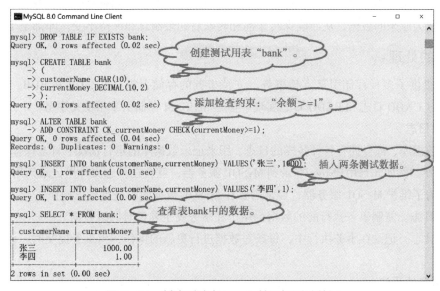

图 8-10　创建测试表 bank 并添加测试数据

代码分析

①前面的代码为创建表 bank，添加约束"账户余额大于 0"，并添加了两条测试数据。

②后面的代码是实现转账功能，主要就是执行两条 UPDATE 语句。

③错误提示，第一条 UPDATE 语句有错，执行时违反了"CK_currentMoney"约束，因为张三的账户原有余额为 1 000 元，减少了 1 000 元后即为 0 元，违反了上述约束，所以终止执行，余额保持不变，仍为 1 000 元。

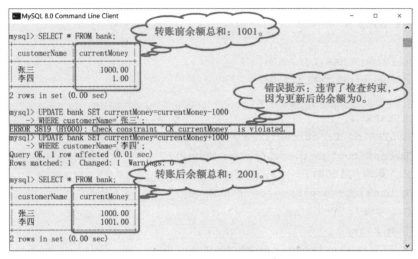

图 8-11　转账前后的数据对比

④第二条 UPDATE 语句正常执行，李四账户的余额更新为 1 001 元。

⑤执行最后一条语句，发现余额总和变成了 2 001 元，如图 8-11 所示，显然是错误的。

这个问题如何解决呢？使用事务可以解决此问题。转账过程就是一个事务，它需要两条 UPDATE 语句来完成，这两条语句是一个整体。如果其中任何一条出现错误，则整个转账业务也应取消，两个账户的余额应恢复为原来的数据，从而确保转账前和转账后的余额总和保持不变，即都是 1 001 元。

8.3.3　事务的处理

MySQL 中提供了多种存储引擎支持事务，支持事务的存储引擎有 InnoDB 和 BDB。InnoDB 存储引擎事务主要通过 UNDO 日志和 REDO 日志实现。但是 MyISAM 存储引擎不支持事务。

1. 数据库日志

任何一种数据库，都会拥有各种各样的日志，用来记录数据库的运行情况、日常操作、错误信息等，MySQL 也不例外。例如，当用户 root 登录到 MySQL 服务器，就会在日志文件里记录该用户的登录时间、执行操作等。为了维护 MySQL 服务器，经常需要在 MySQL 数据库中进行日志操作。

① UNDO 日志。复制事务执行前的数据，用于在事务发生异常时回滚数据。

② REDO 日志。记录在事务执行中，每条对数据进行更新的操作，当事务提交时，该内容将被刷新到磁盘。

2. 执行事务的语法

默认设置下，每句 SQL 语句就是一个事务，即执行 SQL 语句后自动提交。为了达到将几个操作作为一个整体的目的，需要使用 BEGIN 或 START TRANSACTION 开启一个事务，或者执行命令 SET AUTOCOMMIT=0 来禁止当前会话的自动提交，后面的语句作为事务的开始。

MySQL 使用下列语句来管理事务。

（1）开始事务

开始事务的基本语法格式为：

```
BEGIN;
```

或

```
START TRANSACTION;
```

这条语句显式地标记了一个事务的起点。

（2）提交事务

提交事务的基本语法格式为：

```
COMMIT;
```

这条语句标志一个事务成功提交。自事务开始至提交语句之间执行的所有数据更新将永久地保存在数据库数据文件中，并释放连接时占用的资源。

（3）回滚（撤销）事务

回滚（撤销）事务的基本语法为：

```
ROLLBACK;
```

清除自事务起始点至该语句所做的所有数据更新操作，将数据状态回滚到事务开始前，并释放由事务控制的资源。

BEGIN 或 START TRANSACTION 语句后面的 SQL 语句对数据库数据的更新操作都将记录在事务日志中，直至遇到 ROLLBACK 语句或 COMMIT 语句。如果事务中某一操作失败且执行了 ROLLBACK 语句，那么在开启事务语句之后所有更新的数据都能回滚到事务开始前的状态。如果事务中的所有操作都全部正确完成，并且使用了 COMMIT 语句向数据库提交更新数据，则此时的数据又处在新的一致状态。

3. 设置自动提交关闭或开启

MySQL 中默认开启自动提交模式，即未指定开启事务时，每条 SQL 语句都是单独的事务执行完毕自动提交。可以关闭自动提交模式、手动提交或回滚事务。

设置自动提交关闭或开启的基本语法格式如下：

```
SET autocommit=0|1;
```

其中：

①值为 0。表示关闭自动提交。

②值为 1。表示开启自动提交。

当执行 SET autocommit=0; 后，即关闭自动提交，从下一条 SQL 语句开始则开启新事务，需使用 COMMIT 或 ROLLBACK 语句结束该事务。

【演示示例❽–4】在 SchoolDB 数据库的账户表 bank 中，通过事务实现转账功能

问题分析

①在演示示例 8-3 的基础上通过事务实现转账功能。

②从张三账户转账 500 元到李四的账户。

视 频 ●·······

演示示例8-4

③设计事务的起点、事务的提交和事务的回滚，理解事务的工作机制。

④通过转账的过程理解设置事务自动提交和非自动提交的区别。

命令代码 1

```
USE SchoolDB;
SELECT * FROM bank;
BEGIN;
UPDATE bank
    SET currentMoney=currentMoney-500
    WHERE customerName='张三';
SELECT * FROM bank;
UPDATE bank
    SET currentMoney=currentMoney+500
    WHERE customerName='李四';
SELECT * FROM bank;
ROLLBACK;
SELECT * FROM bank;
```

命令代码 2

```
SELECT * FROM bank;
SET autocommit=0;
UPDATE bank
    SET currentMoney=currentMoney-500
    WHERE customerName='张三';
SELECT * FROM bank;
UPDATE bank
    SET currentMoney=currentMoney+500
    WHERE customerName='李四';
SELECT * FROM bank;
ROLLBACK;
SELECT * FROM bank;
```

代码执行结果如图 8-12 所示。

代码分析

①第一条和第二条 UPDATE 语句在事务提交或者回滚前都是正常执行的语句，也会更新数据表中的数据。

②在事务没有提交或者回滚之前，张三和李四的账户都在变化，但最后执行回滚并结束事务后，数据回到了事务开始前的状态，即两条 UPDATE 语句没有效果。

③如果将语句"ROLLBACK;"修改为"COMMIT;"，则两条最后账户的结果应该是"张三账户余额为 500，李四账户余额为 501"，即两条 UPDATE 语句效果保留。

④在命令代码 2 中，使用语句"SET autocommit=0;"代替了"BEGIN;"语句，都表示事务的开始。

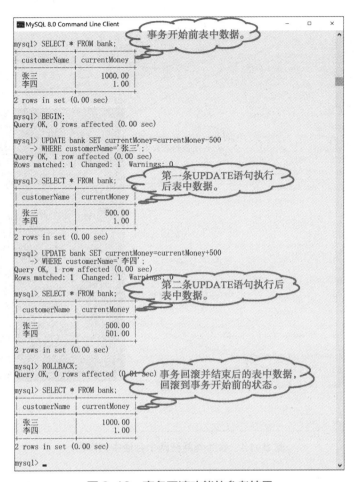

图 8-12　事务回滚功能的参考结果

4. 事务隔离

在数据库操作中，为了有效保证并发读取数据的正确性，提出了事务的隔离级别。在演示示例 8-3 和演示示例 8-4 中，事务的隔离级别为默认隔离级别。

在 MySQL 中，事务的默认隔离级别是 REPEATABLE-READ（可重读）隔离级别。即会话 B 中未关闭自动提交，在会话 A 中执行事务未结束时（未执行 COMMIT 或 ROLLBACK），会话 B 只能读取到未提交数据。

例如，可以再运行一个"MySQL 8.0 Command Line Client"客户端（会话 B），对演示示例 8-4 进行跟踪对比，进一步理解事务的机制，如图 8-13 所示。

通过图 8-13 分析可见，事务未提交的情况下，有其他会话使用到该数据库时，访问的数据是事务开始前的数据。只有当事务提交或者回滚后，才能访问到最新的数据。

【技能训练❽－4】在数据库 SchoolDB 中，使用事务批量插入学生考试成绩，并为毕业的学生办理离校手续

技能目标

①理解事务的机制、价值和应用场合。

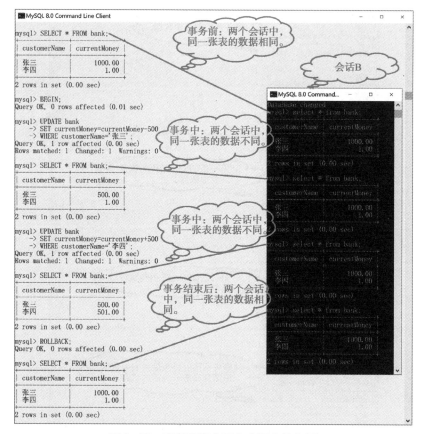

图 8-13　事务隔离在两个会话中的作用

②使用事务批量插入数据。

③使用事务批量删除涉及多张表的数据。

需求说明

①批量插入参加 "Web 客户端编程" 科目考试的 3 名学生的成绩到成绩表 Result 中。

②如果输入的成绩大于 100 分，则违反约束。

③如果某学生的学号在学生信息表 Student 中不存在，则违反约束。

④将即将毕业的某位同学的基本信息和考试成绩分别保存到历史表中，然后删除该同学的所有信息。

关键点分析

①按照两个事务来处理，先处理批量插入学生成绩信息的事务，再处理学生毕业的流程。

②为某位学生（假设学号为 "G1263201"）办理毕业手续的事务基本操作如下：

➢ 开始事务。

➢ 查询 Result 表中所有 "G1263201" 学生的考试成绩，保存到成绩历史表 historyResult 中。

➢ 删除 Result 表中所有 "G1263201" 学生的考试成绩。

➢ 查询 Student 表中所有 "G1263201" 学生的记录，保存到学生信息历史表 historyStudent 中。

➢ 删除 Student 表中所有 "G1263201" 学生的记录。

➢ 提交事务，查看各表中数据的变化。

➢ 回滚事务，查看各表中数据的变化。

补充说明

编写事务时需要注意以下几点：

①事务尽可能简短。

②事务中访问的数据量尽量最少。

③查询数据时尽量不要使用事务。

④在事务处理过程中尽量不要出现等待用户输入的操作。

▍ 小结

本章介绍了索引、视图和事务的工作机制与应用价值，详细分析了索引、视图和视图的创建、应用和管理，并通过对实际数据库的操作体现了它们在实际应用开发中的重要性。

本章知识技能体系结构如图 8-14 所示。

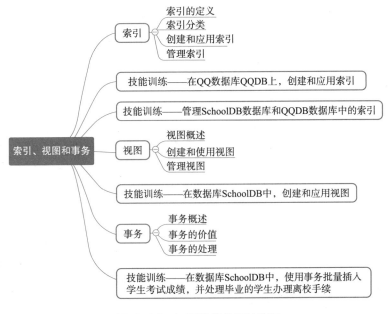

图 8-14　知识技能体系结构图

▍ 习题

一、选择题

1. (　　)包含了一组数据库操作命令,并且所有命令作为一个整体一起向系统提交或撤销操作的请求。

　　A. 事务　　　　　　　B. 更新　　　　　　　C. 插入　　　　　　　D. 以上都不是

2. 对数据库的修改必须遵循的规则：要么全部完成,要么全部不修改。这点可以认为是事务的(　　)特性。

　　A. 一致的　　　　　　B. 持久的　　　　　　C. 原子的　　　　　　D. 隔离的

3. 当一个事务提交或回滚时，数据库中的数据必须保持在（　　）状态。

    A. 隔离的   B. 原子的   C. 一致的   D. 持久的

4. 下列的（　　）语句用于清除自最近的事务语句以来所做的所有修改。

    A. COMMIT；   B. ROLLBACK；

    C. START TRANSACTION；   D. SAVE TRANSACTION；

5. 下列关于视图的说法错误的是（　　）。

    A. 可以使用视图集中数据、简化和定制不同用户对数据库的不同要求

    B. 视图可以使用户只关心其感兴趣的某些特定数据和他们所负责的特定任务

    C. 视图可以让不同的用户以不同的方式看到不同的或者相同的数据集

    D. 视图不能用于连接多表

6. 下面的（　　）语句是正确的。

    A. CREATE VIEW view_student AS

        SELECT ＊ FROM Student；

    B. CREATE VIEW view_student AS

        INSERT INTO student（stName，stAge）VALUES（'汪纯'，18）；

    C. CREATE VIEW view_student AS

        DELETE FROM student；

    D. CREATE VIEW view_student AS

        UPDATE student set stage=19 where stId='20610024'；

7. 下列关于索引管理的说法错误的是（　　）。

    A. 执行 CREATE TABLE 语句时可以创建索引，也可以单独用 CREATE INDEX 或 ALTER TABLE 为表增加索引

    B. 可通过唯一性索引设定数据表中的某些字段列不能包含重复值

    C. ALTER TABLE 或 DROP INDEX 语句都能删除数据表中的索引

    D. 查看索引的命令为：SHOW INDEX 数据表名

8. 下面关于视图的描述正确的是（　　）。

    A. 使用视图可以筛选原始物理表中的数据，不能增加数据访问的安全性

    B. 视图是一种虚拟表，数据只能来自一个原始物理表

    C. CREATE VIEW 语句中只可以有 select、insert、update、delete 语句

    D. 为了安全起见，一般只对视图执行查询操作，不推荐在视图上执行修改操作

9. 为数据表创建索引的目的是（　　）。

    A. 提高查询的检索性能   B. 创建唯一性索引

    C. 创建主键   D. 归类

10. 在 MySQL 数据库的一个班级表中只记录了 100 位学生的情况，那么对该表建立索引文件的描述正确的是（　　）。

    A. 一定要，索引有助于加快搜索记录的进程

B. 不适合，对少量记录的表进行索引实际上会产生不利的影响

C. 一定要，索引对于任何数据库表都是必要的

D. 没有必要，建立索引对任何数据库的性能都没有影响

11. 视图是一种常用的数据对象，它是提供（　　　）数据的另一种途径，可以简化数据库操作。

A. 查看、存放　　　　B. 查看、检索　　　C. 插入、更新　　　D. 检索、插入

12. 下列对视图的描述错误的是（　　　）。

A. 是一张虚拟的表　　　　　　　　　B. 在存储视图时存储的是视图的定义

C. 可以像查询表一样来查询视图　　　D. 在存储视图时存储的是视图中的数据

13. 记录数据库事务操作信息的文件是（　　　）。

A. 数据文件　　　　B. 索引文件　　　C. 辅助数据文件　　　D. 日志文件

14. 下面对索引的相关描述正确的是（　　　）。

A. 经常被查询的列不适合建索引　　　B. 列值唯一的列适合建索引

C. 有很多重复值的列适合建索引　　　D. 是外键或主键的列不适合建索引

15. 下面关于事务的描述错误的是（　　　）。

A. 事务可用于保持数据的一致性　　　B. 事务应该尽量小且应尽快提交

C. 应避免人工输入操作出现在事务中　　　D. 在事务中可以使用 ALTER DATEABSE

二、操作题

1. 在图书馆管理系统数据库 LibraryDB 中，读者"张无忌"办理借阅《深入 .NET 平台和 C# 编程》图书的手续，要求编码实现。提示：在图书借阅表中增加一条图书借阅记录的同时，将图书信息表中此书的当前数量减 1，在读者信息表中为"张无忌"记录已借书数量列加 1。

2. 在图书馆管理系统数据库 LibraryDB 中，编码实现读者"刘冰冰"缴纳罚金归还图书的手续，要求一次完成以下功能。

（1）在罚款记录表中增加一条记录，记录"刘冰冰"因延期还《西游记》一书而缴纳滞纳金 5.6 元。

（2）在图书借阅表中修改归还日期为当前日期。

（3）将读者信息表中已借书数量减 1。

（4）将图书信息表中现存数量加 1。

3. 在图书馆管理系统数据库 LibraryDB 中，图书管理员希望及时得到最新的到期图书清单，包括图书名称、到期日期和读者姓名等信息；而读者则关心各种图书信息，如图书名称、馆存量和可借阅数量等。请编写代码按上面的需求在图书名称字段创建索引，为图书馆管理员和读者分别创建不同的查询视图，并利用所创建的索引和视图获得相关的数据。（使用子查询获得已借出图书的数量。可借阅数量 = 馆存量 – 已借出数量）

第9章
存储过程和触发器

工作情境和任务

用户在使用"高校成绩管理系统"时，经常要查询学生信息，包括学号、姓名、课程名称、考试成绩等信息。由于该查询在程序中使用频率非常高，因此，开发人员想用一种可以重复使用而又高性能的方式来实现，这种方法就是存储过程。

在实际使用中，当要删除某个学生信息时，要将成绩表中的成绩也要删除，以确保数据的完整性与一致性，这个需求需要数据库开发人员创建触发器来实现。

➢ 创建和管理存储过程。

➢ 创建和管理触发器。

知识和技能目标

➢ 理解编程访问数据库的概念和途径。

➢ 理解存储过程的概念和工作过程。

➢ 掌握存储过程的创建和管理。

➢ 掌握触发器的创建和管理。

➢ 灵活应用存储过程和触发器解决实际问题。

本章重点和难点

➢ 通过编程来访问数据库。

➢ 使用存储过程和触发器解决实际问题。

在实际应用开发中，需要通过编程来访问数据库，提高访问数据库的效率，保证数据库的安全。MySQL 数据库也具有编程的功能，和普通程序设计语言有相似之处。

通过编程来访问数据库的主要途径有存储过程和触发器。

9.1 MySQL 编程基础

和普通的程序设计语言一样，MySQL 编程也可以使用常量、变量、函数，也有自己的流程控制语句来实现分支和循环。

9.1.1 常量和变量

1. 常量

常量是表示一个特定数据值的符号，在程序运行过程中始终保持不变，它的使用格式取决于它所表示的值的数据类型，常用的有字符串常量、数值常量、时间日期常量、布尔值、空值等。

字符串常量必须用单引号或双引号括起来；数值常量包括整数常量和使用小数点的浮点数常量；日期时间常量也需要用单引号将表示日期时间的字符串括起来；布尔值只有 TRUE 和 FALSE 两个可能值；NULL 值适用于各种数据类型，通常表示"没有值""无数据"等意义。

2. 变量

变量用于临时存放数据，它的值在程序运行过程中改变。变量分为用户变量、局部变量、会话变量和全局变量。会话变量和全局变量称为系统变量。

（1）变量的定义和赋值

在 MySQL 数据库中，定义变量有两种方式：

方式一：使用 SET 或 SELECT 直接赋值，变量名以 @ 开头。例如：

```
SET @a=1;
```

可以在一个会话的任何地方声明，作用域是整个会话，称为用户变量。

方式二：以 DECLARE 关键字声明的变量，只能在存储过程中使用，称为存储过程变量，例如：

```
DECLARE 变量名 数据类型 [DEFAULT 默认值]
```

其中：

① DEFAULT 子句给变量指定了一个默认值。

② 只能在 BEGIN–END 语句中声明，而且必须在 BEGIN–END 的第一行就声明。

两种方式的主要区别是：

① 在调用存储过程时，以 DECLARE 声明的变量都会被初始化为 null。

② 会话变量（即 @ 开头的变量）则不会被再初始化，在一个会话内，只须初始化一次，之后在会话内都是使用上一次计算的结果，就相当于是这个会话内的全局变量。

（2）用户变量

用户变量在客户端连接到数据库实例整个过程中都是有效的。

MySQL 中用户变量不用事前定义，在用的时候直接用 "@ 变量名" 即可使用，必须使用 "@" 开头。例如：

```
SET @S1=1;
```
或
```
SET @S1: =1;
```
或
```
SELECT @S2: =100;
```
或
```
SELECT @S3: =字段名 FROM 表名 WHERE…;
```

上面两种赋值符号，使用 SET 时可以用 "=" 或 " : ="，但是使用 SELECT 时必须用 " : ="。

SELECT 语句一般用来输出用户变量的值。

例如：

```
USE SchoolDB;
SET @A=100;
SET @B=@A+100;
SELECT @A,@B;
SELECT @C:=studentNo
    FROM Student WHERE studentName='王子洋';
SELECT @C AS '王子洋的学号';
```

以上代码的执行结果如图 9-1 所示。

（3）局部变量

局部变量只在当前 BEGIN-END 代码块中有效，其作用域仅限于该语句块，在该语句块执行完毕后，局部变量就消失了。DECLARE 语句专门用于定义局部变量，可以使用 default 来说明默认值。

（4）全局变量和会话变量

全局变量和会话变量都称为系统变量。

全局变量在 MySQL 启动时由服务器自动将它们初始化为默认值，这些默认值可以通过更改 my.ini 文件来更改。

会话变量在每次建立一个新的连接时，由 MySQL 初始化。MySQL 会将当前所有全局变量的值复制一份，作为会话变量。

全局变量与会话变量的主要区别为：对全局变量的修改会影响整个服务器，但是对会话变量的修改，只会影响当前的会话（也就是当前的数据库连接）。

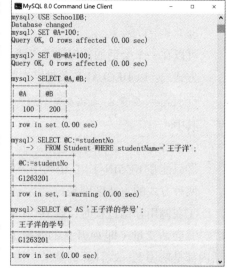

图 9-1　用户变量的使用

3. 修改语句结束标志

在 MySQL 中，服务器处理语句是以分号为结束标志的。但是在数据库编程时，程序段 BEGIN-END

中可能包含多个 SQL 语句，每个 SQL 语句都以分号结尾，这时服务器处理程序遇到第 1 个分号就会认为程序结束，这样程序无法正常执行，因此在书写程序之前先使用 DELIMITER 命令将 SQL 语句的结束标志修改为其他符号。

修改语句结束标志的基本语法格式为：

```
DELIMITER $$
```

其中：

①该命令不需要再用"；"结束。

②"$$"是用户定义的结束符，通常该符号可以是一些特殊符号，如 2 个"##"、2 个"//"等。

③当使用 DELIMITER 命令时，应该避免使用反斜杠（"\"）字符，因为它是 MySQL 的转义字符。

④如果要恢复默认的"；"为结束符，需要再次使用该语句修改，修改语句为：

```
DELIMITER ;
```

9.1.2 流程控制语句

在 MySQL 中，可以使用 IF 语句、CASE 语句和 WHILE 语句等进行程序的流程控制。

1. IF ELSE语句

IF 语句用来进行条件判断。根据是否满足条件，将执行不同的语句。基本语法格式为：

```
IF 条件表达式
    语句块 1
ELSE
    语句块 2
END IF
```

其中：

①条件表达式。关系运算符和逻辑运算符组成的表达式，它的值决定 IF 分支的执行路线。

②语句块。条件表达式成立时执行语句块 1，不成立时执行语句块 2。如果语句块的语句多于一条，则语句块开始前使用"BEGIN"，语句块结束后使用"END"。

2. CASE语句

当条件表达式的分支多于两条时，可以使用 CASE 语句对每一种结果进行处理，基本语法格式为：

```
CASE 条件表达式
    WHEN 条件表达式结果 1 THEN 语句 1
    WHEN 条件表达式结果 2 THEN 语句 2
    …
    WHEN 条件表达式结果 n THEN 语句 n
    ELSE 语句 n+1
END CASE
```

其中：

①条件表达式。关系运算符和逻辑运算符组成的表达式，它的值决定 CASE 分支的执行路线。

②条件表达式结果。要与条件表达式的数据类型相同，二者相同时执行对应的 THEN 后的语句。

③ ELSE。与前面所列出的条件表达式结果都不相匹配时，执行 ELSE 后的语句。

④ CASE 语句是先计算条件表达式的值，然后按照指定顺序依次与 WHEN 子句的条件表达式结果进行比较，一旦匹配成功，则会返回 THEN 后指定的结果。如果都不匹配，则会返回 ELSE 后的执行结果。

3. 循环语句

MySQL 支持创建循环的语句，分别是 WHILE、REPEAT 和 LOOP 语句，以 WHILE 语句使用最为广泛。在存储过程中可以定义一个或多个循环语句。

WHILE 语句是设置重复执行 SQL 语句或语句块的条件，当指定的条件为真时，重复执行循环语句。基本语法格式为：

```
[开始标号：]WHILE 条件表达式 DO
    程序段
END WHILE [结束标号]
```

其中：

①条件表达式。WHILE 语句先判断条件表达式是否为真，为真则执行程序段中的语句，然后再次进行判断，为真则继续循环，不为真则结束循环。

②开始标号和结束标号。是 WHILE 语句的标注。除非开始标号存在，否则不能单独出现结束标号，并且如果两者都出现，它们的名字必须是相同的。多数场合是省略标号。

9.2　存储过程

存储过程是数据库编程的最典型应用，是数据库对象之一，驻留在数据库中，可以被应用程序调用，并允许数据以参数的形式进行传递。

9.2.1　存储过程概述

1. 存储过程的定义

在 MySQL 中，可以定义一组完成特定功能的 SQL 语句集，当首次执行时，MySQL 会将其保留在内存中，以后调用时就不需要再进行编译，这样的语句集称为存储过程。

存储过程可以包含声明式 SQL 语句（如 CREATE、UPDATE 和 SELECT 等）和过程式 SQL 语句（如 IF-ELSE），可以接受输入、输出参数，返回单个或多个结果。

存储过程可以只包含一条 SELECT 语句，也可以包含一系列使用控制流的 SQL 语句，如图 9-2 所示。存储过程可以包含个别或全部的控制流结构。

2. 使用存储过程的优点

在 MySQL 服务器中使用存储过程有很多好处。

①提高系统性能。存储过程执行一次后，其执行规划就驻留在高速缓冲存储器中，以后需要操作时，只需从高速缓冲存储器中调用已编译好的二进制代码执行即可，提高了系统性能。

②实现了模块化设计思想。存储过程创建好以后，可以多次被用户调用，而不必重新编写 SQL 语句，

如果业务规则发生改变，只需要修改存储过程来适应新的业务规则，客户端应用程序不需要修改，实现了程序的模块化设计思想。

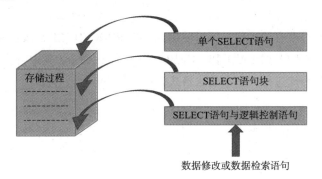

图 9-2　存储过程中的语句

③确保数据库安全。用户可以使用存储过程完成所有数据库操作，而不需要授予其直接访问数据库对象的权限，相当于把用户和数据库隔离开来，进一步保证了数据的完整性和安全性。

9.2.2　创建和管理存储过程

1．创建存储过程

创建存储过程使用 CREATE PROCEDURE 语句，基本语法格式为：

```
CREATE PROCEDURE 存储过程名([参数[,…]])
    存储过程体
```

其中：

①存储过程名。存储过程的名称，默认在当前数据库中创建。需要在特定数据库中创建存储过程时，则要在名称前面加上数据库的名称，格式为：db_name.sp_name。

②存储过程名的命名。必须遵守标识符的命名规则，建议加 proc 前缀以区别于其他数据库对象。

③参数。存储过程的参数，使用参数要指明参数类型、参数名称、参数的数据类型，多个参数中间用逗号分隔。存储过程可以有 0 个、1 个或多个参数。MySQL 存储过程支持 3 种类型的参数：输入参数、输出参数和输入／输出参数，关键字分别是 IN、OUT 和 INOUT。当没有参数时，存储过程名称后面的括号不能省略。

④存储过程体。存储过程的主体部分，其中包含了在存储过程调用时必须执行的语句，该部分总是以 BEGIN 开始，以 END 结束。但是，当存储过程体中只有一条 SQL 语句时可以省略 BEGIN-END 标识。

2．调用存储过程

存储过程创建后，可以在程序、触发器或其他存储过程中被调用，但是都必须使用到 CALL 语句，基本语法格式为：

```
CALL 存储过程名([参数[,…]]);
```

其中：

①存储过程名。准备调用的存储过程的名称，如果要调用某个其他特定数据库的存储过程，则需要在前面加上该数据库的名称。

②参数。为调用该存储过程使用的参数，参数个数必须总是等于存储过程定义时的参数个数。

③括号。存储过程名的后面必须有一对括号，其中为参数列表，如果无参数，也必须有一对括号。

3. 查看存储过程

要想查看数据库中有哪些存储过程，可以使用 SHOW PROCEDURE STATUS 命令。要查看某个存储过程的具体信息，可使用 SHOW CREATE PROCEDURE sp_name 命令，其中 sp_name 是存储过程的名称。

查看当前数据库中的存储过程，基本语法格式为：

```
SHOW PROCEDURE STATUS;
```

查看存储过程的具体代码，基本语法格式为：

```
SHOW CREATE PROCEDURE 存储过程名;
```

4. 删除存储过程

存储过程创建后需要删除时使用 DROP PROCEDURE 语句。在此之前，必须确认该存储过程没有任何依赖关系，否则会导致其他与之关联的存储过程无法运行。基本语法格式为：

```
DROP PROCEDURE [IF EXISTS] 存储过程名
```

存储过程名是指要删除的存储过程名称。IF EXISTS 子句是 MySQL 的扩展，如果存储过程不存在，防止发生错误。

视频

演示示例9-1

【演示示例❾-1】在 SchoolDB 数据库中，创建、执行和管理不带参数的存储过程

问题描述和分析

①查询"胡保蜜"同学的成绩，显示学号、姓名、课程名称和考试成绩，按照课程编号升序排序。

②涉及 3 张表的查询，连接条件至少需要 2 个，先将 Result 表和 Student 表连接，连接条件是学号相等，再继续和 Subject 表连接，连接条件是课程编号相等。

③排序通过 ORDER BY 子句实现。

④将查询语句作为一个存储过程，创建一个无参数的存储过程。

⑤使用 CALL 语句执行创建好的存储过程。

⑥通过"SHOW CREATE PROCEDURE"语句查看存储过程的内容。

命令代码

```
USE SchoolDB;
DROP PROCEDURE IF EXISTS proc_GetResult;
DELIMITER //
CREATE PROCEDURE proc_GetResult()
BEGIN
    SELECT S.studentNo AS '学号',studentName AS '姓名',
    subjectName AS '课程名',studentResult AS '成绩'
    FROM Student AS S
        JOIN Result AS R ON(S.studentNo=R.studentNo)
        JOIN Subject AS SJ ON(SJ.subjectId=R.subjectId)
```

```
        WHERE studentName='胡保蜜'
        ORDER BY R.subjectId;
END //
DELIMITER ;
CALL proc_GetResult();
SHOW CREATE PROCEDURE proc_GetResult;
```

代码执行结果如图 9-3 所示。

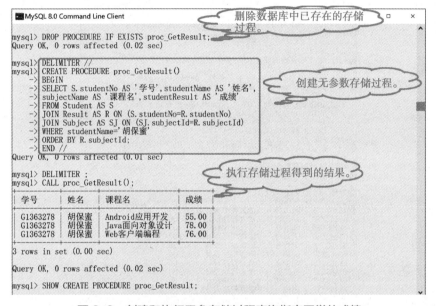

图 9-3 创建和执行无参存储过程查询指定同学的成绩

补充说明

①为了避免新创建的存储过程与系统中已经存在的存储过程同名，在新建之前使用 "DROP" 语句删除即将要创建的存储过程。

②要创建存储过程前，使用 "DELIMITER//" 命令修改语句结束符号为 "//"，存储过程完毕，要使用 "DELIMITER；" 命令将语句结束符号修改为默认的 "；"。

③执行时，虽然是无参存储过程，存储过程名称的后面也必须带上一对括号。

【技能训练 ❾ –1】在 SchoolDB 数据库中，通过存储过程实现查询学习了 "C 语言程序设计" 课程所有学生的成绩

技能目标

①理解存储过程的机制、价值和应用场合。

②创建无参数存储过程。

③执行和管理无参数存储过程。

需求说明

①在数据库 SchoolDB 中，创建无参数存储过程 "proc_GetSubjectResult"。

②查询"C 语言程序设计"课程的所有成绩，显示学号、姓名、课程名称和考试成绩，按照考试成绩升序排序。

③使用 CALL 语句执行创建好的存储过程。

④在创建存储过程之前使用删除存储过程命令，删除数据库中已经存在的同名的存储过程。

⑤需求的运行参考结果如图 9-4 所示。

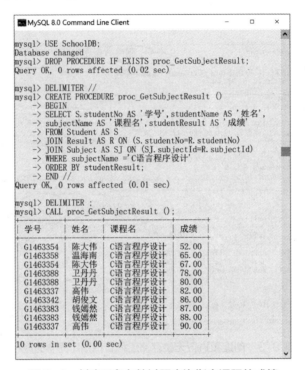

```
MySQL 8.0 Command Line Client                          —    □    ×

mysql> USE SchoolDB;
Database changed
mysql> DROP PROCEDURE IF EXISTS proc_GetSubjectResult;
Query OK, 0 rows affected (0.02 sec)

mysql> DELIMITER //
mysql> CREATE PROCEDURE proc_GetSubjectResult ()
    -> BEGIN
    -> SELECT S.studentNo AS '学号',studentName AS '姓名',
    -> subjectName AS '课程名',studentResult AS '成绩'
    -> FROM Student AS S
    -> JOIN Result AS R ON (S.studentNo=R.studentNo)
    -> JOIN Subject AS SJ ON (SJ.subjectId=R.subjectId)
    -> WHERE subjectName ='C语言程序设计'
    -> ORDER BY studentResult;
    -> END //
Query OK, 0 rows affected (0.01 sec)

mysql> DELIMITER ;
mysql> CALL proc_GetSubjectResult ();
+----------+--------+--------------+--------+
| 学号     | 姓名   | 课程名       | 成绩   |
+----------+--------+--------------+--------+
| G1463354 | 陈大伟 | C语言程序设计 | 52.00  |
| G1463358 | 温海南 | C语言程序设计 | 65.00  |
| G1463354 | 陈大伟 | C语言程序设计 | 67.00  |
| G1463388 | 卫丹丹 | C语言程序设计 | 78.00  |
| G1463388 | 卫丹丹 | C语言程序设计 | 80.00  |
| G1463337 | 高伟   | C语言程序设计 | 82.00  |
| G1463342 | 胡俊文 | C语言程序设计 | 86.00  |
| G1463383 | 钱嫣然 | C语言程序设计 | 87.00  |
| G1463383 | 钱嫣然 | C语言程序设计 | 88.00  |
| G1463337 | 高伟   | C语言程序设计 | 90.00  |
+----------+--------+--------------+--------+
10 rows in set (0.00 sec)
```

图 9-4　创建无参存储过程查询指定课程的成绩

关键点分析

①先要打开 SchoolDB 数据库，切换为当前数据库，因为存储过程是具体数据库的对象。

②查询涉及 3 张表的查询，先将 Result 表和 Student 表连接，连接条件是学号相等，再继续和 Subject 表连接，连接条件是课程编号相等。需要按照考试成绩升序排序。

【演示示例 ⑨ –2】在 SchoolDB 数据库中，创建、执行和管理带输入参数的存储过程

问题描述和分析

①在演示示例 9-1 中，查询指定的某位同学的成绩，本演示示例将实现查询任意一位同学的成绩。

②查询学生的姓名由输入参数决定，执行时由用户指定。

③查询输入参数指定的同学的成绩，显示学号、姓名、课程名称和考试成绩，按照课程编号升序排序。

④使用 CALL 语句执行创建好的带参数的存储过程，将学生姓名作为参数。写在括号中。

⑤在创建存储过程之前使用删除存储过程命令,删除数据库中已经存在的同名的存储过程。

视频

演示示例9-2

命令代码

```
USE SchoolDB;
DROP PROCEDURE IF EXISTS proc_GetNameResult;
DELIMITER //
CREATE PROCEDURE proc_GetNameResult(IN name varchar(50))
BEGIN
  SELECT S.studentNo AS '学号',studentName AS '姓名',
    subjectName AS '课程名',studentResult AS '成绩'
    FROM Student AS S
      JOIN Result AS R ON(S.studentNo=R.studentNo)
      JOIN Subject AS SJ ON(SJ.subjectId=R.subjectId)
      WHERE studentName=name
      ORDER BY R.subjectId;
END //
DELIMITER ;
CALL proc_GetNameResult('胡保蜜');
CALL proc_GetNameResult('王子洋');
```

代码执行结果如图 9-5 所示。

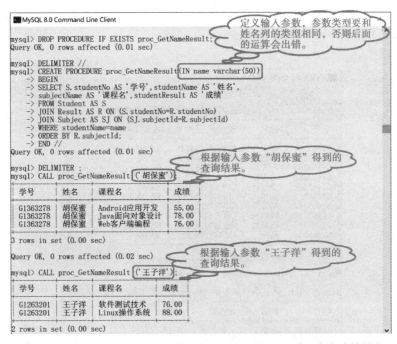

图 9-5　创建和执行通过学生姓名为输入参数的存储过程查询成绩信息

补充说明

①为了避免新创建的存储过程与系统中已经存在的存储过程同名，在新建之前使用"DROP"语句删除即将要创建的存储过程。

②定义的输入参数是一个变量，变量的类型要和后面运算需要的类型匹配，本演示示例中要求和学生姓名比较，因此类型要和学生姓名的类型"VARCHAR（50）"相同，否则会给后面的运算带来麻烦。

③在执行时，指定参数值，如"王子洋""胡保蜜"等，得到的结果如图 9-5 所示。

【技能训练❾-2】在 SchoolDB 数据库中，通过带输入参数的存储过程实现查询学习了某一门课程所有学生的成绩

技能目标

①理解带输入参数存储过程的机制、价值和应用场合。

②创建带输入参数的存储过程。

③执行和管理带输入参数的存储过程。

需求说明

①在数据库 SchoolDB 中，创建带输入参数的存储过程"proc_GetInSubjectResult"。

②参数为课程名称。

③根据参数查询学习了该课程学生的所有成绩，显示学号、姓名、课程名称和考试成绩，按照考试成绩升序排序。

④使用 CALL 语句执行创建好的带参数存储过程，先执行输入参数为"C 语言程序设计"，再执行输入参数为"大学英语"。

⑤在创建存储过程之前使用删除存储过程命令，删除数据库中已经存在的同名的存储过程。

⑥需求的运行参考结果如图 9-6 所示。

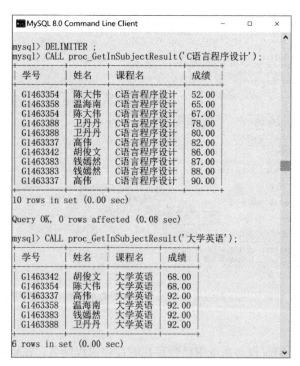

图 9-6　创建和执行通过课程名称为输入参数的存储过程查询成绩信息

关键点分析

①先要打开 SchoolDB 数据库，切换为当前数据库。

②执行带参数的存储过程时，一定要指定具体的输入参数，否则无法执行，并且输入参数的类型和个数要和创建时定义的参数相同。

【演示示例❾–3】在 SchoolDB 数据库中，创建、执行和管理带输入和输出参数的存储过程

视 频 ●········

演示示例9–3

问题描述和分析

①在演示示例 9-2 中，可以通过输入参数查询任意一位学生的成绩信息，显示学号、姓名、课程名称和考试成绩，按照课程编号升序排序。

②在实际应用中，还希望能返回该学生的总分，为后续的应用开发提供数据，比如根据总分确定该学生能否入围某项奖励等。

③设计一个输出参数，带回存储过程中计算得到的该学生的总分。

④使用 CALL 语句执行创建好的带参数的存储过程，将学生姓名作为输入参数，并指定一个变量接收存储过程带回的输出参数的值。

⑤在创建存储过程之前使用删除存储过程命令，删除数据库中已经存在的同名存储过程。

命令代码

```
USE SchoolDB;
DROP PROCEDURE IF EXISTS proc_Sum;
DELIMITER //
CREATE PROCEDURE proc_Sum(IN name varchar(50),OUT sum float(6,2))
BEGIN
  SELECT S.studentNo AS '学号',studentName AS '姓名',
    subjectName AS '课程名',studentResult AS '成绩'
    FROM Student AS S
      JOIN Result AS R ON(S.studentNo=R.studentNo)
      JOIN Subject AS SJ ON(SJ.subjectId=R.subjectId)
    WHERE studentName=name
    ORDER BY R.subjectId;
  SELECT SUM(studentResult)INTO sum
    FROM Student AS S
      JOIN Result AS R ON(S.studentNo=R.studentNo)
      JOIN Subject AS SJ ON(SJ.subjectId=R.subjectId)
    WHERE studentName=name
    ORDER BY R.subjectId;
END //
DELIMITER ;
CALL proc_Sum('胡保蜜',@sum1);
CALL proc_Sum('王子洋',@sum2);
SELECT @sum1,@sum2;
```

代码执行结果如图 9-7 所示。

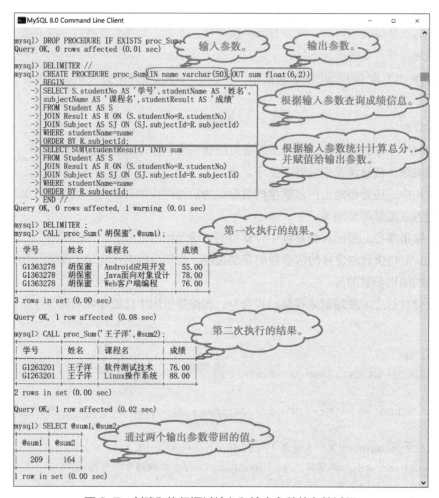

图 9-7　创建和执行通过输入和输出参数的存储过程

补充说明

①在新建之前使用 "DROP" 语句删除与即将要创建的存储过程同名的存储过程。

②定义的输入参数是一个变量，变量的类型要和后面运算需要的类型匹配。

③定义的输出参数也是一个变量，变量的类型根据后续应用的需求确定，并要与存储过程中统计的量相匹配。

④在执行时，指定输入参数值和接收输出参数值的变量，如图 9-7 所示。

【技能训练⑨-3】在 SchoolDB 数据库中，通过带输入参数和输出参数的存储过程，实现查询任意一门课程所有学生的成绩，并带回该课程的平均分

技能目标

①理解带输入参数和输出参数存储过程的机制、价值和应用场合。

②创建带输入参数和输出参数的存储过程。

③执行和管理带输入参数和输出参数的存储过程。

需求说明

①在数据库 SchoolDB 中，创建带输入参数和输出参数的存储过程“proc_InOutResult”。

②输入参数为课程名称，输出参数为该课程平均分。

③根据输入参数查询学习了该课程学生的所有成绩，显示学号、姓名、课程名称和考试成绩，按照考试成绩升序排序。

④使用 CALL 语句执行创建好的存储过程，先执行输入参数为“C 语言程序设计”、输出参数为“@avg1”，再执行输入参数为“大学英语”、输出参数为“@avg2”。

⑤在创建存储过程之前使用删除存储过程命令，删除数据库中已经存在的同名存储过程。

⑥需求的运行参考结果如图 9-8 所示。

```
MySQL 8.0 Command Line Client
mysql> DELIMITER ;
mysql> CALL proc_InOutResult('C语言程序设计',@avg1);
+----------+--------+--------------+-------+
| 学号     | 姓名   | 课程名       | 成绩  |
+----------+--------+--------------+-------+
| G1463354 | 陈大伟 | C语言程序设计 | 52.00 |
| G1463358 | 温海南 | C语言程序设计 | 65.00 |
| G1463354 | 陈大伟 | C语言程序设计 | 67.00 |
| G1463388 | 卫丹丹 | C语言程序设计 | 78.00 |
| G1463388 | 卫丹丹 | C语言程序设计 | 80.00 |
| G1463337 | 高伟   | C语言程序设计 | 82.00 |
| G1463342 | 胡俊文 | C语言程序设计 | 86.00 |
| G1463383 | 钱嫣然 | C语言程序设计 | 87.00 |
| G1463383 | 钱嫣然 | C语言程序设计 | 88.00 |
| G1463337 | 高伟   | C语言程序设计 | 90.00 |
+----------+--------+--------------+-------+
10 rows in set (0.00 sec)

Query OK, 1 row affected (0.04 sec)

mysql> CALL proc_InOutResult('大学英语',@avg2);
+----------+--------+----------+-------+
| 学号     | 姓名   | 课程名   | 成绩  |
+----------+--------+----------+-------+
| G1463342 | 胡俊文 | 大学英语 | 68.00 |
| G1463354 | 陈大伟 | 大学英语 | 68.00 |
| G1463337 | 高伟   | 大学英语 | 92.00 |
| G1463358 | 温海南 | 大学英语 | 92.00 |
| G1463383 | 钱嫣然 | 大学英语 | 92.00 |
| G1463388 | 卫丹丹 | 大学英语 | 92.00 |
+----------+--------+----------+-------+
6 rows in set (0.00 sec)

Query OK, 1 row affected (0.03 sec)

mysql> SELECT @avg1,@avg2;
+-------+-------+
| @avg1 | @avg2 |
+-------+-------+
|  77.5 |    84 |
+-------+-------+
1 row in set (0.00 sec)
```

图 9-8 创建和执行带输入参数和输出参数存储过程的参考结果

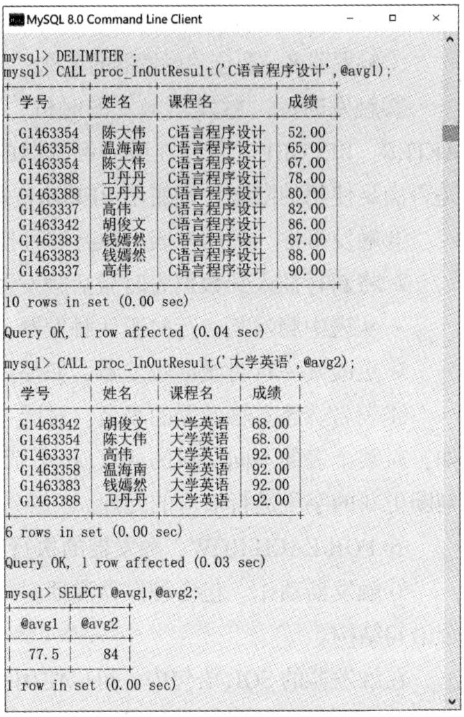

关键点分析

①先要打开 SchoolDB 数据库，切换为当前数据库。

②参照演示示例 9-3，存储过程内使用两个查询语句，分别输出和求平均分。

③执行带输入和输出参数的存储过程时，参数的顺序要和创建时定义的顺序相同，比如前面是输入参数，后面是输出参数。

④输入参数和输出参数的类型和个数要和创建时定义的参数相同。

9.3 触发器

为了确保数据的完整性，数据库设计人员可以为表创建触发器来实现更为复杂的业务规则。

9.3.1 创建触发器

1. 触发器

触发器是一种特殊的存储过程，是一组SQL语句的集合，作为表的一部分被创建。当预定义的事件（如向表中插入数据时）发生时自动执行，无须用户调用。

触发器与表的关系紧密，常用于保护表中的数据或实现数据的完整性。例如，当某个用户订购了某种商品时，相应商品的库存数量要做相应变更，即在原有库存基础上减去已订购的数量。

2. 创建触发器

触发器只能在永久表上创建，不能对临时表创建触发器，也不可以在视图上创建。使用 CREATE TRIGGER 语句创建触发器。基本语法格式为：

```
CREATE TRIGGER 触发器名 触发时间 触发事件
    ON 表名 FOR EACH ROW 触发器动作
```

其中：

①触发器名。要创建触发器的名称，在当前数据库中必须具有唯一的名称，在不同数据库中可以同名。

②触发时间。触发器触发的时机，表示触发器是在激活它的语句之前或之后触发，有两个选项：AFTER、BEFORE。若要在激活触发器的语句执行之后执行，使用 AFTER 选项；如果想要验证新数据是否满足使用的限制，则使用 BEFORE 选项。

③触发事件。指明在表上执行哪种操作时会激活触发器。可选的事件如下：

➢ 将新行插入到数据表时激活触发器，如使用 INSERT、LOAD DATA 和 REPLACE 语句。

➢ 从表中删除某一行时激活触发器，如使用 DELETE 和 REPLACE 语句。

➢ 更改某一行时激活触发器，如使用 UPDATE 语句。

④表名。建立触发器的表名。对同一个表相同触发时间的相同触发事件，只能定义一个触发器。例如，对某个表的不同字段的 AFTER 更新触发器，在 MySQL 中只能定义成一个触发器，在触发器中通过判断更新的字段进行对应的处理。

⑤ FOR EACH ROW。触发器的执行间隔。对于受触发器事件影响的每一行都要激活触发器的动作。

⑥触发器动作。包含触发器激活时将要执行的语句。如果要执行多个语句，可使用 BEGIN-END 复合语句结构。

在触发器的 SQL 语句中，可以使用 OLD 和 NEW 来引用触发器中发生变化的记录内容。

例如，OLD 关联被删除或被更新前的记录，NEW 关联被插入的记录或被更新后的记录，通过 OLD.col_name、NEW.col_name 关联对应记录中的某个字段对应的值。

对于 INSERT 语句，只有 NEW 是合法的；对于 DELETE 语句，只有 OLD 才合法；而 UPDATE 语句可以与 NEW 或 OLD 同时使用。

触发器也是存储过程，但是不能返回任何结果到客户端，为了阻止从触发器返回结果，建议不要在触发器定义中包含 SELECT 语句。

视 频

演示示例9-4

【演示示例❾–4】在 SchoolDB 数据库中，创建一个触发器，当删除学生信息表 Student 中的记录时，成绩表 Result 中对应的该学生的成绩也应删除

问题描述和分析

①在 SchoolDB 数据库关系图中，成绩表 Result 中的学号引用了学生信息表 Student 中的学号。即 Result 表为子表。

②根据建立的主外键约束，删除 Student 表中的数据，必须先删除子表 Result 中的数据，否则主表数据删除失败。

③在该数据库上设计一个触发器，当删除学生信息表 Student 中的记录时，成绩表 Result 中对应的该学生的成绩也应删除。

④验证触发器。即删除一条 Student 表中的数据，如姓名为"胡俊文"（学号为 G1463342）的学生，将会自动删除表 Result 中学号为"G1463342"的成绩信息。

命令代码

```
USE SchoolDB;
DROP TRIGGER IF EXIST Str_stu_delete;
```

```
DELIMITER //
CREATE TRIGGER tr_stu_delete BEFORE DELETE
    ON Student
    FOR EACH ROW
    BEGIN
      DELETE FROM Result
      WHERE studentNo=OLD.studentNo;
END //
DELIMITER ;
SELECT studentNo AS '学号',studentName AS '姓名'FROM Student
    WHERE studentNo='G1463342';
SELECT * FROM Result
    WHERE studentNo='G1463342';
DELETE FROM Student
    WHERE studentNo='G1463342';
SELECT studentNo AS '学号',studentName AS '姓名'FROM Student
    WHERE studentNo='G1463342';
SELECT * FROM Result
    WHERE studentNo='G1463342';
```

代码执行结果如图 9-9 所示。

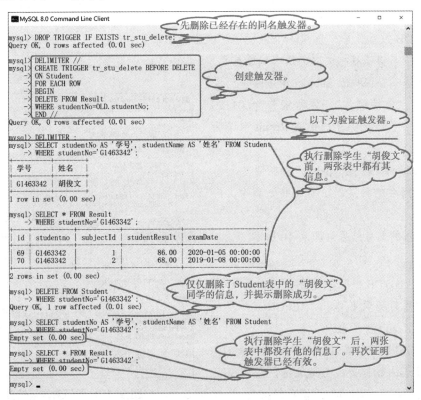

图 9-9 创建和验证触发器

代码分析

①创建触发器时使用了"BEFORE"。因为 Student 表为主表，Result 表为子表，要删除主表的数据，必须先删除子表的数据。如果使用"AFTER"创建触发器，创建本身也是成功的，但是在执行"DELETE FROM Student WHERE studentNo='G1463342';"语句时报错，执行失败，也就意味着触发器无效，不起作用。

②验证触发器的步骤。

第 1 步：先确保创建触发器成功。

第 2 步：使用 SELECT 语句查询删除之前的数据，即删除学生"胡俊文"前，2 张表中都有他的信息。

第 3 步：执行删除操作，如果删除成功，证明触发器已经有效。

第 4 步：使用 SELECT 语句查询删除之后的数据，结果是删除学生"胡俊文"后，两张表中都没有他的信息了。再次证明触发器已经有效。

【技能训练❾ – 4】在 SchoolDB 数据库中，创建一个删除课程表 Subject 中某门课程的触发器，并验证有效性

技能目标

①理解触发器的机制、价值和应用场合。

②会创建一个触发器。

③会设计删除和查询语句，验证触发器是否有效。

需求说明

①在 SchoolDB 数据库中，创建一个触发器，在删除课程表 Subject 中一门课程的信息时能自动删除成绩表 Result 中与该课程相关联的所有成绩信息。

②验证触发器。在课程表 Subject 中删除一门课程（课程名称为"软件测试"，课程编号为"13"）的信息，查询是否已经删除了成绩表 Result 中该课程的所有信息。

③触发器名称为"tr_sub_delete"。在创建之前如果已经存在了同名的触发器，则需要先删除，再创建新的触发器。

④验证触发器的参考结果如图 9-10 所示。

关键点分析

①先要打开 SchoolDB 数据库，切换为当前数据库。

②创建触发器时必须使用了"BEFORE"，因为 Subject 为主表，Result 为子表。

③验证时"DELETE"语句一定要带"WHERE"子句，否则课程表的数据会被全部删除，且成绩表中数据也会被全部删除，因为触发器已经有效。

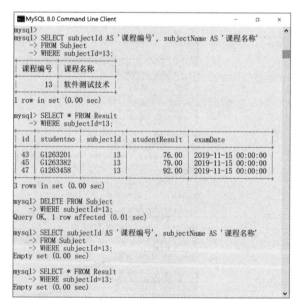

图 9-10 验证触发器的参考结果

9.3.2 管理触发器

管理触发器包括查看触发器、删除触发器。查看触发器是指查看数据库中已有触发器的定义、状态和语法信息等。当触发器不能满足需要时，可以使用 DROP TRIGGER 语句将其删除。

1. 查看触发器

使用 SHOW TRIGGERS 语句可以查看触发器的基本信息，基本语法格式为：

```
SHOW TRIGGERS;
```

2. 删除触发器

使用 DROP TRIGGER 语句可以删除当前数据库中的触发器，基本语法格式为：

```
DROP TRIGGER 触发器名
```

在演示示例 9-4 中已经使用了该语句，在创建之前如果已经存在同名的触发器，则先要删除，然后再新建触发器。

小结

本章学习了 MySQL 中如何通过编程来访问数据库，详细介绍了数据库编程时使用的常量、变量和流程控制语句。详细分析了存储过程和触发器的工作机制与应用价值，并通过存储过程和触发器对实际数据库的操作体现了它们在实际应用开发中的重要性。

本章知识技能体系结构如图 9-11 所示。

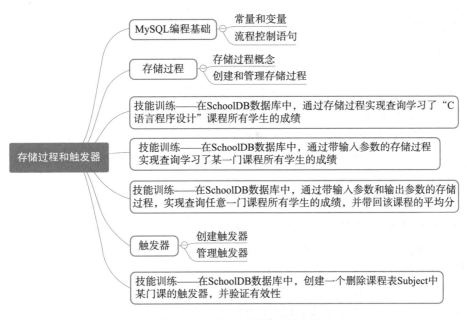

图 9-11 知识技能体系结构图

习题

一、选择题

1. 下列关于存储过程的参数默认值的说法正确的是（　　）。

    A. 输入参数必须有默认值

    B. 带默认值的输入参数，可方便用户调用

    C. 带默认值的输入参数，用户不能再传入参数，只能采用默认值

    D. MySQL 数据库中存储过程的参数一般不支持默认值

2. 下列有关存储过程的说法错误的是（　　）。

    A. 它可以作为一个独立的数据库对象并作为一个单元供用户在应用程序中调用

    B. 存储过程可以传入和返回（输出）参数值

    C. 存储过程必须带参数，要么是输入参数，要么是输出参数

    D. 存储过程提高了执行效率

3. 存储过程是一组预先定义并（　　）的 SQL 语句。

    A. 保存   B. 编译   C. 解释   D. 编写

4. 创建存储过程的命令是（　　）。

    A. CREATE TRIGGER   B. CREATE PROCEDURE

    C. CREATE VIEW   D. CREATE TABLE

5. 下列不属于 MySQL 逻辑控制语句的是（　　）。

    A. IF-ELSE 语句   B. FOR 循环语句   C. CASE 子句   D. WHILE 循环语句

6. 以下关于存储过程的说法不正确的是（　　）。

    A. 存储过程可以接收和传递参数

    B. 可以通过存储过程的名称调用存储过程

    C. 存储过程每次执行时都会进行语法检查和编译

    D. 存储过程是放在服务器上编译好的单条或多条 SQL 语句

7. 在定义存储过程的参数修饰符中，不正确的是（　　）。

    A. IN   B. OUT   C. INOUT   D. OUTPU

8. 与表操作相关的触发器不包含（　　）。

    A. INSERT   B. UPDATE   C. DELETE   D. SELECT

9. 关于 MySQL 触发器的说法错误的是（　　）。

    A. 触发器是基于数据表行触发的

    B. 触发器不能过于复杂，否则影响性能

    C. 可以使用"CALL 触发器名"直接调用

    D. 不能同时在一个表中建立两个相同类型的触发器

10. 下列关于在 MySQL 中设定表的 UPDATE 触发器的说法正确的是（　　）。

    A. UPDATE 在触发时间上分为 AFTER 和 BEFORE 两个时间

B. 执行 UPDATE 时 new.columname 存放的是新数据

  C. 执行 UPDATE 时 old.columname 存放的是原数据

  D. old 和 new 关键之都是只读的

二、操作题

 1. 在图书馆管理系统数据库 LibraryDB 中，使用存储过程统计显示以"北京"冠名的出版社出版的图书信息。要求：出版社名称作为参数传递给存储过程。

 2. 在图书馆管理系统数据库 LibraryDB 中，使用存储过程统计某一时间段内各种图书的借阅人次。要求：如果没有指定起始日期，则以前一个月当日作为起始日期；如果没有指定截止日期，则以当日作为截止日期。统计的总借阅人次作为存储过程的返回值返回。

 3. 在图书馆管理系统数据库 LibraryDB 中，存储过程实现插入借阅记录，输入参数为借书人 ID、借书人姓名、借阅的图书书名，要求同时完成如下操作。

 （1）图书信息表 Book 对应的图书数量减 1。

 （2）读者信息表 Reader 对应的读者已借书数量加 1。如果没有该借阅者的信息，则新加一条读者信息记录。

 （3）向图书借阅表 Borrow 添加一条借阅记录，借阅日期、应归还日期和实际归还日期都采用默认值。

 4. 在图书馆管理系统数据库 LibraryDB 中，创建触发器，删除读者信息表 Reader 中某位读者的信息时，自动删除与其关联的子表的数据。

第 10 章
管理和维护数据库

工作情境和任务

　　随着学校规模的扩大，业务逻辑的扩展，"高校成绩管理系统"的用户量和数据量都在急剧增多，各类用户对于数据的操作各不相同。例如，系统管理员需要办理新生注册，毕业生离校；学生需要查看自己选修的课程信息和成绩信息；老师需要分析自己授课班级的成绩分布，以改进教学方法和提高教学质量；辅导员要分析班级学生的成绩总评信息，为评定奖学金提供成绩依据。这就意味着数据库开发人员需要在 SchoolDB 数据库中为他们分别创建用户账户，并赋予不同的权限来满足各自的需求。

　　如果系统管理员在对学生信息表进行管理的时候，误删了重要的学生数据，为了挽回类似这样的误操作造成的损失，数据库管理人员需要对数据库进行数据备份，在出现操作事故后可以将之前的数据还原。

➢ 用户管理和权限管理。

➢ 备份数据和恢复数据。

知识和技能目标

➢ 能使用 SQL 语句创建和删除用户账户。

➢ 能使用 SQL 语句授予和回收权限。

➢ 能备份数据库数据。

➢ 能恢复数据库数据。

本章重点和难点

➢ 权限的授予与回收。

➢ 在不同计算机之间迁移数据库和数据。

MySQL 数据库提供了一套完善的数据库用户、权限管理及数据备份与恢复的系统。在 MySQL 数据库访问过程中，需要经历服务器的验证连接和权限验证两个阶段。为充分保证数据安全性，在数据迁移或灾难恢复中数据库的备份与恢复也尤其不可或缺。

10.1　数据库的安全管理

10.1.1　用户管理

　　用户要访问数据库，首先必须能连接数据库所在的 MySQL 服务器，才能进行后续操作，这就要求必须拥有登录 MySQL 服务器的用户名和密码。

　　MySQL 的访问控制分为两个阶段。第一个阶段：服务器验证是否允许连接，这包含必须拥有连接服务器的账户，从指定地方连接。第二个阶段：连接成功后，验证每个请求是否具有实施的权限。例如，要查看表中的数据，MySQL 会检查是否具有对这个表的 SELECT 权限；要执行某个存储过程，MySQL 会检查是否具有该存储过程的执行权限。

1. 创建用户

　　通常会由系统管理员在 MySQL 中为访问用户创建一个登录账户。创建时给定用户名、登录密码、登录的位置和默认连接的数据库。在 MySQL 中，系统管理员是 root 用户，拥有最高的权限，可以完成所有操作，它的密码在安装 MySQL 服务器时设置。

　　当拥有创建用户的权限时，可以使用 CREATE USER 语句添加一个或多个用户，并设置相应的密码。

　　（1）基本语法格式

```
CREATE USER用户名@主机名 [ IDENTIFIED BY [ PASSWORD ] '密码' ]
```

　　（2）命令和参数的含义

　　①用户名。即为用户的名字。

　　②主机名。指定创建用户所使用的 MySQL 连接来自的主机，可以是某个 IP 地址、主机名（如 localhost）、某个 IP 段，也可包含通配符 %（任意个字符）、_（任意单个字符）。

　　③密码。用户对应的密码。在大多数 SQL 产品中，用户名和密码只由字母和数字组成。

　　④ IDENTIFIED BY 子句。自选的 IDENTIFIED BY 子句，可以为账户指定一个密码。要在纯文本中指定密码，需忽略 PASSWORD 关键字。

　　⑤ PASSWORD 关键字。如果不想以明文发送密码，而且知道 PASSWORD( ) 函数返回给密码的混编值，则可以指定该混编值，但要加关键字 PASSWORD。

　　【演示示例❿–1】在 MySQL 数据库中，添加一个新的用户 test100，密码为 123456

　　命令代码

```
CREATE USER'test100'@'localhost' IDENTIFIED BY '123456';
```

视频 ●‥‥‥‥

演示示例10–1

代码分析

①用户名 test100 的后面声明了关键字 localhost，指定创建用户所使用的 MySQL 服务器来自于本地主机。

②用户名和主机名中可以包含特殊符号或通配符，但需要用单引号将其括起来，% 表示一组主机。

③ MySQL 验证用户的方式是用户名 + 主机，如果两个用户具有相同的用户名但主机不同，MySQL 将其视为不同的用户，允许为这两个用户分配不同的权限集合。

④ MySQL 的用户信息存储在服务器自带的系统数据库 mysql 的 user 表中。当使用 CREATE USER 创建新的账户时，将会在该表中添加一条新记录。通过 SELECT 语句可以查看新创建的用户，如图 10-1 所示。

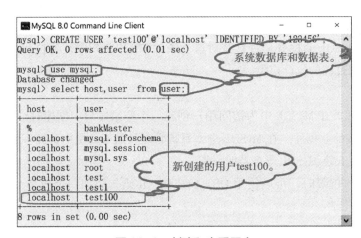

图 10-1　创建和查看用户

⑤使用 CREATE USER 必须拥有 MySQL 系统数据库的全局 CREATE USER 权限或 INSERT 权限。如果账户已存在，则会提示出错。

⑥创建新用户后，可以测试用新用户和对应的密码登录。

2. 修改用户密码

（1）基本语法格式

```
ALTER USER [ IF EXISTS ] 用户名 @ 主机名
    IDENTIFIED [ WITH 验证插件 ] BY ' 新密码 ';
```

（2）命令和参数的含义

①用户名。表示要修改的用户名。

②主机名。指定用户所在的主机。可以是某个 IP 地址、主机名（如本地用户可以使用 localhost）、通配符 %（表示任意远程主机）等。

③新密码。指需要修改指定用户名的新的明文密码。

④刷新权限。输入 "FLUSH PRIVILEGES；" 语句，刷新权限，修改结束。

3．修改用户名

使用 RENAME USER 语句可以修改已有的 MySQL 用户的名字。

（1）基本语法格式

```
RENAME USER 旧用户名 TO 新用户名［,…］；
```

（2）命令和参数的含义

①用户名。旧用户名为已经存在的 MySQL 用户，新用户名为新的 MySQL 用户。

②要使用 RENAME USER，必须拥有全局 CREATE USER 权限或系统数据库 MySQL 的 UPDATE 权限。

③如果旧账户不存在或者新账户已存在，都将报错。

4．删除用户

使用 DROP USER 可以删除用户。

（1）基本语法格式

```
DROP USER 用户名1［,用户名2］…；
```

（2）命令和参数的含义

①要使用 DROP USER，必须拥有全局 CREATE USER 权限或系统数据库 MySQL 的 DELETE 权限。

② DROP USER 语句用于删除一个或多个 MySQL 账户，并取消其权限。

③被删除用户所创建的表、索引或其他数据库对象将继续保留，因为 MySQL 并没有记录是谁创建了这些对象。

10.1.2　权限管理

用户与 MySQL 数据库服务器建立连接后，执行 SQL 语句，MySQL 将逐级进行权限检查，看用户是否具有操作对象的 SQL 语句的执行权限。

MySQL 中的权限管理，简言之就是允许做权限范围以内的事情，不允许越界。例如，只允许执行 SELECT 操作，那么就不能执行 INSERT 操作。MySQL 中用户权限分为以下层级。

①全局层级。适用于给定 MySQL 服务器中的所有数据库，该权限信息存储在系统数据库 mysql 的 user 表中。

②数据库层级。适用于给定数据库中的所有内容，该权限存储在系统数据库 mysql 的 db 表中。

③表层级。适用于给定表中的所有列，该权限存储在系统数据库 mysql 的 table_priv 表中。

④列层级。适用于给定表中的某列，该权限存储在系统数据库 mysql 的 columns_priv 表中。

⑤子程序层级。CREATE ROUTINE、ALTER ROUTINE、EXECUTE 和 GRANT 权限适用于自存储的子程序。这些权限可以授予全局层级和数据库层级。除了 CREATE ROUTINE 外，这些权限可以被授予子程序层级，并存储在系统数据库 mysql 的 procs_pnv 表中。

1．MySQL的权限

MySQL 中有多种类型的权限，这些权限信息都存储在 mysql 数据库的权限表中。MySQL 启动时，会被读入内存，MySQL 中包含的权限见表 10-1。

表 10-1　MySQL 的权限表

权限	权限级别	权限说明
CREATE	数据库、表或索引	创建数据库、表或索引权限
DROP	数据库或表	删除数据库或表权限
GRANT OPTION	数据库、表或保存的程序	赋予权限选项
REFERENCES	数据库或表	
ALTER	表	更改表，如添加字段、索引、约束
DELETE	表	删除数据权限
INDEX	表	索引权限
INSERT	表	插入权限
SELECT	表	查询权限
UPDATE	表	更新权限
CREATE VIEW	视图	创建视图权限
SHOW VIEW	视图	查看视图权限
CREATE ROUTINE	存储过程	创建存储过程权限
ALTER ROUTINE	存储过程	修改存储过程权限
EXECUTE	存储过程	执行存储过程
FILE	服务器主机上的文件访问	文件访问权限
CREATE TEMPORARY	服务器管理	创建临时表权限
LOCK TABLES	服务器管理	锁表管理
CREATE USER	服务器管理	创建用户权限
PROCESS	服务器管理	查看进程权限
RELOAD	服务器管理	执行 FLUSH.REFRESH.RELOAD 等命令权限
REPLICATION CLIENT	服务器管理	复制权限
REPLICATION SLAVE	服务器管理	复制权限
SHOW DATABASES	服务器管理	查看数据库权限
SHUTDOWN	服务器管理	关闭数据库权限
SUPER	服务器管理	执行 KILL 线程权限

表 10-1 中的权限针对什么对象使用、什么时候使用，都有一定的规律，常见的权限分布见表 10-2。

表 10-2　MySQL 的权限表

权限分布	可能设置的权限
表权限	SELECT、INSERT、UPDATE、DELETE、CREATE、DROP、GRANT、REFERENCES、INDEX、ALTER
列权限	SELECT、INSERT、UPDATE、REFERENCES
程序权限	EXECUTE、ALTER ROUTINE、GRANT

2. 权限授予

新添加的 MySQL 用户必须被授权才能进行相关的操作。在 MySQL 中，可以使用 GRANT 语句给某个用户授予权限。

（1）基本语法格式

```
GRANT 权限 1 [ ( 列名列表 1) ] [ , 权限 2 ( 列名列表 2) ] ] …
    ON [ 目标 ]{ 表名 |*|*.*| 库名 .*}
    TO 用户 1 [IDENTIFIED BY [ PASSWORD ] ' 密码 1' ]
       [ , 用户 2 [ IDENTIFIED BY [ PASSWORD ] ' 密码 2' ] ] …
    [ WITH 权限限制 1 [ 权限限制 2 ] … ];
```

（2）命令和参数的含义

①权限。权限的名称，如 SELECT、UPDATE 等，给不同的对象授予权限的值也不相同，可以根据表 10-1 设定。

② ON 关键字。ON 关键字后面给出的是要授予权限的目标范围，可以是表（TABLE）、函数（FUNCTION）、存储过程（PROCEDURE）。

➤ 表名。表级权限，适用于指定数据库中的所有表。

➤ *：如果未选择数据库，意义同 *.*，否则为当前数据库的数据库级权限。

➤ *.*：全局权限，适用于所有数据库和所有表。

➤ 库名 .*：指定数据库中的所有表。

③ TO 子句。用来设定授权的对象，可以指定一个或多个用户。

④ WITH 权限限制。指 WITH GRANT OPTION 子句。GARNT OPTION 是指将自己的权限赋予其他用户，可以有下面 4 种取值。

➤ MAX_QUERIES_PER_HOUR count：设置每小时可以执行 count 次查询。

➤ MAX_UPDATES_PER_HOUR count：设置每小时可以执行 count 次更新。

➤ MAX_CONNECTIONS_PER_HOUR count：设置每小时可以建立 count 个连接。

➤ MAX_USER_PER_HOUR count：设置单个用户可以同时建立 count 个连接。

【演示示例⑩ -2】授予用户 test100 在 subject 表上的 SELECT 权限

命令代码

```
GRANT SELECT ON subject TO 'test100'@'localhost';
```

代码分析

①使用 root 用户连接数据库。

② SELECT 是分配给 test100 用户在 subject 表上的操作权限，具体权限可查询表 10-2。

③在 MySQL 8.0 以上版本中创建用户及授权，和之前不太一样，要求更为严格，需要先创建用户和设置密码，然后才能授权。

【演示示例⑩ –3】授予用户 test100 在 subject 表上的 SubjectName 列的 UPDATE 权限

命令代码

```
GRANT UPDATE(SubjectName)ON subject TO 'test100'@'localhost';
```

代码分析

① test100 用户除了可以查询 SchoolDB 数据库中 subject 表的数据，还可以对表中的 SubjectName 列进行更新操作。

② test100 用户不能对其他列进行增加、修改、删除操作。

【演示示例⑩ –4】授予用户 test100 在 SchoolDB 数据库中的 SELECT 权限

命令代码

```
GRANT SELECT ON SchoolDB.* TO 'test100'@'localhost';
```

代码分析

① test100 用户可以查询 SchoolDB 中的所有表数据。

②该权限适用于 SchoolDB 中所有已有的表，以及此后添加到 SchoolDB 数据库中的任何表。

【演示示例⑩ –5】授予 test 在 SchoolDB 数据库中所有的数据库权限

命令代码

```
USE SchoolDB;
GRANT ALL ON * TO 'test'@'localhost';
```

代码分析

①此时 test 用户可以对 SchoolDB 数据库中的所有表实现所有的操作，如修改、增加等。

②和表权限类似，授予一个数据库权限也不意味着拥有另一个权限。例如，某用户被授予可以创建新表和视图的权限，并不意味着可以访问它们，必须单独被授予 SELECT 权限。

【演示示例⑩ –6】创建用户 test200 并授予其对所有数据库中所有表的 CREATE、ALTER、DROP 权限和创建新用户的权限

命令代码

```
CREATE USER 'test200'@'localhost' IDENTIFIED BY 'pwd';
GRANT CREATE,ALTER,DROP ON *.* TO 'test200' @ 'localhost';
GRANT CREATE USER ON *.* TO 'test200' @ 'localhost';
```

代码分析

①创建本地用户 test200，并设置密码为 pwd。

② *.* 代表数据库中所有数据表。

③ CREATE USER 为创建用户权限。

【演示示例❿ -7】授予 test300 在 student 表上的 SELECT 权限，并允许其将该权限授予给其他用户

命令代码

```
CREATE USER'test300'@'localhost'IDENTIFIED BY'123456';
CREATE USER'sam'@'localhost'IDENTIFIED BY'123456';
USE SchoolDB;
GRANT SELECT ON student TO'test300'@'localhost'
    WITH GRANT OPTION;
cd C:\Program Files\MySQL\MySQL Server 8.O\bin
mysql -h localhost  -u test300 -pl23456
USE SchoolDB;
GRANT SELECT ON student TO 'sam'@'localhost';
```

代码分析

①在 root 用户下创建了 test300 与 sam 两个用户，并授予 test300 用户 SELECT 权限。

②以 test300 用户身份登录 MySQL。

③打开 Windows 命令行窗口，进入 MySQL 安装目录下的 bin 目录。使用 test300 用户连接数据库服务器。

④登录后，test300 用户只有查询 SchoolDB 数据库中 student 表的权利，它可以把这个权限传递给其他用户，如 test300 将权限传递给 sam。

3. 权限回收

可以使用 REVOKE 语句从一个用户回收权限，但不从 user 表中删除该用户，该语句格式与 GRANT 语句相似，但具有相反的效果。要注意的是，使用 REVOKE 语句，用户必须拥有 mysql 系统数据库的全局 CREATE USER 权限或 UPDATE 权限。

（1）基本语法格式

```
REVOKE 权限1［(列名列表1)］［,权限2［(列名列表2)］］..
    ON{ 表名|*|*.*| 库名 .*}
    FROM 用户1［,用户2］…;
```

或者:

```
REVOKE ALL PRIVILEGES,GRANT OPTION FROM用户1［,用户2］……;
```

（2）命令和参数的含义

①第一种格式用来回收某些特定的权限，第二种格式回收所有该用户的权限。

②其他语法含义与 GRANT 语句相同。

【演示示例❿ -8】回收 test100 在 subject 表上的 SELECT 权限

命令代码

```
REVOKE SELECT ON subject FROM 'test100'@'localhost';
```

代码分析

由于 test100 用户对 subject 表的 SELECT 权限被回收了，则直接或间接依赖于它的所有权限也被回收了。

【技能训练⑩ –1】管理 SchoolDB 数据库的用户和权限

技能目标

①熟练掌握使用 SQL 语句实现用户创建与管理的方法。

②熟练掌握使用 SQL 语句实现权限控制的方法。

需求说明

①在学生成绩管理系统数据库中创建用户 stud01、stud02 和 test，密码分别为 123、456 和 789。

②将用户 test 重命名为 stud03。

③删除用户 stud03。

④授予用户 stud01 对学生成绩管理系统数据库中学生表的全部权限。

⑤授予用户 stud01 对学生成绩管理系统数据库中成绩表的查询权限。

⑥授予用户 stud02 对学生成绩管理系统数据库的所有权限。

关键点分析

①命令行方式下要熟练掌握用户创建、修改、重命名等命令的基本语法规则，用户名一定要对应主机。

②用户一般授予能满足需求的最小权限即可。

补充说明

①在为创建的用户分配权限时，一般限制用户的登录主机，通常限制为指定 IP 或内网 IP 段。

②初始化数据库时建议删除没有密码的用户，为每个用户设置满足密码复杂度的密码。

③定期清理不需要的用户，回收权限或删除用户。

10.2 备份和恢复数据库

　　数据库系统在使用过程中经常会遇到各种软硬件故障、人为破坏、用户误操作等不可避免的问题，这些问题会影响数据的正确性，甚至会破坏数据库，导致服务器瘫痪。为了有效地防止数据丢失，将损失降到最低，用户应定期进行数据备份，在数据库遭到破坏时能够恢复数据。

10.2.1 备份数据

　　备份数据库是数据库维护中最常见的操作，当数据库发生故障时可通过备份数据文件恢复数据。造成数据库中数据丢失或破坏的原因很多，主要包含如下几个方面。

　　①存储介质故障。保存数据文件的磁盘设备损坏。

　　②用户的错误操作。用户有意或无意地删除了重要数据，甚至整个数据库。

　　③服务器瘫痪。数据库服务器因为软件漏洞彻底瘫痪。

　　还有许多想不到的原因随时都可能让数据库遭到破坏，导致无法正常工作。所以事先应进行备份操作，当故障发生时能迅速恢复数据，完成系统重建工作，尽可能将故障损失降到最低。

1. 使用mysqldump备份

mysqldump 是 MySQL 提供的一个客户端工具，存储在 MySQL 安装路径的 bin 目录下，使用 mysqldump 命令实现数据备份。mysqldump 命令执行后将产生一个 SQL 脚本文件，这个文件中包含了数据库表的创建语句（即数据表的结构）以及对应表数据的添加语句（即表数据的内容）。

具体执行步骤：先检查需要备份数据的表结构，在对应的脚本文件中产生 CREATE 语句，然后检查数据内容，在脚本文件中生成 INSERTINTO 语句。如果后期需要还原数据，可利用该脚本文件重新创建表和添加表数据。

使用 mysqldump 可以备份一个数据库或者备份数据库中的指定表、备份多个数据库、备份所有数据库。

（1）使用 mysqldump 备份一个数据库或者指定表

使用 mysqldump 备份一个数据库或者数据表的基本语法格式为：

```
mysqldump -u user -h host -p password db [tb1, [tb2,……]]>filename
```

其中：

① –u 后的 user 表示用户名，–h 后的 host 表示主机名，–p 后的 password 表示用户密码，–p 选项和密码之间不能有空格，如果是本地 MySQL 服务器，则 –h 选项可以省略。

② db 表示需备份的数据库名，tb1、tb2 表示该数据库需备份的表，可以选择多个表进行备份，数据库名与表名相互都用空格隔开，如果要备份整个数据库，则可以省略表名。

③ > 表示要将备份的数据库或者表写入到备份文件中。

④ filename 表示备份的文件名，一般使用 .sql 作为文件扩展名，如果需要保存在指定路径，则在这里可以指定具体路径。在该路径下不能有同名的文件，否则新的备份文件会覆盖原来的文件。

【演示示例⑩ –9】使用 mysqldump 命令实现 SchoolDB 数据库的备份，将该数据库备份到 D：\backup，备份的文件名为 SchoolDB_backup.sql

视 频
演示示例10-9

命令代码

```
mysqldump -u root -p SchoolDB>d: \backup\SchoolDB_backup.sql
```

关键步骤

①进入 MySQL 安装路径的 bin 目录。

②执行备份操作，当前 root 账户密码为空。

【演示示例⑩ –10】使用 mysqldump 命令实现 SchoolDB 数据库中学生表与课程表的备份，将该数据备份到 D：\backup，备份的文件名为 SchoolDB_student_subject_backup.sql

命令代码

```
mysqldump -u root -p
    SchoolDB student subject>d:\backup\SchoolDB_backup.sql
```

关键步骤

①进入 MySQL 安装路径的 bin 目录。

②执行备份操作，当前 root 账户密码为空。

③ student 和 subject 表使用空格分隔。

（2）使用 mysqldump 备份多个数据库

使用 mysqldump 备份多个数据库的基本语法格式为：

```
mysqldump -u user -h host -p password
    --databases db1 [db2 [db3……]]>filename
```

其中：

① --databases 表示要备份多个数据库，后面至少要指定一个数据库名称，多个数据库用空格隔开。

② db1、db2、db3 表示要备份的多个数据库的名称。

【演示示例❿ –11】使用 mysqldump 命令实现 SchoolDB 数据库和 mysql 数据库的备份，将该数据备份到 D:\backup，备份的文件名为 SchoolDB_mysql_backup.sql

命令代码

```
mysqldump -u root -p --databases SchoolDB mysql>
    d:\backup\SchoolDB_mysql_backup.sql
```

关键步骤

①进入 MySQL 安装路径的 bin 目录。

②执行备份操作，当前 root 账户密码为空。

③数据库名使用空格分隔。

（3）使用 mysqldump 备份所有数据库

使用 mysqldump 备份所有数据库的基本语法格式为：

```
mysqldump -u user -h host -p password --all-databases >filename
```

其中：--all-databases 表示要备份数据库服务器中所有数据库。

【演示示例❿ –12】使用 mysqldump 命令实现本地服务器所有数据库的备份，将该数据备份到 D:\backup，备份的文件名为 all_backup.sql

命令代码

```
mysqldump -u root -p--all-databases >d: \backup\all_backup.sql;
```

代码分析

①进入 MySQL 安装路径的 bin 目录。

②执行备份操作，当前 root 账户密码为空。

2. 使用SQL命令备份数据表

在 MySQL 中可以使用 SELECT INTO…OUTFILE 语句把表数据导出到一个文本文件中。

（1）基本语法格式

```
SELECT columns FROM tablename [WHERE condition]
    INTO OUTFILE 'filename' [OPTION]
```

（2）命令和参数的含义

① columns 为查询的列，* 为查询全部；tablename 是要查询的表名。

② filename 表示导出的外部文件名。

③ OPTION 表示设置相应的选项，决定数据行在文件中存放的格式，可以是下列值的任意一个。

➢ fields terminated by'string'：用来设置字段的分隔符为字符串对象（string），默认为"\ t"。

➢ lines starting by'string'：用来设置每行开始的字符串符号，默认不使用任何字符。

➢ lines terminated by'string'：用来设置每行结束的字符串符号，默认为"\ n"。

➢ fields escaped by'char'：用来设置转义字符的字符符号，默认使用"\"。

【演示示例⑩ –13】使用 SELECT…INTO OUTFILE 语句导出 SchoolDB 数据库中学生表数据，将该数据备份到数据库系统默认路径下，备份的文件名为"SchoolDB_student_data.txt"

命令代码

```
USE SchoolDB;
SELECT * FROM student
    INTO OUTFILE 'SchoolDB_student_data.txt';
```

代码分析

①打开 MySQL 8.0 Command Line Client 命令客户端，登录后执行命令。

②此时执行导出命令时可能会报错，出错的原因是 MySQL 默认对导出的目录有权限限制，也就是说使用命令行进行数据导出时，建议不指定路径，使用系统默认路径，MySQL 8.0 配置文件默认在路径 C:\ProgramData\MySQL\MySQL8.0 处，不同版本的配置文件位置会有所不同。

先查询 MySQL 的 secure_file_priv 值配置的路径，使用命令行：

```
show global variables like'%secure%';
```

③建议找到配置文件 my.ini，将 secure–file–priv 的值更改为空。即：secure–file–priv=" "。

④重新启动 MySQL 数据服务，重新执行命令即可完成操作。

【演示示例⑩ –14】使用 SELECT…INTO OUTFILE 语句导出 SchoolDB 数据库中学生表数据，将该数据备份到数据库系统默认路径下，备份的文件名为"SchoolDB_student01_data.txt"，要求字段值之间的分隔符为"、"，如果是字符或者字符串，则用双引号（"）括起值，每行的开始使用">"字符

命令代码

```
USE SchoolDB;
SELECT * FROM student INTO OUTFILE
    'SchoolDB_student01_data.txt'
CHARACTER SET gbk
FIELDS
    TERMINATED BY "\、"
    OPTIONALLY ENCLOSED BY '\"'
```

```
LINES
    STARTING BY '\>'
    TERMINATED BY '\r\n';
```

代码分析

①打开 MySQL 8.0 Command Line Client 命令客户端，登录后执行命令。

② FIELDS 和 LINES 两个子句都是自选的，但是如果两个子句都被指定了，FIELDS 必须位于 LINES 前面。

③多个 FIELDS 子句排列在一起时，后面的 FIELDS 必须省略；同样，多个 LINES 子句排列在一起时，后面的 LINES 也必须省略。

④ "TERMINATED BY'\r\n'" 可以保证每条记录占一行。因为 Windows 操作系统下 "\r\n" 才是回车换行，如果不加这个选项，默认情况只是 "\n"。

⑤如果在数据表中包含了中文字符，使用上面的语句则会输出乱码。此时，加入 CHARACTER SET gbk 语句即可解决这一个问题。

3. 使用mysql命令备份数据

在 MySQL 中还可以使用 mysql 语句把表数据导出到一个文本文件中，与 SELECT…INTO OUTFILE 语句导出表数据的效果一样。基本语法格式为：

```
mysql -u user -h host -p password -e
    "SELECT columns FROM table_name [WHERE condition]"
    db>filename;
```

其中：

① -e 表示执行后面的查询语句。

② db 表示查询表数据所在的数据库。

10.2.2　恢复数据

当数据故障发生时，可以利用备份文件实现数据恢复，将损失降到最低。

1. 使用mysql命令恢复数据

mysqldump 命令只能用于备份，备份后的文件需要还原，则必须使用 mysql 命令。基本语法格式为：

```
mysql -u root -p password [db]<filename;
```

其中：

① db 表示要还原的数据名称，为可选项，可以指定数据库名，也可以不指定。如果是使用—all-databases 参数备份所有数据库，则在还原时不需要指定数据库；如果指定了数据库，则数据库要先创建。

② < 表示要还原数据。

③ filename：表示之前备份的数据文件。

【演示示例⑩ –15】使用 MySQL 命令实现 D：\backup\SchoolDB_backup.sql 文件的恢复，恢复的数据库名称为 SchoolDB_new

● 视频

演示示例10-15

命令代码

```
CREATE DATABASE SchoolDB_new;
Mysql -u root -p SchoolDB_new<d:\backup\SchoolDB_backup.sql
```

代码分析

①进入 MySQL 安装路径的 bin 目录。

②使用 CREATE DATABASE 创建数据库 SchoolDB_new。

③执行备份操作。

2. 使用LOAD DATA INFILE语句恢复数据

在 MySQL 数据库中，可以通过 LOAD DATA…INFILE 语句将文本文件中的数据还原到数据库的数据表中。基本语法格式为：

```
LOAD DATA [LOCAL] INFILE filename INTO TABLE tb [option];
```

其中：

① LOCAL 表示指定在本地计算机中查找文本文件。

② filename 表示之前备份的文本文件的路径和名称。

③ tb 表示要还原的表。

【演示示例⑩ –16】使用 LOAD DATA INFILE 语句实现之前备份的"SchoolDB_student_data.txt"文件的恢复，将该文件中的数据恢复到数据库 SchoolDB_new 的 student_new 表中

命令代码

```
USE SchoolDB_new;
CREATE TABLE IF NOT EXISTS student_new LIKE student;
LOAD DATA INFILE 'SchoolDB_student_data.txt'
    INTO TABLE student_new;
```

代码分析

①进入 MySQL 命令提示行，然后选择 SchoolDB_new 数据库。

②使用"CREATE TABLE"语句复制一个新表 student_new，结构来源于 student 表，但是没有数据，可以通过"SELECT * FROM Student_new"查看。

③"LOAD DATA INFILE"可能会报错，因为路径问题。在 UNIX/Linux 中，路径的分隔采用正斜杠"/"，如"D：/backup"；而在 Windows 中，路径分隔采用反斜杠"\"，如"D：\backup"，但是在命令提示符界面下（即 DOS 界面），反斜杠不被识别，要么使用转义字符，如"D：\\backup"，要么直接改成正斜杠"/"，如"D：/backup"。所以可以通过"LOAD DATA INFILE 'D：\\backup\\SchoolDB_student_data.txt' INTO TABLE student_new；"恢复数据，也可以通过"LOAD DATA INFILE 'D：/backup/SchoolDB_student_data.txt 'INTO TABLE student_new；"来恢复。

【演示示例⑩ –17】使用 LOAD DATA INFILE 语句实现之前备份的"SchoolDB_student01_data.txt"文件的恢复，将该文件中的数据恢复到数据库 SchoolDB_new 的 student_new01 表中

命令代码

```
USE SchoolDB_new;
CREATE TABLE IF NOT EXISTS student_new01 LIKE student;
LOAD DATA INFILE 'SchoolDB_student01_data.txt' INTO
    TABLE student_new01
CHARACTER SET gbk
FIELDS
    TERMINATED BY '\、'
    OPTIONALLY ENCLOSED BY '\"'
LINES
    STARTING BY '\>'
    TERMINATED BY '\r\n';
```

代码分析

上述语句实现了将"SchoolDB_student01_data.txt"文件中的数据还原，因为在备份时，SchoolDB_student01_data.txt 文件是带有格式的，所以在还原时也必须带上格式，否则会报错。

【技能训练⑩ -2】备份和恢复 SchoolDB 数据库中的数据

技能目标

①熟练掌握 MySQL 数据库备份操作。

②熟练掌握 MySQL 数据库恢复操作。

需求说明

①使用 mysqldump 命令将 SchoolDB 数据库备份到"D：\backup\SchoolDB.sql"文件中。

②使用 mysqldump 命令将 SchoolDB 数据库中的学生表和课程备份到"D：\backup\SchoolDB_all_data.sql"文件中。

③使用 mysqldump 命令将 SchoolDB 数据库中的全部表备份到"D：\backup\SchoolDB_stu_cour_data.sql"文件中。

④删除成绩的全部数据，然后使用 MySQL 命令还原 SchoolDB.sql 的数据。

⑤使用 SELECT…INTO OUTFILE 语句备份数据库 SchoolDB 的成绩到"SchoolDB_score_data.txt"文件中，字段之间使用"、"隔开，每行使用">"字符开始。

⑥使用 LOAD DATA INFILE 语句还原上面备份的文件"SchoolDB_score_data.txt"到 SchoolDB 数据库的新表 score_new 中。

关键点分析

①执行数据备份或恢复操作时，当不使用默认目录时，需要修改配置文件，保存配置文件后，重新启动 MySQL 数据服务器。

② Windows 目录分隔符与 UNIX 和 Linux 的目录分隔符存在差异，注意区分。

补充说明

①数据库备份在项目开发中极其重要，要做到定时备份与及时故障恢复。

② MySQL 的数据库备份操作实质上是生成可执行的 SQL 语句,SQL 文本中的文本切勿随意更改或删除。

小结

本章学习了涉及数据库安全的用户管理和用户权限的管理，实现了对不同的用户设置操作数据库的不同权限，了解了数据库备份的必要性，并实现了数据库的备份和恢复。

本章知识技能体系结构如图 10-2 所示。

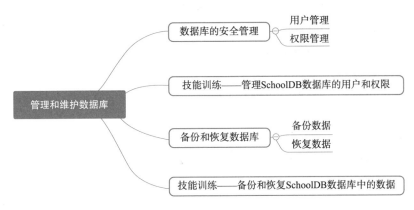

图 10-2　知识技能体系结构图

习题

一、选择题

1. MySQL 数据库中创建 TEST 用户的语句是（　　　）。

　　A.　CREATE DATEBASE USER TEST；

　　B.　CREATE USER'TEST'；

　　C.　CREATE USER'TEST'#'LOCALHOST'IDENTIFIED BY''；

　　D.　CREATE USER'TEST'@'LOCALHOST'IDENTIFIED BY''；

2. MySQL 数据库中修改 TEST 用户的密码为 "123" 的命令是（　　　）。

　　A.　SET PASSWORD'TEST'@'LOCALHOST'='123'；

　　B.　SET PASSWORD'TEST'@'LOCALHOST'PASSWORD='123'；

　　C.　SET PASSWORD'TEST'@'LOCALHOST'= PASSWORD'123'；

　　D.　SET PASSWORD'TEST'@'LOCALHOST'= PASSWORD('123')；

3. 删除 TEST 用户的命令是（　　　）。

　　A.　DELETE USER'TEST'；

　　B.　DROP USER TEST；

　　C.　DROP USER'TEST'@'LOCALHOST'；

　　D.　DELETE USER'TEST'@'LOCALHOST'；

4. 在 SchoolDB 数据库中，为 TEST 用户授予 STUDENT 表的插入权限，可使用的命令是（　　　）。

    A. GRANT INSERT ON SchoolDB.STUDENT TO 'TEST'@'LOCALHOST' ;

    B. GRANT INSERT TO SchoolDB.STUDENT ON 'TEST'@'LOCALHOST' ;

    C. GRANT INSERT ON SchoolDB.STUDENT FOR 'TEST'@'LOCALHOST' ;

    D. GRANT INSERT TO SchoolDB.STUDENT FOR 'TEST'@'LOCALHOST' ;

5. 回收 SchoolDB 数据库中 STUDENT 表的 TEST 用户的修改权限的命令是（   ）。

    A. REVOKE UPDATE IN SchoolDB.STUDENT

          FROM'TEST'@'LOCALHOST' ;

    B. REVOKE UPDATE ON SchoolDB.STUDENT

          FROM'TEST'@'LOCALHOST' ;

    C. REVOKE UPDATE IN SchoolDB.STUDENT

          FOR'TEST'@'LOCALHOST' ;

    D. REVOKE UPDATE ON SchoolDB.STUDENT

          FOR'TEST'@'LOCALHOST' ;

二、操作题

1. 在图书馆管理系统数据库 LibraryDB 中，实现以下关于用户和权限的功能：

①创建用户 stud01、stud02 和 test，密码分别为 123、456 和 789。

②将用户 test 重命名为 stud03。

③删除用户 stud03。

④授予用户 stud01 对用户表的全部权限。

⑤授予用户 stud01 对借阅表的查询权限。

⑥授予用户 stud02 对数据库的所有权限。

2. 在图书馆管理系统数据库 LibraryDB 中，实现对数据库的备份，测试备份为不同的文件形式，并测试恢复功能。

第 11 章

课程项目——银行ATM系统的数据库设计与实现

工作情境和任务

➢ 学习数据库的设计与规范化，掌握数据库的增加、删除、修改、查询和对象的创建和管理，完成一个真实的、完整的银行 ATM 系统的数据库设计项目开发，巩固和提高数据库的设计能力和实现能力。

➢ 实现银行 ATM 系统数据库的设计和规范化。

➢ 模拟实现银行 ATM 系统业务流程。

➢ 完成数据的增加、删除、修改和查询。

知识和技能目标

➢ 了解数据库设计的重要性及步骤。

➢ 理解三大范式，并能够规范化数据库的数据。

➢ 掌握如何绘制数据库的 E-R 图。

➢ 能够将 E-R 图转换为关系模型。

➢ 理解 ATM 系统的业务逻辑。

➢ 使用 SQL 语句创建数据库和表结构。

➢ 使用 SQL 语句编程实现用户业务。

➢ 使用事务和存储过程封装业务逻辑。

➢ 使用视图简化复杂的数据查询。

本章重点和难点

➢ 绘制数据库的 E-R 图。

➢ E-R 图转换为关系模型。

➢ 使用事务和存储过程封装业务逻辑。

➢ 使用已学技能完成一个具体项目的数据库设计。

如今的计算机存储数据量非常庞大，数据需要在多个程序中共享，并且还需要频繁地对存储的数据进行操作，就需要使用数据库对这些数据进行统一的管理。"高校成绩管理系统"有一个学校所有学生的信息、开设课程的信息和考试成绩信息等数据，作为系统开发人员，需要先对上述数据进行收集、分析每个数据的特征、数据之间存在的关系以及定义的规则。根据收集到的数据，开发人员可以确定实体、实体的属性以及实体与实体之间的关系，画出实体联系图，还可通过实体联系图与用户进行良好的沟通，并指导后续开发工作。

本章将利用这些技能独立完成一个典型的数据库管理系统——银行 ATM 存取款机系统的数据库项目开发，要求完成的项目能够满足用户需求中的功能要求，运行稳定。项目完成后，将根据需求匹配度、代码规范度和项目测试结果等几方面进行评测，计算项目评测成绩。

11.1 数据库设计概述

数据库中存储的数据能否正确反映现实世界，在运行中能否及时、准确地为各个应用程序提供所需数据，与数据库的设计密切相关。

11.1.1 为什么需要数据库设计

数据库设计就是将数据库中的数据实体及这些实体之间的关系，进行规划和结构化的过程。图 11-1 所示为学生信息系统数据库的结构，该数据库包含学生及其考试成绩信息。图中还显示了Student（学生）、Grade（年级）、Subject（科目）及 Result（成绩）这 4 个数据实体之间的关系。

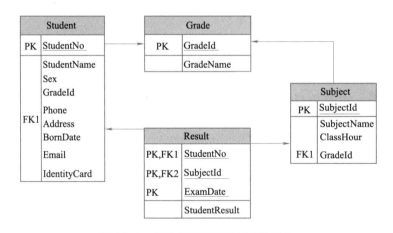

图 11-1 学生信息系统数据库的结构

数据库中创建的数据结构的种类，以及在数据实体之间建立的复杂关系是决定数据库系统效率的重要因素之一。

糟糕的数据库设计表现在以下几个方面。

①效率低下。

②数据完整性差。

③更新和检索数据时会出现许多问题。

良好的数据库设计表现在以下几方面。

①效率高。

②数据完整性好。

③便于进一步扩展。

④使得应用程序的开发变得更容易。

11.1.2　数据库设计步骤

1．数据库设计步骤

数据库设计的基本步骤包括：需求分析阶段、概念结构设计阶段、逻辑结构设计阶段、数据库物理设计阶段、数据库实施阶段、数据库运行与维护阶段，各步骤之间的关系如图 11-2 所示。

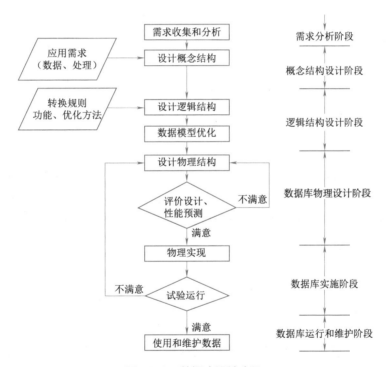

图 11-2　数据库设计步骤

（1）需求分析阶段

需求收集和分析，结果得到数据字典描述的数据需求（和数据流图描述的处理需求）。

（2）概念结构设计阶段

通过对用户需求进行综合、归纳与抽象，形成一个独立于具体 DBMS 的概念模型，一般用 E-R 图来表示。

（3）逻辑结构设计阶段

将概念结构转换为某个 DBMS 所支持的数据模型（如关系模型），并对其进行优化。

在数据库优化中需要将 E-R 图转换为多张表，进行逻辑设计，确认各表的主外键，并应用数据库设计的三大范式进行审核。经项目组开会讨论确定后，还需根据项目的技术实现，团队开发能力及项目的经费来源，选择具体的数据库管理系统（如 MySQL、SQL Server 或 Oracle 等）进行物理实现，包括创建库和创建表，并创建索引、事务和存储过程等。创建完毕后，开始进入代码编写阶段，开发前端应用程序。

（4）数据库物理设计阶段

为逻辑数据模型选取一个最适合应用环境的物理结构（包括存储结构和存取方法）。

（5）数据库实施阶段

运用 DBMS 提供的数据库程序设计语言（如 MySQL）及其宿主语言（如 C），根据逻辑设计和物理设计的结果建立数据库，编制与调试应用程序，组织数据入库，并进行试运行。

（6）数据库运行和维护阶段

数据库应用系统经过试运行后即可投入正式运行。在数据库系统运行过程中必须不断地对其进行评价、调整与修改。

需求分析和概念设计独立于任何数据库管理系统，逻辑设计和物理设计与选用的 DBMS 密切相关。

2. 需求分析阶段后台数据库设计

需求分析阶段的重点是调查、收集并分析客户业务的数据需求、处理需求、安全性与完整性需求。

常用的需求调研方法：在客户的公司跟班实习、组织召开调查会、邀请专人介绍、设计调查表请用户填写和查阅与业务相关的数据记录等。

常用的需求分析方法有调查客户的公司组织情况、各部门的业务需求情况、协助客户分析系统的各种业务需求和确定新系统的边界。

无论数据库的大小和复杂程度如何，在进行数据库的系统分析时，都可以参考下列基本步骤。

①收集信息。

②标识实体。

③标识每个实体需要存储的详细信息。

④标识实体之间的关系。

3. 收集信息

创建数据库之前，必须充分理解数据库需要完成的任务和功能。简单地说，就是需要了解数据库需要存储哪些信息（数据），实现哪些功能。以宾馆管理系统为例，需要了解宾馆管理系统的具体功能、以及在后台数据库中保存的数据。

宾馆为客人准备充足的客房，后台数据库需要存放每间客房的信息，如客房号、客房类型、价格等。

客人在宾馆入住时要办理入住手续，后台数据库需要存放客人的相关信息，如客人姓名、身份证号等。

4. 标识实体

在收集需求信息后，必须标识数据库要管理的关键对象或实体。前面学习过对象的概念，实体可以是有形的事物，如人或产品；也可以是无形的事物，如商业交易、公司部门或发薪周期。在系统中标识这些实体以后，与它们相关的实体就会条理清楚。

以宾馆管理系统为例，需要标识出系统中的主要实体。

①客房：包括单人间、标准间、三人间、豪华间和总统套间。

②客人：入住宾馆客人的个人信息。

实体一般是名词，一个实体只描述一件事情，不能重复出现含义相同的实体。

数据库中的每个不同的实体都拥有一个与其相对应的表，也就是说，在宾馆管理系统的数据库中，会对应至少两张表，分别是客房表和客人表。

5. 标识每个实体需要的详细存储信息

将数据库中的主要实体标识为表的候选实体以后，就要标识每个实体存储的详细信息，又称该实体的属性，这些属性将组成表中的列。简单地说，就是需要细分每个实体中包含的子成员信息。

下面以宾馆管理系统为例，逐步分解每个实体的子成员信息，如图 11-3 所示。

图 11-3　宾馆管理系统实体的信息

分解时，含义相同的成员信息不能重复出现，如联系方式和电话等。每个实体对应一张表，实体中的每个子成员对应表中的每一列。

例如，从上述关系可以看出客人信息应该包含姓名和身份证号等。

6. 标识实体之间的关系

关系数据库有一项非常强大的功能：它能够关联数据库中各个项目的相关信息。不同类型的信息可以单独存储，但是如果需要，数据库引擎还可以根据需要将数据组合起来。在设计过程中，要标识实体之间的关系，需要分析数据库表，确定这些表在逻辑上是如何相关的，然后添加关系列建立起表之间的连接。以宾馆管理系统为例，客房与客人有主从关系，需要在客人实体中表明他入住的客房号。

11.1.3　数据库的概念设计

数据库的概念设计主要是设计的数据库概念模型，概念模型实际上是现实世界到计算机世界的一个中间层次。数据库概念模型用于信息世界的建模，是现实世界到信息世界的第一层抽象，是数据库设计人员进行数据库设计的有力工具，也是数据库设计人员和用户之间进行交流的语言。

建立数据概念模型，就是从数据的观点出发，观察系统中数据的采集、传输、处理、存储、输出等，经过分析、总结之后建立起来的一个逻辑模型，它主要是用于描述系统中数据的各种状态。这个模型不关心具体的实现方式（如如何存储）和细节，而是主要关心数据在系统处理各个阶段的状态。

1. 联系

联系是两个或多个实体之间的关联关系。

图 11-4 所示为客人实体和客房实体之间的联系。在 E-R 图中，实体使用矩形表示，一般是名词；属性使用椭圆表示，一般也是名词；联系使用菱形表示，一般是动词。

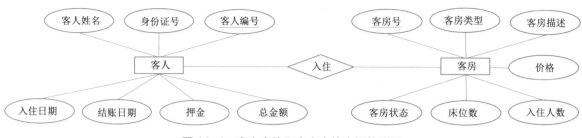

图 11-4 客人实体和客户实体之间的联系

2. 映射基数

映射基数表示通过联系与该实体关联的其他实体的个数。对于实体集 X 和 Y 之间的二元关系，映射基数必须为下列基数之一。

（1）一对一

X 中的一个实体最多与 Y 中的一个实体关联，并且 Y 中的一个实体最多与 X 中的一个实体关联。假定规定每个校长同一时刻只能在一所学校任职，同一时刻每个学校也只能有一个校长，那么，校长实体和学校实体之间就是一对一的关系，一对一的关系也可以表示为 1∶1。

（2）一对多

X 中的一个实体可以与 Y 中的任意数量的实体关联，Y 中的一个实体最多与 X 中的一个实体关联。一个客房可以入住多个客人，所以，客房实体和客人实体之间就是典型的一对多关系，一对多关系也可以表示为 1∶N。

（3）多对一

X 中的一个实体最多与 Y 中一个实体关联，Y 中的一个实体可以与 X 中的任意数量的实体关联。客房实体和客人实体之间是典型的一对多关系，反过来说，客人实体和客房实体之间就是多对一的关系。

（4）多对多

X 中的一个实体可以与 Y 中的任意数量的实体关联，反之亦然。例如，学校的每门课程可以有多个学生学习，每个学生可以学习多门课程，那么，课程实体和学生实体之间就是典型的多对多的关系。再如，产品和订单之间也是多对多关系，每个订单中可以包含多个产品，一个产品可能出现在多个订单中。多对多关系也可以表示为 M∶N。

3. 实体联系图

实体联系图简称 E-R 图。就是以图形的方式将数据库的整个逻辑结构表示出来。E-R 图的组成包括以下几部分：

（1）矩形表示实体。

（2）椭圆表示实体或联系的属性，对于主属性名，则在其名称下加横线。

（3）菱形表示联系。

（4）直线用于连接实体和属性、实体和联系，也可连接联系与属性。并在直线上标注联系的类型。对于一对一联系，要在两个实体连线方向各写 1；对于一对多联系，要在一的一方写 1，多的一方写 N；对于多对多关系，则要在两个实体连线方向各写 N 和 M，如图 11-5 所示。这些示例表示了可以通过联系与一个实体相关联的其他实体的个数。

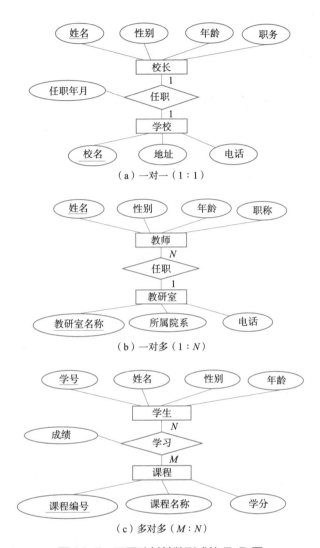

图 11-5　不同映射基数形式的 E-R 图

① 1∶1——1 个学校最多只有一个校长，并且每个校长最多只任职一所学校。

② 1∶N——1 个教研室可以有多位教师，但是每位教师最多只归属一个教研室。

③ M∶N——1 个学生可以学习多门课程，1 门课程允许被多位学生学习。

根据 E-R 图的各种符号，可以绘制宾馆管理系统的 E-R 图，如图 11-6 所示。

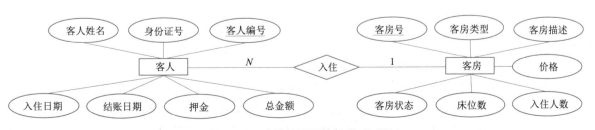

图 11-6　宾馆管理系统的 E-R 图

11.1.4　E-R 图向关系模型的转换

E-R 图向关系模型的转换包括实体的转换和联系的转换。

1．实体的转换规则

一个实体转换成一个关系模式。实体的属性就是关系的属性，实体的主键就是关系的主键。

例如：校长实体的转换如图 11-7 所示。

图 11-7　实体转换为关系

2．联系的转换规则

（1）一对一联系

一对一（1∶1）联系有两种转换方式。

①与任意一端的关系模式合并。可将相关的两个实体分别转换为两个关系，并在任意一个关系的属性中加入另一个关系的主关键字。

②转换为一个独立的关系模式。联系名为关系模式名，与该联系相连的两个实体的关键字及联系本身的属性为关系模式的属性，其中每个实体的关键字均是该关系模式的候选键。

例如：校长与学校间存在 1∶1 的联系，其联系的转换如图 11-8 所示。

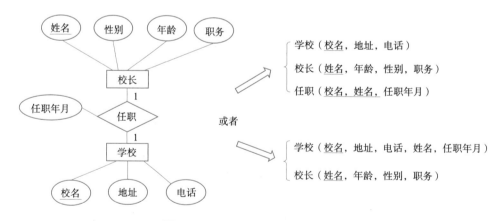

图 11-8　1∶1 的联系转换为关系

（2）一对多联系

一对多（1∶N）联系也有两种转换方式。

①将 1∶N 联系与 N 端关系合并。1 端的关键字及联系的属性并入 N 端的关系模式即可。

②将 1∶N 联系转换为一个独立的关系模式。联系名为关系模式名，与该联系相连的各实体的关键字及联系本身的属性为关系模式的属性，关系模式的关键字为 N 端实体的关键字。

例如：教研室与教师间存在 1:N 的联系，其联系的转换如图 11-9 所示。

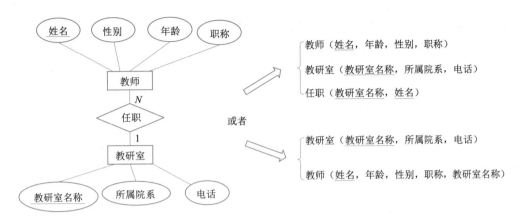

图 11-9　1:N 的联系转换为关系

（3）多对多联系

多对多（$M:N$）联系转换为一个关系模式。

关系模式名为联系名，与该联系相连的各实体的关键字及联系本身的属性为关系模式的属性，关系模式的关键字为联系中各实体关键字的并集。

例如：学生与课程间存在 $M:N$ 的联系，其联系的转换如图 11-10 所示。

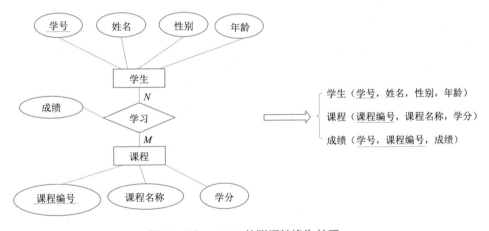

图 11-10　$M:N$ 的联系转换为关系

11.1.5　数据库设计的规范化

1. 非规范设计中可能存在的问题

在概要设计阶段，同一个项目，10 个设计人员可能设计出 10 种不同的 E-R 图。不同的人从不同的角度，标识出不同的实体，实体又包含不同的属性，自然就设计出不同的 E-R 图。那么怎样审核这些设计图呢？怎样评审出最优的设计方案呢？下一步工作就是规范化 E-R 图。

为了讨论方便，下面直接以表 11-1 的宾馆客人住宿信息表为例来介绍，该表保存宾馆提供住宿的客房信息。

表 11-1 客人住宿信息表

客人编号	姓名	地址	…	客房号	客房描述	客房类型	客房状态	床位数	价格	入住人数
C1001	张山	Addr1	…	1001	A 栋 1 层	单人间	入住	1	128.00	1
C1002	李斯	Addr2	…	2002	B 栋 2 层	标准间	入住	2	168.00	0
C1003	王小二	Addr3	…	2002	B 栋 2 层	标准间	入住	2	168.00	2
C1004	赵六	Addr4	…	2003	B 栋 2 层	标准间	入住	2	158.00	1
…	…	…	…	…	…	…	…	…	…	…
C8006	客人 11	Addr*m*	…	8006	C 栋 3 层	总统套房	入住	3	1 080.00	1
C8008	客人 12	Addr*n*	…	8008	C 栋 3 层	总统套房	空闲	3	1 080.00	0

从用户的角度而言，将所有信息放在一个表中很方便，因为这样查询数据可能会比较容易，但是表 11-1 具有下列问题。

（1）信息冗余高

表 11-1 中"客房类型""客房状态""床位数"列中有许多重复的信息，如"标准间""入住"等。信息重复会造成存储空间的浪费及一些其他问题，如果不小心输入"标准间"和"标间"或"总统套房"和"总统套"，则在数据库中将表示两种不同的客房类型。

（2）更新异常

冗余信息不仅浪费存储空间，还会增加更新的难度。如果需要将"客房类型"修改为"标间"而不是"标准间"，则需要修改所有包含该值的行。如果由于某种原因，没有更新所有行，则数据库中会有两种类型的客房类型，一个是"标准间"，另一个是"标间"，这种情况称为更新异常。

（3）插入异常

从表 11-1 中，发现 2002 和 2003 客房的居住价格分别是 168 元和 158 元。尽管这两间客房都是标准间类型，但它们的"价格"却出现了不同，这样就造成了同一个宾馆相同类型的客房价格不同，这种问题称为插入异常。

（4）删除异常

在某些情况下，当删除一行时，可能会丢失有用的信息。

例如，如果删除客房号为"1001"的行，就会丢失客房类型为"单人间"的账号信息，该表只剩下两种客房类型："标准间"和"总统套房"。当希望查询有哪些客房类型时，将会误以为只有"标准间"和"总统套房"两种类型，这种情况称为删除异常。

2．规范设计

需要重新规范设计表 11-1，有效避免上述诸多异常。

在数据库设计时，有一些专门的规则，称为数据库的设计范式，遵守这些规则，将创建设计良好的数据库，下面逐一学习数据库理论中著名的三大范式理论。

（1）第一范式

第一范式（1NF）的目标是确保每列的原子性。如果每列（或者每个属性值）都是不可再分的最小数据单元（又称最小的原子单元），则满足第一范式。

例如：客人住宿信息表（姓名、客人编号、地址、客房号、客房描述、客房类型、客房状态、床位数、入住人数、价格等）。其中，"地址"列还可以细分为国家、省、市、区等，更多的程序甚至把"姓名"列也拆分为"姓"和"名"等。

如果业务需求中不需要拆分地址列，则该表已经符合第一范式；如果需要将地址列拆分，则符合第一范式的表如下：客人住宿信息表（姓名、客人编号、国家、省、市、区、门牌号、客房号、客房描述、客房类型、客房状态、床位数、入住天数、价格等）。

（2）第二范式

第二范式（2NF）在第一范式的基础上更进一层，其目标是确保表中的每列都和主键相关。如果一个关系满足第一范式（1NF），并且除了主键以外的其他列都依赖于该主键，则满足第二范式（2NF）。

客人入住信息表数据主要用来描述客人住宿信息，所以该表的主键为（客人编号、客房号）。但是，"姓名"列、"地址"列→"客人编号"列。"客房描述"列、"客房类型"列、"客房状态"列、"床位数"列、"入住人数"列、"价格"列→"客房号"列。

其中，"→"符号代表依赖。以上各列没有全部依赖于主键（客人编号、客房号），只是部分依赖于主键，违背了第二范式的规定，所以在使用第二范式对客人住宿信息进行规范化之后分解成以下两个表。

客人信息表（客人编号、姓名、地址、客房号、入住时间、结账日期、押金、总金额等），主键为"客人编号"列，其他列全部依赖于主键列。

客房信息表（客房号、客房描述、客房类型、客房状态、床位数、入住人数、价格等），主键为"客房号"列，其他列全部依赖于主键列。

（3）第三范式

第三范式（3NF）在第二范式的基础上再进一层，第三范式的目标是确保每列都和主键列直接相关，而不是间接相关。如果一个关系满足第二范式（2NF），并且除了主键以外的其他列都只能依赖于主键列，列和列之间不存在相互依赖关系，则满足第三范式（3NF）。

为了理解第三范式，需要根据 Armstrong 公理之一定义传递依赖。假设 A、B 和 C 是关系 R 的三个属性，如果 A→B 且 B→C，则从这些函数依赖（FD）中，可以得出 A→C。如上所述，依赖 A→C 是传递依赖。

以第二范式中的客房信息表为例，初看该表时没有问题，满足 2NF，每列都和主键列"客房号"相关，再细看会发现：

"床位数"列、"价格"列→"客房类型"列。

"客房类型"列→"客房号"列。

"床位数"列、"价格"列→"客房号"列。

为了满足 3NF，应该去掉"床位数"列、"价格"列和"客房类型"列，将客房信息表分解为如下两个表。

客房表（客房号、客房描述、客房类型编号、客房状态、入住人数等）。

客房类型表（客房类型编号、客房类型名称、床位数、价格等）。

又因为第三范式也是对字段冗余性的约束，即任何字段都不能由其他字段派生出来，所以要求字段没有冗余。如何正确认识冗余呢？

主键与外键在多表中的重复出现不属于数据冗余，非键字段的重复出现才是数据冗余。在客房表中客房状态存在冗余，需要进行规范化，规范化以后的表如下。

客房表（客房号、客房描述、客房类型编号、客房状态编号、入住人数等）。

客房状态表（客房状态编号、客房状态名称）。

了解了用于规范化的数据库设计的三大范式后，下面一起来审核表 11-1 客房实体。

①是否满足第一范式。

第一范式要求每列必须是最小的原子单元，即不能再细分。前面提及过，为了方便查询，地址需要分为省、市、区等，但目前还没有这方面的查询，因此本例已经符合第一范式。

②是否满足第二范式。

第二范式要求每列必须和主键相关，不相关的列放入别的表中，即要求一个表只描述一件事情。

也可以直接查看该表描述了哪几件事情，然后一件事情创建一个表。观察该表 11-1 描述了以下两件事情。

第一件事：客人信息。

第二件事：客房信息。

即需要将其拆分为两个表，对各列进行筛选，两个表即为表 11-2 和表 11-3。

表 11-2　客人信息表

客人编号	姓名	地址	…
C1001	张山	Addr1	…
C1002	李斯	Addr2	…
C1003	王小二	Addr3	…
C1004	赵六	Addr4	…
…	…	…	…
C8006	客人 11	Addr$m$	…
C8008	客人 12	Addr$n$	…

表 11-3　客房信息表

客房号	客房描述	客房类型	客房状态	床位数	价格	入住人数
1001	A 栋 1 层	单人间	入住	1	128.00	1
2002	B 栋 2 层	标准间	入住	2	168.00	0
2002	B 栋 2 层	标准间	入住	2	168.00	2
2003	B 栋 2 层	标准间	入住	2	158.00	1
…	…	…	…	…	…	…
8006	C 栋 3 层	总统套房	入住	3	1 080.00	1
8008	C 栋 3 层	总统套房	空闲	3	1 080.00	0

其中,"客人编号""客房号"分别为这两表的主键。图 11-11 展示了符合第二范式的宾馆业务 E-R 图。

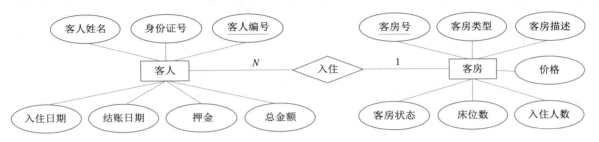

图 11-11　符合第二范式的宾馆业务 E-R 图

③是否满足第三范式。

第三范式要求表中各列必须和主键直接相关,不能间接相关,即需要拆分客房信息表为客房表、客房类型表和客房状态表,3 个表即为表 11-4 ~ 表 11-6。

表 11-4　客房表

客房号	客房描述	客房类型编号	客房状态	入住人数
1001	A 栋 1 层	001	001	1
2002	B 栋 2 层	002	001	2
2003	B 栋 2 层	002	004	1
...	...	...	...	...
8006	C 栋 3 层	009	001	1
8008	C 栋 3 层	009	002	0

表 11-5　客房类型表

客房类型编号	客房类型名称	床位数	价格
001	单人间	1	128.00
002	标准间	2	168.00
003	三人间	3	188.00
...	...	...	...
009	总统套房	2	1 080.00

表 11-6　客房状态表

客房状态编号	客房状态名称
001	入住
002	空闲
003	维修
...	...

　　按照第三范式的要求，在符合第二范式的宾馆业务 E-R 图上继续规范数据库表结构，得到了如图 11-12 所示的符合第三范式的宾馆业务 E-R 图，图 11-13 则是由图 11-12 的 E-R 图转化后的数据库模型图。

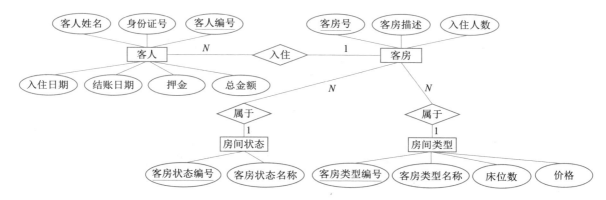

图 11-12　符合第三范式的宾馆业务 E-R 图

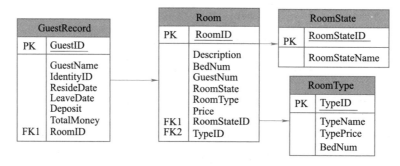

图 11-13　符合第三范式的宾馆业务数据库模型图

11.2　项目分析

11.2.1　需求概述

　　某银行是一家民办的小型银行企业，现有十多万客户。公司将为该银行开发一套 ATM 存取款机系统，对银行日常的存取款业务进行计算机管理，以保证数据的安全性，提高工作效率。

　　要求能独立地根据银行存取款业务需求设计出符合第三范式的数据库结构，使用 SQL 语句创建数据库和表，并添加约束，进行数据的增加、删除、修改、查询，运用逻辑结构语句、事务、视图和存储过程，按照银行的业务需求，实现各项银行日常存款、取款和转账业务。

11.2.2　开发环境

　　开发工具：MySQL 8.0 及以上版本。

绘图工具：Microsoft Visio 2010 及以上版本。

操作系统：Windows 操作系统、Linux 操作系统。

11.2.3　项目覆盖的技能要点

①数据库的设计与规范化。

②使用 SQL 语句创建数据库和表，并添加各种约束。

③进行常见的 SQL 编程。

➤ INSERT 语句：开户。

➤ UPDATE 语句：存款或取款。

➤ DELETE 语句：销户。

➤ 聚合函数：月末汇总。

➤ 日期函数：查询本周开户的卡号，显示该卡的相关信息。

➤ 字符串函数：随机生成卡号。

④创建事务。

➤ 事务处理：本银行内账户间的转账。

➤ 安全：添加 ATM 系统的系统维护账号。

⑤使用子查询并进行查询优化。

➤ 子查询：查询挂失账号的客户信息和催款提醒业务等。

➤ 查询优化：查询指定卡号的交易记录。

⑥创建并使用视图：查询各表时显示中文字段名。

⑦创建并调用存储过程：包括取款或存款的存储过程、产生随机卡号的存储过程等。

11.2.4　需求分析

该银行的 ATM 存取款机业务如下。

①银行为客户提供了各种银行存取款业务，见表 11-7。

表 11-7　银行存取款业务

业务	描　　述
活期	无固定存期，可随时存取，存取金额不限的一种比较灵活的存款
定活两便	事先不约定存期，一次性存入，一次性支取的存款
通知	不约定存期，支取时需提前通知银行，约定支取日期和金额方能支取的存款
整存整取	选择存款期限，整笔存入，到期提取本息的一种定期储蓄。银行提供的存款期限有 1 年、2 年和 3 年等
零存整取	一种事先约定金额，逐月按约定金额存入，到期支取本息的定期存取。银行提供的存款期限有 1 年、2 年和 3 年
自助转账	在 ATM 存取款机上办理同一币种账户的银行卡之间互相划转

②每个客户凭个人身份证在银行可以开设多个银行卡账户。开设账户时，客户需要提供的开户数据见表 11-8。

表 11-8　开设银行卡账户的客户信息

数据	说　明
姓名	必须提供
身份证号	唯一，由 18 位数字或 17 位数字和 1 位字符组成
联系电话	非空
居住地址	可以选择性填写

③银行为每个账户提供一个银行卡，每个银行卡可以存入一种币种的存款。银行卡账户的信息见表 11-9。

表 11-9　银行卡账户信息

数据	说　明
卡号	银行的卡号由 16 位数字组成。其中，一般前 8 位代表特殊含义，如某总行某支行等，假定该行要求其营业厅的卡号格式为 10103573×××××××；后 8 位一般随机产生且唯一
密码	由 6 位数字构成，开户时默认为"888888"
币种	默认为人民币，目前该银行尚未开设其他币种存款业务
存款类型	必填
开户日期	客户开设银行卡账户的日期，默认为当日
开户金额	规定不得小于 1 元，默认为 1 元
余额	客户最终的存款金额，规定不得小于 1 元，默认为 1 元
是否挂失	默认为"0"，表示否；"1"表示是

④客户持银行卡在 ATM 存取款机上输入密码，经系统验证身份后办理存款、取款和转账等银行业务。
⑤银行在为客户办理业务时，需要记录每一笔账目。账目交易信息见表 11-10。

表 11-10　账目信息交易表

数据	说　明
卡号	银行的卡号由 16 位数字组成
交易日期	默认为当日
交易金额	实际交易金额
交易类型	包括存入和支取两种
备注	对每笔交易做必要的说明

⑥该银行要求这套软件能实现银行客户的开户、存款、取款、转账和余额查询等业务,使得银行存储业务方便、快捷,同时保证银行业务数据的安全性。

⑦为了使开发人员尽快了解银行业务,该银行提供了银行卡测试账户和存取款单据的测试数据,以供项目开发时参考,见表 11-11 和表 11-12。

表 11-11　银行卡测试账户信息

(a)前 5 列

账户姓名	身份证号	联系电话	住址	卡号
钱多多	432564199010101267	0999-67589065	福建某某市	1010357656781234
王鸣鸣	423543197812124676	0999-44443333	北京某某区	1010357634562345
李思思	358843198912125639	0999-55553333		1010357634563456
张珊珊	304403890101126121	0999-77772222	安徽某某市	1010357645675678
赵琪琪	340422889012756323	0999-66668888	上海某某区	1010357620205050

(b)后 6 列

存款类型	开户日期	开户金额	存款余额	密码	账户状态
定期一年	2020-1-1	¥100.00	¥500.00	888888	
定期二年	2020-2-1	¥1.00	¥6 501.00	888888	
定期三年	当天日期	¥10 000.00	¥10 000.00	654321	已挂失
活期	2020-3-1	¥1 000.00	¥3 200.00	123456	
活期	当天日期	¥5 000.00	¥5 000.00	888888	2020/10/10

说明:本表中的数据为虚拟数据,如有相同纯属巧合。

表 11-12　银行卡存取款单据测试数据

交易日期	交易类型	卡号	交易金额	余额	备注
2020/12/3	支取	1010357645675678	¥800.00	¥200.00	
2020/12/3	存入	1010357634561234	¥400.00	¥500.00	
2020/12/3	存入	1010357634562345	¥1 000.00	¥1 001.00	
2020/12/3	存入	1010357620205050	¥1 500.00	¥2 500.00	
2020/12/3	存入	1010357645675678	¥5 000.00	¥5 200.00	
2020/12/3	存入	1010357634562345	¥3 000.00	¥4 001.00	
2020/12/4	支取	1010357645675678	¥2 000.00	¥3 200.00	
2020/12/4	存入	1010357634562345	¥500.00	¥4 501.00	
2020/12/4	支取	1010357620205050	¥2 000.00	¥500.00	
2020/12/4	存入	101035763456 2345	¥2 000.00	¥6 501.00	

11.3 项目需求实现

11.3.1 数据库设计

1. 设计数据库

明确银行 ATM 存取款机系统的实体、实体属性以及实体之间的关系。

2. 绘制E-R图

使用 Microsoft Visio 工具，把设计数据库第一步的结果（即分析得到的银行 ATM 存取款机系统的实体、实体属性以及实体之间的关系）用 E-R 图表示。要求：E-R 图中要体现各实体之间的关系。

本项目的参考 E-R 图见本章资源库或者 MOOC。

3. 绘制数据库模型图

使用 Microsoft Visio 工具，把 E-R 图中的实体转换成数据库中的表对象，并为表中的每一列指定数据类型和长度。要求：数据库模型图中要标识表的主键和外键。参考图如图 11-14 所示。

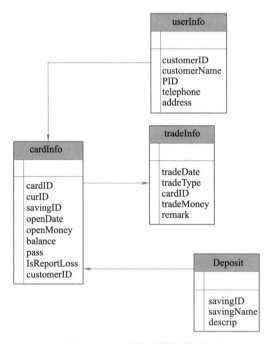

图 11-14　数据库模型参考图

4. 规范数据库结构设计

使用第三范式对数据库表结构进行规范化。

11.3.2 创建数据库和登录用户并授权

1. 创建数据库

使用 CREATE DATABASE 语句创建 ATM 存取款机系统数据库 BankDB，创建数据库前要检测是否已经存在数据库 BankDB，如果存在，则应先删除后再创建。

2. 创建登录用户并授权

创建普通用户 bankMaster，可以在任意主机登录 MySQL 服务器，拥有对数据库 BankDB 操作的所有权限，密码为 123456。

要求：

①从系统数据表 mysql 的 user 表中查看已经创建的用户信息。

②使用 BankMaster 用户登录到 MySQL 服务器。

11.3.3　创建数据表并添加约束

1. 创建表

根据设计出的 ATM 存取款机系统的数据库表结构，使用 CREATE TABLE 语句创建表结构。

创建表时要求检测表是否已经存在。如果存在，则应先删除再创建，关键部分的代码如下：

```
DROP TABLE IF EXISTS 表名;
CREATE TABLE 表名
(
    ...
);
```

2. 添加约束

根据 BankDB 数据库的需求和各表之间关系的分析，得到 4 张表之间的关系图，如图 11-15 所示。

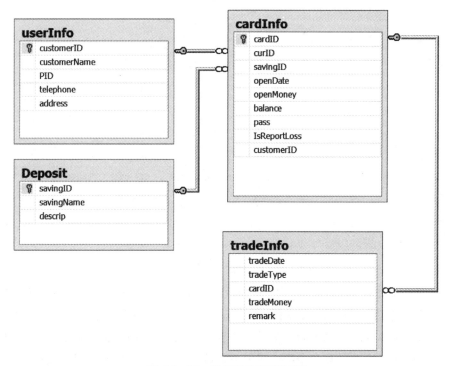

图 11-15　数据库表间关系图

要求：

①分析表 11-7 至表 11-10 中每列相应的约束要求。使用 ALTER TABLE…ADD…语句为每个表添加相应约束。

②为表添加外键约束时，要先添加主表的主键约束，再添加子表的外键约束。

● 视 频

插入测试数据

11.3.4 插入测试数据

使用 SQL 语句向已经创建数据库的每个表中插入以下测试数据。

①卡号不随机产生，由人工指定。

②向相关表中插入表 11-7、表 11-11 和表 11-12 所示的测试数据，插入成功后的参考结果如图 11-16 所示。

```
MySQL 8.0 Command Line Client                                    —    □    ×
mysql>
mysql> SELECT * FROM deposit;          存款类型表测试数据。

+----------+-------------+----------------------+
| savingID | savingName  | descrip              |
+----------+-------------+----------------------+
|        1 | 活期        | 按存款日结算利息     |
|        2 | 定期一年    | 存款期是1年          |
|        3 | 定期二年    | 存款期是2年          |
|        4 | 定期三年    | 存款期是3年          |
|        5 | 定活两便    | 定活两便             |
|        6 | 通知        | 通知                 |
|        7 | 零存整取一年| 存款期是1年          |
|        8 | 零存整取二年| 存款期是2年          |
|        9 | 零存整取三年| 存款期是3年          |
|       10 | 存本取息五年| 按月支取利息         |
+----------+-------------+----------------------+
10 rows in set (0.00 sec)
                                       客户表测试数据。
mysql> SELECT * FROM userInfo;

+------------+--------------+---------------------+--------------+------------+
| customerID | customerName | PID                 | telephone    | address    |
+------------+--------------+---------------------+--------------+------------+
|          1 | 钱多多       | 432564199010101267  | 0999-67589065| 福建某某市 |
|          2 | 王鸣鸣       | 423543197812124676  | 0999-44443333| 北京某某区 |
|          3 | 李思思       | 358843198912125639  | 0999-55553333| NULL       |
|          4 | 张珊珊       | 304403890101126121  | 0999-77772222| 安徽某某市 |
|          5 | 赵琪琪       | 340422890012756323  | 0999-66668888| 上海某某区 |
+------------+--------------+---------------------+--------------+------------+
5 rows in set (0.00 sec)
                                       银行卡账户信息表测试数据。
mysql> SELECT * FROM cardInfo ORDER BY customerID;

+----------------+----------+-------+----------+---------------------+-----------+----------+--------+------------+
| cardID         | password | curID | savingID | openDate            | openMoney | balance  | isLoss | customerID |
+----------------+----------+-------+----------+---------------------+-----------+----------+--------+------------+
| 1010357656781234| 888888  | RMB   |        2 | 2020-01-01 00:00:00 |    100.00 |   500.00 |      0 |          1 |
| 1010357634562345| 888888  | RMB   |        3 | 2020-02-01 00:00:00 |      1.00 |  6501.00 |      0 |          2 |
| 1010357634563456| 654321  | RMB   |        4 | 2020-08-22 22:43:03 |  10000.00 | 10000.00 |      0 |          3 |
| 1010357645675678| 123456  | RMB   |        1 | 2020-03-01 00:00:00 |   1000.00 |  3200.00 |      0 |          4 |
| 1010357620205050| 888888  | RMB   |        1 | 2020-08-22 22:43:03 |   5000.00 |  5000.00 |      0 |          5 |
+----------------+----------+-------+----------+---------------------+-----------+----------+--------+------------+
5 rows in set (0.00 sec)
```

图 11-16 插入测试数据的结果

③在交易表中插入交易测试数据。张珊珊的卡号（1010357645675678）取款 800 元，钱多多的卡号（1010357656781234）存款 5 000 元，要求保存交易记录，以便客户查询和银行业务统计。

例如，当张珊珊取款 800 元时，会向交易信息表（transInfo）中添加一条交易记录，同时应自动更新银行卡信息表（cardInfo）中的现有余额（减少 800 元），先假定手动插入更新信息。

张珊珊的卡号取款 800 元和钱多多的卡号存款 5 000 元及账户交易信息表的参考结果如图 11-17 所示。

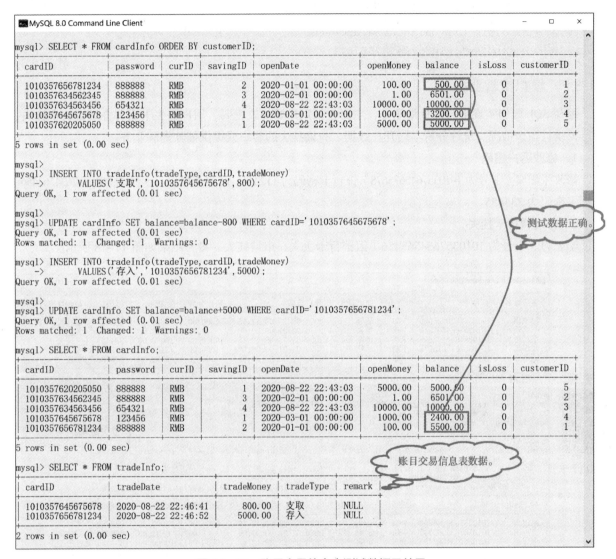

图 11-17　账目交易信息表测试数据及结果

④插入各表中的数据要保证业务数据的一致性和完整性。

⑤当客户持银行卡办理存款、取款业务时，银行要记录每笔交易账目，并修改银行卡的存款余额。

关键点提示：

①各表中数据插入的顺序。为了保证主外键的关系，必须先插入主表中的数据，再插入子表中的数据。

②客户取款时需要记录"交易账目"，并修改存款余额，它需要分为以下两步完成。例如，张珊珊的卡号取款 800 元的步骤如下：

➢ 步骤一：在交易信息表中插入交易记录，代码如下：

```
INSERT INTO tradeInfo(tradeType,cardID,tradeMoney)
    VALUES('支取','1010357645675678',800);
```

➤ 步骤二：更新银行卡信息表中的现有余额，代码如下：

```
UPDATE cardInfo SET balance=balance-800
    WHERE cardID='1010357645675678';
```

11.3.5　模拟常规业务

编写 SQL 语句实现银行的日常业务，主要包括用户要修改密码、用户丢失卡后要办理银行卡挂失、银行要统计盈余情况、统计分析本周开户数据、查询挂失的客户或提供催款提醒业务。

1. 修改客户密码

修改张珊珊（卡号为 1010357645675678）银行卡密码为 112233，修改李思思（卡号为 1010357634563456）银行卡密码为 334455。

2. 办理银行卡挂失

李思思（卡号为 1010357634563456）因银行卡丢失，申请挂失。参考结果如图 11-18 所示。

视 频

办理银行卡挂失

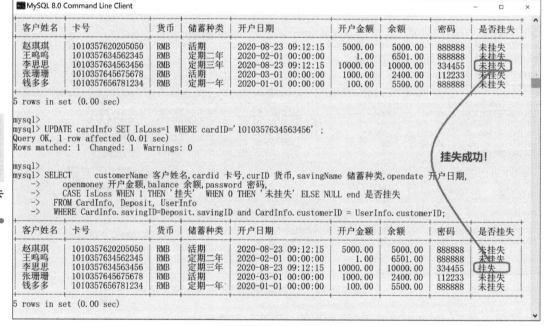

图 11-18　办理银行卡挂失

3. 统计银行资金流通余额和盈利结算

①存入代表资金流入，支取代表资金流出。计算公式：资金流通余额 = 总存入金额 − 总支取金额。

②假定存款利率为 3%，贷款利率为 8%。计算公式：盈利结算 = 总支取金额 × 0.008− 总存入金额 × 0.003。

③运行参考结果如图 11-19 所示。

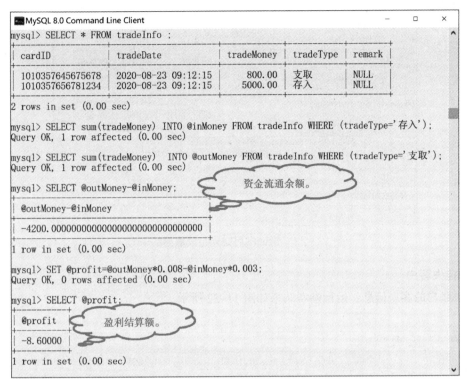

图 11-19　统计银行资金流通余额和盈利结算

4．查询本周开户信息

查询本周开户的卡号，显示该卡的信息。运行结果如图 11-20 所示。

图 11-20　本周开户的客户信息

5．查询本月交易金额最高的卡号

查询本月存款、取款交易金额最高的卡号信息。运行参考结果如图 11-21 所示。

关键点提示：

①在交易信息表中，采用子查询求最高交易金额，关键代码如下：

```
SELECT…FROM tradeInfo
WHERE tradeMoney=(SELECT…FROM…)
```

②使用 DISTINCT 关键字去掉重复的卡号。

视　频

查询本月交
易金额最高
的卡号

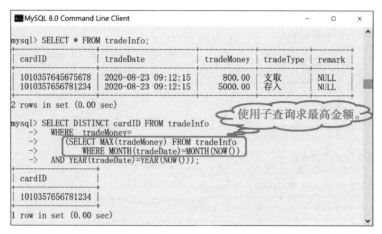

图 11-21　查询本月交易金额最高的卡号

6. 查询挂失客户

查询挂失账户的客户信息。运行参考结果如图 11-22 所示。

图 11-22　查询挂失客户

关键点提示：

因为挂失的账号可能有多个，建议利用 IN 子查询或内连接 INNER JOIN 来实现，关键代码如下：

```
SELECT customerName AS 客户姓名…FROM userInfo
    WHERE customerID IN(SELECT customerID FROM…)
```

7. 催款提醒业务

根据某种业务（如代缴电话费、代缴手机费等）的需要，每个月末，若查询出客户账上余额少于 5 000 元（假设金额），则由银行统一致电催款。运行参考结果如图 11-23 所示。

关键点提示：

利用子查询查出当前存款余额小于 5 000 元的账户信息，关键代码如下：

```
SELECT customerName AS 客户姓名…
    FROM userInfo INNER JOIN cardInfo ON…
```

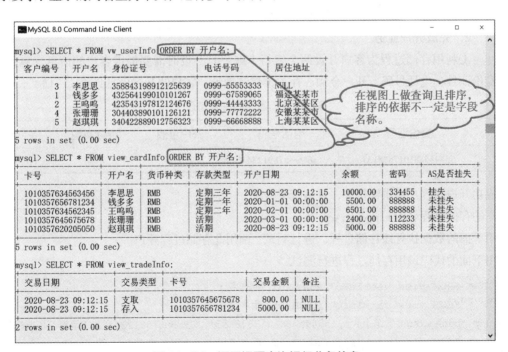

图 11-23　催款提醒业务

11.3.6　创建和使用视图以中文标题查询输出各表信息

视 频 ●┄┄┄

创建和使用视图
┄┄┄┄●

为了向客户提供友好的用户界面，使用 SQL 语句创建下面几个视图，并使用这些视图查询输出各表信息。

① view_userInfo：输出银行客户记录。

② view_cardInfo：输出银行卡记录。

③ view_transInfo：输出银行卡的交易记录。

显示要求：显示的列名全为中文，运行参考结果如图 11-24 所示。

图 11-24　调用视图查询银行业务信息

11.3.7　使用存储过程实现开户处理

使用 SQL 语句创建产生随机卡号和开户的存储过程。

1. 产生随机卡号

创建存储过程产生 8 位随机数字，与前 8 位固定的数字"10103576"连接，生成一个由 16 位数字组成的银行卡号，并输出。

①产生随机卡号的存储过程名为 usp_randCardID。

②利用下面的代码调用存储过程进行测试。

```
CALL usp_randCardID(@cardId);
SELECT @cardId;
```

③运行参考结果如图 11-25 所示。

关键点提示：

①使用随机函数生成银行卡后 8 位数字。获取 8 位的随机数，使用到随机函数 RAND( )，取得这个随机数之后，还需要取其最后面的 8 位数作为"真正的随机数"，可以再使用 RIGTH( ) 函数取后面的 8 位数字。参考表达式为：

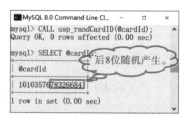

图 11-25　测试产生随机卡号

```
RIGHT(RAND(),8)
```

②前 8 位固定，后 8 位随机产生，合并起来。使用字符串连接函数 CONCAT( ) 将 2 个字符串连接为 1 个字符串。参考表达式为：

```
CONCAT('10103576',RIGHT(RAND(),8))
```

2. 完成开户业务

①利用存储过程为客户开设两个银行卡账户。开设时需要提供客户的信息，包括开户名、身份证号、电话号码、开户金额、存款类型和地址。客户的开户信息见表 11-13。

表 11-13　客户的开户信息

开户名	身份证号	电话号码	开户金额	存款类型	地址
王小六	554455881017878153	0999-67891234	1	活期	山东某某市

②为成功开户的客户提供银行卡，且银行卡号唯一。

③开户的存储过程名为 usp_openAccount。

④使用下面的数据执行该存储过程，进行测试：调用此存储过程开户。

⑤利用下面的代码调用存储过程进行测试。

```
SELECT * FROM view_userInfo ORDER BY 开户名;
SELECT * FROM view_cardInfo ORDER BY 开户名;
CALL usp_openAccount('王小六','554455881017878153','0999-67891234',1,'活期','山东某某市');
SELECT * FROM view_userInfo ORDER BY 开户名;
SELECT * FROM view_cardInfo ORDER BY 开户名;
```

⑥运行参考结果如图 11-26 所示。

```
MySQL 8.0 Command Line Client                                    —   □   ×

mysql> select * from view_userInfo ORDER BY 开户名;

客户编号 | 开户名  | 身份证号           | 电话号码       | 居住地址
      3 | 李思思  | 358843198912125639 | 0999-55553333 | NULL
      1 | 钱多多  | 432564199010101267 | 0999-67589065 | 福建某某市
      2 | 王鸣鸣  | 423543197812124676 | 0999-44443333 | 北京某某市
      4 | 张珊珊  | 304403890101126121 | 0999-77772222 | 安徽某某市
      5 | 赵琪琪  | 340422889012756323 | 0999-66668888 | 上海某某区

5 rows in set (0.00 sec)

mysql> select * from view_cardInfo ORDER BY 开户名;

卡号             | 开户名  | 货币种类 | 存款类型 | 开户日期             | 余额     | 密码   | AS是否挂失
1010357634563456 | 李思思  | RMB     | 定期三年 | 2020-08-23 22:44:44 | 10000.00 | 654321 | 挂失
1010357656781234 | 钱多多  | RMB     | 定期一年 | 2020-01-01 00:00:00 | 5500.00  | 888888 | 未挂失
1010357634562345 | 王鸣鸣  | RMB     | 定期二年 | 2020-02-01 00:00:00 | 6501.00  | 888888 | 未挂失
1010357645675678 | 张珊珊  | RMB     | 活期     | 2020-03-01 00:00:00 | 2400.00  | 123456 | 未挂失
1010357620205050 | 赵琪琪  | RMB     | 活期     | 2020-08-23 22:44:44 | 5000.00  | 888888 | 未挂失

5 rows in set (0.00 sec)

mysql> CALL usp_openAccount('王小六','554455881017878153','0999-67891234',1,'活期','山东某某市');
Query OK, 1 row affected (0.01 sec)

mysql>
mysql> select * from view_userInfo ORDER BY 开户名;

客户编号 | 开户名  | 身份证号           | 电话号码       | 居住地址
      3 | 李思思  | 358843198912125639 | 0999-55553333 | NULL
      1 | 钱多多  | 432564199010101267 | 0999-67589065 | 福建某某市
      2 | 王鸣鸣  | 423543197812124676 | 0999-44443333 | 北京某某市
      6 | 王小六  | 554455881017878153 | 0999-67891234 | 山东某某市
      4 | 张珊珊  | 304403890101126121 | 0999-77772222 | 安徽某某市
      5 | 赵琪琪  | 340422889012756323 | 0999-66668888 | 上海某某区

6 rows in set (0.00 sec)

mysql> select * from view_cardInfo ORDER BY 开户名;

卡号             | 开户名  | 货币种类 | 存款类型 | 开户日期             | 余额     | 密码   | AS是否挂失
1010357634563456 | 李思思  | RMB     | 定期三年 | 2020-08-23 22:44:44 | 10000.00 | 654321 | 挂失
1010357656781234 | 钱多多  | RMB     | 定期一年 | 2020-01-01 00:00:00 | 5500.00  | 888888 | 未挂失
1010357634562345 | 王鸣鸣  | RMB     | 定期二年 | 2020-02-01 00:00:00 | 6501.00  | 888888 | 未挂失
1010357600775462 | 王小六  | RMB     | 活期     | 2020-08-23 22:44:51 | 1.00     | 888888 | 未挂失
1010357645675678 | 张珊珊  | RMB     | 活期     | 2020-03-01 00:00:00 | 2400.00  | 123456 | 未挂失
1010357620205050 | 赵琪琪  | RMB     | 活期     | 2020-08-23 22:44:44 | 5000.00  | 888888 | 未挂失

6 rows in set (0.00 sec)
```

（开户成功。）

图 11-26　执行开户存储过程的结果

关键点提示：

①调用上述产生随机卡号的存储过程获得生成的随机卡号。

②定义变量，通过客户姓名查找得到客户编号，且应该是先在客户信息表中插入客户信息后再查找客户编号，因为客户编号是自动生成的。

③有了客户编号再在银行卡信息表中插入数据。

11.3.8　使用事务实现转账功能

①从卡号为"1010357645675678"的账户中转出 300 元给卡号为"1010357620205050"的账户，即从张珊珊的账号转账 300 元到赵琪琪的账户。

视频

使用事务实现
转账功能

②模拟转账成功时，提交事务。

③模拟转账失败时，回滚事务。

④模拟转账成功提交事务的参考结果如图 11-27 所示，模拟转账失败的参考结果如图 11-28 所示。

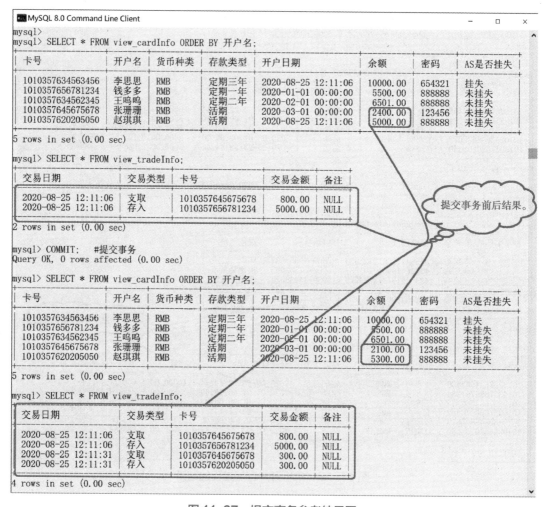

图 11-27　提交事务参考结果图

关键点提示：

①需要修改"银行卡信息表"中的账户余额，并向"交易信息表"中添加交易记录。

②真实的银行转账业务中，在转账之前还需进行一系列判断，如验证账户信息，转出卡余额是否足够转账等，在转账过程中未出现错误则提交事务，否则回滚事务。因部分流程控制一般使用后台代码实现，在 SQL 语句中可简化此过程，只做简单模拟。

③在模拟回滚事务时，可以再执行查询语句，查看事务中的数据状态。

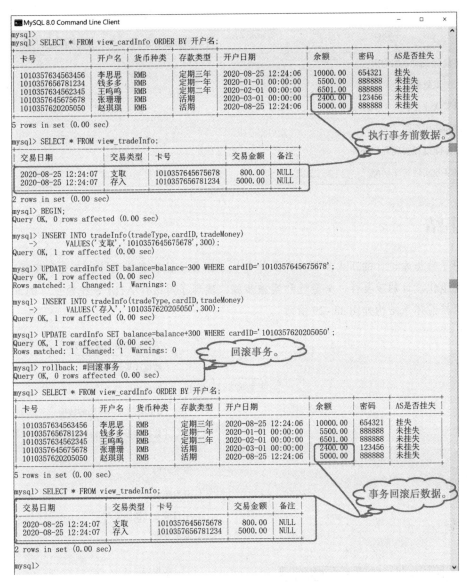

图 11-28　回滚事务参考结果图

11.4　进度记录

开发进度记录见表 11–14。

表 11–14　开发进度记录表

需求	开发完成时间	测试通过时间	备注
需求 1：数据库设计			
需求 2：创建库和登录用户并授权			

续表

需求	开发完成时间	测试通过时间	备注
需求 3：创建数据表并添加约束			
需求 4：插入测试数据			
需求 5：模拟常规业务			
需求 6：创建和使用视图			
需求 7：使用存储过程实现开户处理			
需求 8：使用事务实现转账功能			

▍ 小结

本章介绍了数据库设计的四大步骤，并具体分析了概要设计和逻辑设计的工具和实现途径，重点分析了数据库规范化设计的重要性、必要性和实施步骤。实现了对银行 ATM 系统数据库的设计和规范化。

本章知识技能体系结构如图 11-29 所示。

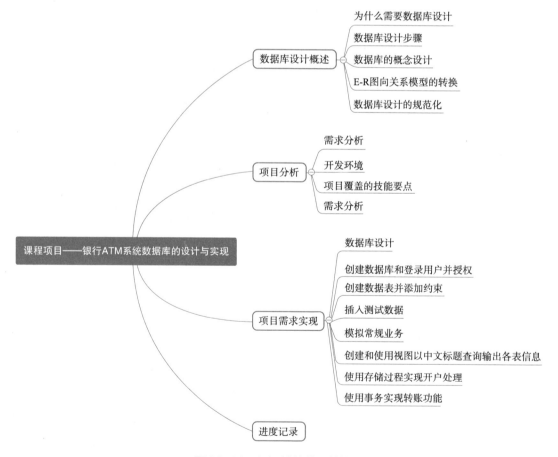

图 11-29　知识技能体系结构图

习题

一、选择题

1. 假定一位教师可讲授多门课程，一门课程可由多位教师讲授，则教师与课程之间是(　　)的关系。

　　A. 一对一　　　　　　B. 一对多　　　　　　C. 多对一　　　　　　D. 多对多

2. 在 E-R 图中，用长方形和椭圆分别表示 (　　)。

　　A. 关系、属性　　　　B. 属性、实体　　　　C. 实体、属性　　　　D. 属性、关系

3. 用于表示数据库实体之间的图是 (　　)。

　　A. 实体关系图　　　　B. 数据模型图　　　　C. 实体分类图　　　　D. 以上都不是

4. 下列 (　　) 是无效的映射约束。

　　A. 多对多　　　　　　B. 多对一　　　　　　C. 一对一　　　　　　D. 交叉映射

5. 下列关于数据库的设计范式的说法错误的是 (　　)。

　　A. 数据库的设计范式有助于规范化数据库的设计

　　B. 数据库的设计范式有助于减少数据冗余

　　C. 设计数据库时，一定要严格遵守设计范式。满足的范式级别越高，系统性能就越好

　　D. 设计数据时，如遵守设计范式，可能会受约束，因此不需考虑三大范式的问题

6. 数据冗余指的是 (　　)。

　　A. 数据和数据之间没有联系　　　　　　　　B. 数据有丢失

　　C. 数据量太大　　　　　　　　　　　　　　D. 存在重复的数据

7. 在 E-R 图中，关系集用 (　　) 表示。

　　A. 矩形　　　　　　　B. 椭圆形　　　　　　C. 圆形　　　　　　　D. 菱形

8. 项目开发需要经过几个阶段，绘制数据库的 E-R 图应在 (　　) 阶段进行。

　　A. 需求分析　　　　　B. 概要设计　　　　　C. 详细设计　　　　　D. 代码编写

9. 假设需要设计一张表，记录各个作者著作的所有图书信息，表结构设计如下：作者 (作者名称，图书 1，版本 1，书价 1，图书 2，版本 2，书价 2…)，该表最高符合第 (　　) 范式。

　　A. 一　　　　　　　　B. 二　　　　　　　　C. 三　　　　　　　　D. 未规范化的

10. 以下关于规范设计的描述错误的是 (　　)。

　　A. 规范设计的主要目的是消除冗余

　　B. 规范设计会提高数据库的性能

　　C. 设计数据库时，规范化程度越高越好

　　D. 在规范化数据库中，易于维护数据完整性

二、项目拓展题

1. 根据项目需求和设计要求，检查并完成本项目的各项功能。

2. 总结项目完成情况，记录项目开发过程中的得失，撰写项目总结，1 000 字以上。

参考文献

［1］张成叔. MySQL 数据库设计与应用［M］.北京：中国铁道出版社有限公司，2021.

［2］张成叔. SQL Server 数据库设计与应用［M］.北京：中国铁道出版社有限公司，2020.

［3］张成叔. 数据库设计与应用教学做一体化教程［M］.合肥：安徽大学出版社，2016.

［4］张成叔，黄春华. Access 数据库程序设计［M］.6 版.北京：中国铁道出版社有限公司，2019.

［5］王立萍. SQL Server 数据库技术与应用［M］.北京：高等教育出版社，2018.

［6］徐人凤，曾建华. SQL Server 2014 数据库及应用［M］.5 版.北京：高等教育出版社，2018.